21 世纪高等职业教育计算机技术规划教材

大学计算机应用基础

主 编 张玉珍

人民邮电出版社

北京

图书在版编目（CIP）数据

大学计算机应用基础/张玉珍主编. —北京：人民邮电
出版社，2009.9
21世纪高等职业教育计算机技术规划教材
ISBN 978-7-115-20155-3

Ⅰ. 大… Ⅱ. 张… Ⅲ. 电子计算机－高等学校：技术学
校－教材 Ⅳ. TP3

中国版本图书馆CIP数据核字（2009）第144347号

内 容 提 要

本书共分 10 章，内容紧扣教学大纲。书中首先介绍了计算机的基本构成及基本操作知识，然后重点介绍了 Windows XP 操作系统和 Word 2003、Excel 2003、PowerPoint 2003、FrontPage 2003、Access 2003 等应用软件的使用，最后介绍了网络知识，教会读者怎样上网并在网络中获取对工作、生活等方面的帮助。

本书强调实践操作，突出应用技能的训练。本书可作为高校应用型本科和高职高专学生的教材，也可以作为各类计算机培训班的培训教材，适合于多种层次读者的使用。

21 世纪高等职业教育计算机技术规划教材

大学计算机应用基础

◆ 主　编　张玉珍
　　责任编辑　潘春燕
　　执行编辑　刘 琦

◆ 人民邮电出版社出版发行　　北京市崇文区夕照寺街 14 号
　　邮编　100061　　电子函件　315@ptpress.com.cn
　　网址　http://www.ptpress.com.cn
　　北京昌平百善印刷厂印刷

◆ 开本：787×1092　1/16
　　印张：20
　　字数：485 千字　　　　　　2009 年 9 月第 1 版
　　印数：1 – 4 000 册　　　　2009 年 9 月北京第 1 次印刷

ISBN 978-7-115-20155-3

定价：29.00 元
读者服务热线：(010)67170985　印装质量热线：(010)67129223
反盗版热线：(010)67171154

本 书 编 委 会

主　　编　张玉珍

编　　委（按姓氏笔画为序）

　　　　王　丽　王培祥　吉建英　江素华

　　　　宋平莲　陈振军　庞海杰　郑凤源

前　言

本书是一本计算机基础应用教材，包含了目前流行的几种常用软件的操作方法，强调实践操作，突出应用技能的训练，适合计算机和非计算机专业的计算机基础课程使用。考虑到读者的计算机操作水平不同，各章的内容既包括必须掌握的基础部分，也包括比较深入的提高知识。不同专业的学生可以根据需要选学书中的不同章节。

本书第 1 章是计算机基础知识的介绍，主要讲解了信息技术、计算机的发展及应用、数制转换、字符和汉字的编码、计算机的主要性能指标以及计算机系统的组成等，其中包括系统概述、部件功能、指令、程序和软件系统。在第 2 章中介绍了 Windows XP 操作系统的常用术语、文件的管理、磁盘管理、系统的设置方法等，还讲解了一些 Windows 自带程序的操作方法。第 3～第 7 章介绍的是 Office 办公软件中 Word 2003、Excel 2003、PowerPoint 2003、FrontPage 2003、Access 2003 5 个主要组件的操作方法，比较全面地讲解了这 5 个软件的基本操作，包括如何建立各自类型的文件、对文档进行编辑排版、对报表进行计算、制作演示文稿以及网页制作、数据库管理等。第 8 章介绍了网络的基础知识。第 9 章介绍了 Internet 的概念、上网的基本操作及收发 E-mail 的方法。第 10 章介绍了网络信息安全的知识，包括计算机病毒、密码技术、防火墙及知识产权保护等概念。

本书吸收了最新出版的多本教材的优点，结合编者多年的计算机基础课程教学经验，充分强调实践操作，通过任务实例来讲解各种软件的操作方法，而不是泛泛论述。本书的最大特点是编入了大量的任务实例，在任务实例中列出了详细的操作步骤。学生根据任务实例上机练习，将很快掌握操作方法。在每章的最后附有系统的上机实验及习题。上机实验是对实践操作能力的训练，使操作更加熟练，能使学生对所学知识有一个综合性的实践操作和更全面的认识；习题则是对本章内容的覆盖和提炼，可以帮助巩固新学的知识，进一步加深对概念的理解，两者相辅相成，不可分割。

本书第 1 章由陈振军编写，第 2 章由王培祥编写，第 3 章由张玉珍编写，第 4 章由宋平莲编写，第 5 章由江素华编写，第 6 章由王丽编写，第 7 章和第 8 章由郑凤源编写，第 9 章由吉建英编写，第 10 章由庞海杰编写。全书由张玉珍统稿。另外，还要特别感谢李新霞老师为本书的顺利出版所做的各种工作。

由于编者水平所限，本书不足之处在所难免，敬请广大读者批评指正。我们也会在适当的时间进行修订和补充。

编　者
2009 年 8 月

目 录

第1章

信息技术与计算机基础知识

随着社会的不断发展，人类正由工业社会全面进入信息社会，其主要动力就是以计算机技术、通信技术和控制技术为核心的现代信息技术的飞速发展和广泛应用。纵观人类社会的发展史和科学技术史，信息技术在众多的科学技术群体中越来越显示出其强大的生命力。

1.1 信息与信息技术

1.1.1 信息与数据

"信息"这个词语，每个人都不陌生。信息与人类的生活密不可分，如同物质和能源一样，是人们赖以生存和发展的重要资源。从远古的时候开始，人类的祖先就以手势、喊叫、烽火等方式来传递信息。语言和文字产生之后，人类又有了新的信息存储和传输方式，无数的信息就通过传说和书稿一代代流传下去。随着计算机的发明以及电子技术、通信技术的不断发展和普及，信息技术作为一种崭新的信息存储和传输方式出现在人类的生活中，并且不断对人类的生活产生深远的影响。

简单地说，信息就是对人类有一定意义的一系列符号的集合。它是一种资源，能给人类提供有用的消息，它能以多种形式传播并为人类所感知。

数据则是指某种符号记录，用来描述事物的一些特征。数值、文字、语言、图形、图像等都是不同形式的数据。

一般说来，信息既是对各种事物的变化和特征的反映，又是事物之间相互作用和联系的表征。人们通过接收信息来认识事物，从这个意义上来讲，信息是一种知识，是接收者原来不了解的新知识，而数据则是信息的载体。

信息与数据是不同的——信息有意义，而数据没有。例如，在物理实验中需要测量电路电流，测量值为 0.8A，这个数值本身是没有意义的。但是，当数据以某种形式经过处理、描述或与其他数据比较时，便被赋予了意义。例如，当需要描述该电路电流大小时，0.8A 就是信息了，信息是有意义的。

数据经过加工处理之后所得到的信息，仍然以数据的形式出现，此时的数据是信息的载体，成为人们认识信息的一种媒介。

1.1.2　信息时代的特征

1. 知识经济

知识经济是一种经济学的观点，它认为知识是经济发展的基础，是推动经济发展的最主要的动力。可以这样认识知识经济，占主导地位的资源和生产要素是知识，创新是知识经济的灵魂，知识生产率比劳动生产率更为重要，它更强调经济效益而不单纯追求产值。

2. 知识爆炸

知识爆炸是指人类拥有的知识量急剧膨胀，使处理信息变得更加困难的现象。在知识爆炸的时代，知识的学习、创造、存储和使用方式都发生了巨大的变化。我们只有学会正确的方法，掌握先进的信息处理技术才能通过对大量信息进行分析、综合、提炼和加工，获取对我们有用的知识，才不会被淹没在信息的海洋之中。

1.1.3　信息技术

1. 信息技术的定义

在浩如烟海的信息世界里，要有目的地搜集和获取信息；要对获取的信息进行必要的加工处理后得到有用的新的信息；要获取信息、处理信息、存储信息、传输信息，就必须学习和掌握信息技术。

根据使用的目的、范围和层次不同，对信息技术（Information Technology，IT）的定义也不相同。下面是一些专家、学者从不同角度对信息技术的解释。

- 现代信息技术"以计算机技术、微电子技术和通信技术为特征"。
- 信息技术是指在计算机和通信技术支持下用以获取、加工、存储、变换、显示和传输文字、数值、图像以及声音信息技术的总称，包括提供设备和提供信息服务两大方面。
- 信息技术是管理、开发和利用信息资源的有关方法、手段与操作程序的总称。

2. 信息技术的内容

一般来说，信息技术包含3个层次的内容：信息基础技术、信息系统技术和信息应用技术。信息基础技术是信息技术的基础，包括新材料、新能源、新器件的开发和制造技术，其核心包括人工智能、微电子技术、光电子技术、多媒体技术等。信息系统技术是指有关信息的获取、传输、存储和处理等技术，包括信息获取技术、信息处理技术、信息传输技术、信息控制技术和信息存储技术。信息应用技术是针对种种实用目的（如信息管理、信息控制、信息决策等）而发展起来的具体的技术群类，如生产自动化、办公自动化、人工智能和互联通信技术等，它们是信息技术开发的根本目的所在。目前，人们把通信技术、计算机技术和控制技术合称为3C（Communication、Computer 和 Control）技术。3C 技术是信息技术的主体。目前，信息技术已经在社会的各个领域得到了广泛的应用，显示出其强大的生命力。纵观人类科技发展历程，还没有一项技术像信息技术一样对人类社会产生如此巨大的影响。

1.1.4　信息化建设

1. 信息化与信息化社会

信息化是指培育、发展以智能化工具为代表的新的生产力并使之造福于社会的历史过程。国家信息化就是在国家统一规划和组织下，在农业、工业、科学技术、国防及社会生活各个方面应用现代信息技术，深入开发广泛利用信息资源，加速实现国家现代化进程。智能工具一般必须具备信息获取、信息传递、信息处理、信息再生和信息利用的功能。

信息化社会与以前的工业化社会相比较有如下的主要特征：信息成为社会的战略资源；信息产业开始成为国民经济的主导产业。

2．信息高速公路

"信息高速公路"是国家信息基础设施（NII）的形象比喻，由美国政府于 1993 年 9 月正式提出。"信息高速公路"是一个交互式的多媒体通信网络，它以光纤为"路"，以电话、计算机、电视、传真等多媒体终端为"车"，既能传输语言和文字，又能传输数据和图像，使信息的高速传递、共享和增值成为可能，同时还提供了教育、卫生、商务、金融、文化、娱乐等广泛的信息服务。

3．我国的信息化建设

我国信息化建设发展很快，中国互联网络中心（CNNIC）在北京发布的第二十四次《中国互联网络发展状况统计报告》显示：到 2009 年 6 月底，我国网民人数已达到 3.38 亿人，使用手机上网的网民达到 1.55 亿人，网络国际出口带宽总数达到 74 754Mbit/s，中国域名的总数为 1 626 万个，其中 CN 域名 1 296 万个。互联网已经发展成为中国影响最广、增长最快、市场潜力最大的产业之一，正在以超出人们想象的深度和广度迅速延伸。

4．计算机文化

计算机文化最早出现在 20 世纪 80 年代初，在瑞士洛桑召开的第三届世界计算机教育大会上，科学家们提出了要树立计算机教育是文化教育的观念，呼吁人们要高度重视计算机文化教育。此后，"计算机文化"的说法被各国计算机教育界所接受。

所谓计算机文化，就是以计算机为核心，集网络文化、信息文化、多媒体文化于一体，并对社会生活和人类行为产生广泛、深远影响的新型文化。

1.2　计算机的基础知识

1.2.1　计算机的起源

1．机械式计算机

中国早在春秋（公元前 770—476 年）时期就出现了算筹。算筹是我国古代最早用来计数和计算的工具，一般是由十几厘米长的竹签制成，用它摆成不同的形式来表示不同的数。东汉（公元 25—220 年）时期发明了十进制计数法。到了唐朝（公元 618—907 年）已经有了至今仍在使用的计算工具——算盘。珠算是我国人民的独特创造。

1617 年，苏格兰发明家约翰·奈皮尔用骨制工具进行除法、减法以及加法和乘法的混合运算，发明了计算尺。1622 年，英格兰的威廉·奥特雷得发明了滑动计算尺。

1642 年，法国数学家帕斯卡采用齿轮传动装置，制成了最早的十进制加法器。1678 年，德国数学家莱布尼兹制成的计算机解决了十进制数的乘除法运算问题。1822 年，英国的巴贝奇制成了第一台专门用于多项式计算的"差分机"，精度达到小数点后第六位。1833 年，巴贝奇构想了一台新的"分析机"，使用大量的齿轮、曲柄及机械传动机构，用蒸汽机提供动力。其组成有运算室、存储库、数据传送装置、输入输出装置及顺序控制装置。巴贝奇设计的"分析机"和现代计算机的结构很相似。

2．机电式计算机

1944 年，美国哈佛大学的霍华德·艾肯博士在 IBM 公司的支持下，用了 5 年的时间研制了 Mark I 计算机，并在哈佛大学投入运行。Mark I 长 15m，高 2.4m，有 15 万个元件，还有 800km 长的导线。Mark I 是世界上最早的通用型自动机电式计算机之一，一共使用了 3 000 多个电话继电器替代齿轮传动的机械结构，机器采用十进制，对 23 位的数进行加减运算一次需要 0.3s，乘法则需要 6s。其指令通过穿孔纸带传送。它在许多方面可以说是巴贝奇分析机的现代化翻版，不同的只是用电代替了蒸汽传动。它的问世标志着现代计算机时代的开始。机电式计算机 Mark I 服务了长达 15 年之久。

3．计算机的奠基者

计算机只经过了半个多世纪的发展，虽然历史较短，但是已经对我们今天的工作和生活产生了重要的影响。在计算机发展过程中有杰出贡献的代表人物有以下几位。

（1）布尔及其主要贡献：1847 年，英国数学家布尔创立了布尔代数，奠定了计算机进行二进制算术运算和逻辑运算的基础。

（2）图灵及其主要贡献：1936 年，英国科学家图灵发表了题为《论可计算数及其判定问题中的应用》的著名论文，建立了图灵机的理论模型，发展了可计算性理论，并提出了定义机器智能的测试方法，从而奠定了计算机的理论和模型基础，人们称之为图灵机。

（3）冯·诺依曼及其主要贡献：1946 年，美籍匈牙利科学家冯·诺依曼博士提出了"存储程序"和"自动执行"的思想及计算机结构的基本方案，该思想目前仍为现代计算机所采用，所以现代计算机一般仍称为冯·诺依曼型计算机。其特点概括如下。

- 使用单一的处理部件来完成计算、存储以及通信的工作。
- 存储单元是定长的线性组织。
- 存储空间的单元是直接寻址的。
- 使用机器语言，指令通过操作码来完成简单的操作。
- 对计算机进行集中的顺序控制。

4．电子计算机的诞生

1946 年 2 月，美国宾夕法尼亚大学的约翰·毛希利（Mauchly）和普雷斯伯·埃克特（Eckert）一起研制成功第一台电子计算机 ENIAC。使用 18 000 个电子管，1 500 多个继电器，耗电 150kw，占地 170m^2，重达 30 余吨，运算速度 5 000 次/s。

1.2.2 现代计算机的发展

1．第一代计算机

发展时间是 1946—1958 年，人们通常称之为电子管计算机时代。其主要特点是：采用电子管作为逻辑元件；存储器使用静电存储管、磁鼓等；外部设备采用纸带、卡片、磁带等；程序使用机器语言，20 世纪 50 年代中期开始使用汇编语言，但还没有操作系统。这一代计算机主要用于军事目的和科学研究。它体积庞大、笨重、耗电多、可靠性差、速度慢、维护困难。具有代表性的机器有 ABC、ENIAC、EDVAC、EDSAC、UNIVAC 等。

2．第二代计算机

发展时间是 1959—1964 年，人们通常称之为晶体管计算机时代。其主要特点是：采用晶体管作为逻辑元件；使用磁芯作为主存储器，辅助存储器采用磁盘和磁带；输入/输出方式有了很大改进；开始使用操作系统，有了各种计算机高级语言。计算机的应用已由军事领域和科学计算扩展到数据处理和事务处理。它的体积减小、重量减轻、耗电量减少、速度加快、可靠性加强。具有代表性的机器有 UNIVAC Ⅱ 以及 IBM 的 7090、7094、7044 等。

3．第三代计算机

发展时间是 1965—1970 年，人们通常称之为集成电路计算机时代。其主要特点是：采用中、小规模集成电路作为逻辑元件；开始使用半导体存储器；外部设备种类和品种增加；开始走向系列化、通用化和标准化；操作系统进一步完善，高级语言数量增多。这一时期计算机主要用于科学计算、数据处理以及过程控制。计算机的体积、重量进一步减小，运算速度和可靠性进一步提高。具有代表性的机器是 IBM 360 系列、Honey Well 6000 系列、富士通 F230 系列等。

4．第四代计算机

发展时间从 1971 年至今。人们通常称之为大规模、超大规模集成电路计算机时代。其主要特点是：采用大规模、超大规模集成电路作为逻辑元件；主存储器采用半导体，辅助存储器采用大容量的软、硬磁盘，并开始引入光盘；外部设备有了较大发展，出现了光电字符阅读器、扫描仪、激光打印机和各种绘图仪；操作系统不断发展和完善，数据库管理系统进一步发展，软件行业已成为现代新型的工业部门。数据通信、计算机网络已有很大发展，计算机的体积、重量进一步减小，运算速度和可靠性进一步提高，微型计算机异军突起。

5．新一代计算机

新一代计算机是指把信息采集、存储、处理、通信同人工智能结合在一起的智能计算机系统。它不仅能进行数值计算或处理一般的信息，更主要的是面向知识处理，具有形式化推理、联想、学习和解释的能力，能够帮助人们进行判断、决策、开拓未知的领域并获取新的知识。人—机之间可以直接通过自然语言（声音、文字）或图形图像交换信息。新一代计算机系统又称第五代计算机系统，是为适应未来社会信息化的要求而提出的，与前四代计算机有着质的区别。

1958 年和 1959 年，中国的第一台小型和大型电子管计算机先后问世。1964 年开始，中国研制成功一批晶体管计算机，并配制了 ALGOL 等语言的编译程序和其他系统软件。20 世纪 60 年代后期，中国开始研究集成电路计算机，1971 年研制成功，并且已批量生产小型集成电路计算机。20 世纪 80 年代以后，中国开始重点研制微型计算机系统并推广应用；1983 年研制成功了每秒运算 1 亿次的"银河Ⅰ"巨型机，在大型计算机、特别是巨型计算机技术方面取得了重要进展；建立了计算机服务业，逐步健全了计算机产业结构。

1.2.3　计算机的特点

计算机具有运算速度快、存储容量大、工作自动化、运算精度高和通用性强等特点。

1．运算速度快

数字式电子计算机的电子电路只产生高低两种状态电平的脉冲，依靠脉冲信号进行数据的传送和运算。从理论上讲，电子计算机的运算速度只受电子移动速度的限制，因而速度快，现在已有每秒几十亿次的巨型电子计算机。

2．存储容量大

计算机中有许多存储单元用以记忆信息。内部记忆能力，是电子计算机和其他计算工具的一个重要区别。由于具有内部记忆信息的能力，在运算过程中就可以不必每次都从外部去取数据,而只需事先将数据输入到内部的存储单元中,运算时即可直接从存储单元中获得数据,从而大大提高了运算速度。计算机存储器的容量可以做得很大,而且它记忆力特别强。

3．工作自动化

通常的运算装置都是由人控制的,人给机器一条指令,机器就完成一个(或一组)操作。由于计算机具有存储信息的能力,因此可以将指令事先输入到计算机中存储起来。在计算机开始工作后从存储单元中依次取出指令,来控制计算机的操作,从而使人们可以不必干预计算机工作,实现工作的自动化。

4．运算精度高

电子计算机采用离散的数字信号形式模拟自然界物理量连续变化,对精度要求非常高。实际上,电子计算机的计算精度在理论上不受限制,一般的计算机均能达到 15 位有效数字,通过技术处理可以满足任何精度要求。例如 π 的计算,在无计算机时经过 1 500 多年许多科学家的人工计算达到小数点后 500 位,而第一台计算机诞生后,利用计算机马上就达到了 2 000 位,目前已达到小数点后上亿位。

5．通用性强

计算机的应用领域已渗透到社会的各行各业,正在改变着传统的工作、学习和生活方式,推动着社会的发展。

1.2.4　计算机的分类

1．按计算机处理数据的方式分类

(1) 数字计算机

数字计算机的主要特点是:参与运算的数值用断续的数字量表示,其运算过程按数字位进行计算。由于其具有逻辑判断等功能,以近似人类大脑的"思维"方式进行工作,所以又被称为"电脑"。

(2) 模拟计算机

模拟计算机的主要特点是:参与运算的数值由不间断的连续量表示,其运算过程是连续的。由于受元器件质量影响,其计算精度较低,应用范围较窄,目前已很少生产。

(3) 数模混合式计算机

数模混合式计算机兼有数字和模拟两种计算机的优点,既能接收、处理和输出模拟量,又能接收、处理和输出数字量。

2．按用途分类

(1) 通用计算机

通用计算机适应性很强,应用面很广,但其运行效率、速度和经济性依据不同的应用对象会受到不同程度的影响。

(2) 专用计算机

专用计算机针对某类问题能显示出最有效、最快速和最经济的特性,但它的适应性较差,不适于其他方面的应用。我们在导弹和火箭上使用的计算机很多是专用计算机。

3．按计算机的规模分类

按照 1989 年由 IEEE 科学巨型机委员会提出的运算速度分类法,可将计算机分为巨型机、大型机、小型机、工作站和微型计算机。

（1）大型机

这类计算机具有极强的综合处理能力和极大的性能覆盖面。在一台大型机中可以使用几十台微机或微机芯片，用以完成特定的操作。可同时支持上万个用户，可支持几十个大型数据库。主要应用在政府部门、银行、大公司、大企业等。

（2）巨型机

巨型机有极高的速度和极大的容量。用于国防尖端技术、空间技术、大范围长期性天气预报、石油勘探等方面。目前这类机器的运算速度可达每秒百亿次。

（3）小型机

小型机规模小、结构简单、设计试制周期短，便于及时采用先进工艺技术，软件开发成本低，易于操作维护。它们已广泛应用于工业自动控制、大型分析仪器、测量设备、企业管理、大学和科研机构等，也可以作为大型与巨型计算机系统的辅助计算机。近年来，小型机的发展也引人注目。

（4）工作站

是一种以个人计算机和分布式网络计算为基础，主要面向专业应用领域，具备强大的数据运算与图形、图像处理能力，为满足工程设计、动画制作、科学研究、软件开发、金融管理、信息服务、模拟仿真等专业领域而设计开发的高性能计算机。

（5）微型机

微型机技术在近 10 年内发展速度迅猛，平均每 2～3 个月就有新产品出现，1～2 年产品就更新换代一次。平均每两年芯片的集成度可提高一倍，性能提高一倍，价格则降低一半，而目前还有加快的趋势。微型机已经应用于办公自动化、数据库管理、图像识别、语音识别、专家系统以及多媒体技术等领域，并且开始成为普通家庭的一种常规电器。

1.2.5 计算机的应用

1. 科学计算

随着计算机技术的发展，计算机的计算能力越来越强，运算的速度越来越快，计算精度也越来越高。目前可以应用于各种领域的计算程序有很多，大大方便了广大科技工作者的使用。利用计算机进行数值计算，可以节省大量的时间、人力和物力，电子计算机是发展现代尖端技术必不可少的重要工具。

2. 数据处理

数据处理是指在计算机上管理、操纵各种形式的数据资料。如企业管理、物资管理、报表统计、账目计算、信息情报检索等都是数据处理。此外，将计算机与仪器仪表相结合，充分利用计算机的数据处理能力，实现数据采集、处理、存储的自动化，可大大提高仪器仪表测量的精确度和自动化程度。

3. 过程控制

过程控制是指利用计算机对连续的工业生产过程进行控制。计算机在工业控制方面的应用，大大促进了自动化技术的普及和提高，并且可以节省劳动力、减轻劳动强度、提高生产效率、节省原料、减少能源消耗、降低生产成本。

4. 计算机通信

现代通信技术与计算机技术相结合，构成的联机系统和计算机网络，是微型计算机具有广阔前景的一个应用领域。计算机网络的建立，不仅解决了一个地区、一个国家中计算机之间的通信和网络内各种资源的共享问题，还可以促进国际间的通信和各种数据的传输与处理。

5．计算机辅助系统

（1）计算机辅助教学

计算机辅助教学（CAI）是指利用计算机进行教授、学习的教学系统，将教学内容、教学方法以及学习情况等存储在计算机中，可以使学生能够直观地从中看到并学习所需要的知识。

（2）计算机辅助设计

计算机辅助设计（CAD）是指利用计算机来帮助设计人员进行设计工作。可以用辅助设计软件对产品进行设计，如建筑设计以及机械、电子类产品的设计等。

（3）计算机辅助制造

计算机辅助制造（CAM）是指利用计算机进行生产设备的管理、控制与操作，从而提高产品质量、降低成本、缩短生产周期，并且还可以大大改善制造人员的工作条件。

（4）计算机辅助测试

计算机辅助测试（CAT）是指利用计算机来进行自动化的测试工作。

（5）计算机集成制造

在产品制造中许多生产环节都采用自动化生产作业，但每一环节的优化技术不一定就是整体的生产最佳化。计算机集成制造（CIMS）就是将技术上的各个单项信息处理和制造企业管理信息系统集成在一起，将产品生命周期中所有有关功能，包括设计、制造、管理、市场等的信息处理全部予以集成。CIMS 的进一步发展方向是支持"并行工程"，即力争使那些为产品生命周期单个阶段服务的专家尽早地并行工作，优化全局并缩短产品开发周期。

6．人工智能

人工智能是利用计算机模拟人类某些智能行为（如感知、思维、推理、学习等）的理论和技术。它是在计算机科学、控制论等基础上发展起来的边缘学科，它包括专家系统、机器翻译、自然语言理解等。

1.2.6　计算机的发展趋势

1．巨型化

巨型化是指计算机的运算速度更高、存储容量更大、功能更强。目前正在研制的巨型计算机的运算速度可达每秒百亿次。

2．微型化

微型计算机已进入仪器、仪表、家用电器等小型仪器设备中，同时作为工业控制过程的心脏，使仪器设备实现了"智能化"。随着微电子技术的进一步发展，笔记本型、掌上型等微型计算机必将以更优的性能价格比受到人们的欢迎。

3．网络化

随着计算机应用的深入，特别是家用计算机越来越普及，人们一方面希望众多用户能共享信息资源，另一方面也希望各计算机之间能互相传递信息进行通信。计算机网络是现代通信技术与计算机技术相结合的产物。

4．智能化

计算机人工智能的研究建立在现代科学基础之上。智能化是计算机发展的一个重要方向，新一代计算机将可以模拟人的感觉行为和思维过程的机理，进行"看"、"听"、"说"、"想"、

"做",并具有逻辑推理、学习与证明的能力。

1.3 计算机的数制

1.3.1 数制及转换

1．计算机常用的数制

- 二进制——最简单,计算机直接使用。
- 十进制——人们习惯的计数制。
- 八进制——对二进制数压缩表示(压缩比3:1)。
- 十六进制——对二进制数压缩表示(压缩比4:1)。

2．相关数制的表示

人们最熟悉十进制数,首先分析十进制数的表示规律。

(1)十进制数(Decimal)的表示规律

- 数码:0、1、2、3、4、5、6、7、8、9。
- 最小数码:0;最大数码:9;基数:10。
- 运算规则:逢十进一,借一当十。
- 表示及位权展开:

例1.1:$3568.72D = 3 \times 10^3 + 5 \times 10^2 + 6 \times 10^1 + 8 \times 10^0 + 7 \times 10^{-1} + 2 \times 10^{-2}$

说明:a)数字上标表示位权编码,小数点左边的位是第0位,然后依次是第1、2、3……位,小数点右边分别是第-1、-2、-3……位;b)各位数码的大小,除了与代码本身大小有关之外,还与基数和位权有关。

(2)二进制数(Binary)的表示规律及对应的十进制数

- 数码:0、1。
- 最小数码:0;最大数码:1;基数:2。
- 表示方式:$(10110101.101)_2$ 或 10110101.101B,即带下标2或后缀B。
- 算数运算规则:逢二进一,借一当二;逻辑运算规则在后面叙述。
- 按权展开式——十进制数转换:

例1.2:$10110101.101B = 1 \times 2^7 + 0 \times 2^6 + 1 \times 2^5 + 1 \times 2^4 + 0 \times 2^3 + 1 \times 2^2 + 0 \times 2^1 + 1 \times 2^0 + 1 \times 2^{-1} + 0 \times 2^{-2} + 1 \times 2^{-3}$
$$= 128 + 32 + 16 + 4 + 1 + 0.5 + 0.125 = 181.625$$

(3)八进制数(Octal)的表示规律及对应的十进制数

- 数码:0、1、2、3、4、5、6、7。
- 最小数码:0;最大数码:7;基数:8。
- 表示方式:$(567.4)_8$ 或 567.4O,即带下标8或后缀O。
- 运算规则:逢八进一,借一当八。
- 按权展开式——十进制数转换:

例1.3:$567.4O = 5 \times 8^2 + 6 \times 8^1 + 7 \times 8^0 + 4 \times 8^{-1} = 320 + 48 + 7 + 0.5 = 375.5$

(4)十六进制(Hexadecimal)表示规律及对应的十进制数

- 数码:0~9,A、B、C、D、E、F。

- 最小数码：0；最大数码：F(15)；基数：16。
- 表示方式：$(2AF.C)_{16}$ 或 2AF.CH，即带下标 16 或后缀 H。
- 运算规则：逢十六进一，借一当十六。
- 按权展开式——十进制数：

例 1.4：$2AF.CH=2\times16^2+10\times16^1+15\times16^0+12\times16^{-1}=512+160+15+0.75=687.75$

（5）R 进制计数制

- 数码：0、1、2……R−1。
- 最小数码：0；最大数码：R−1；基数：R。
- 运算规则：逢 R 进一，借一当 R。
- 对于任意的 R 进制计数制，表示规律及转换十进制数的方法与上述相同。

例 1.5：在计算机中设有某进制数 3+4=10，根据这个运算规则，6+5=？

解：由该进制数的运算规律 3+4=10 可以知道，这是逢七进一，属于七进制数。所以，根据这个运算规则，6+5=14。

3．数的转换

- 十进制转换为其他进制数。
- 二——八进制数的相互转换。
- 二——十六进制数的相互转换。

（1）十进制转换为其他进制数

对于任意的 R 进制数转换为十进制数，整数部分和小数部分要分别转换。

① 整数部分的转换方法

十进制的整数不断除以基数 R 取余数。除到商为 0 后，按照后取得的余数排在前面，先取得的余数排在后面的顺序，即可得到相应的 R 进制数。

例 1.6：$(237)_{10}=(11101101)_2=(355)_8=(ED)_{16}$

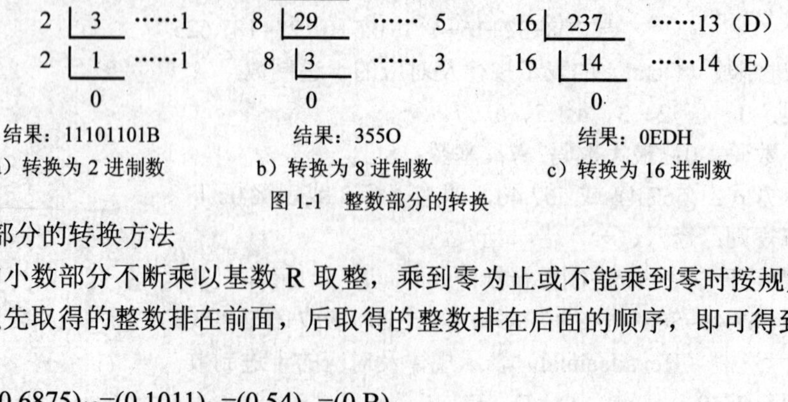

```
 2 | 237  ……1
 2 | 118  ……0
 2 | 59   ……1
 2 | 29   ……1
 2 | 14   ……0
 2 | 7    ……1      8 | 237   …… 5
 2 | 3    ……1      8 | 29    …… 5      16 | 237   ……13（D）
 2 | 1    ……1      8 | 3     …… 3      16 | 14    ……14（E）
     0                  0                    0
结果：11101101B      结果：355O         结果：0EDH
a）转换为 2 进制数    b）转换为 8 进制数   c）转换为 16 进制数
```

图 1-1　整数部分的转换

② 小数部分的转换方法

十进制的小数部分不断乘以基数 R 取整，乘到零为止或不能乘到零时按规定的位数取舍，然后按照先取得的整数排在前面，后取得的整数排在后面的顺序，即可得到 R 进制的小数部分。

例 1.7：$(0.6875)_{10}=(0.1011)_2=(0.54)_8=(0.B)_{16}$

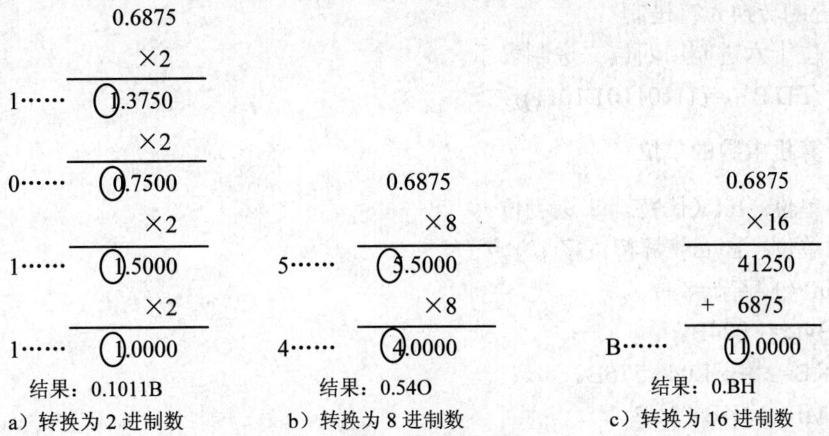

```
        0.6875
         ×2
1……  ⓞ.3750
         ×2
0……  ⓞ.7500                0.6875              0.6875
         ×2                  ×8                  ×16
1……  ①.5000      5……  ⑤.5000      ————————
         ×2                  ×8              41250
1……  ①.0000      4……  ④.0000      +   6875
                                              ————————
  结果：0.1011B    B……  ⑪.0000
  a）转换为 2 进制数    结果：0.54O            结果：0.BH
                    b）转换为 8 进制数       c）转换为 16 进制数
```

图 1-2　小数部分的转换

③ 既有整数又有小数的情况

把转换过来的对应进制数的整数部分和小数部分放在一起。

例 1.8：$(237.6875)_{10}=(11101101.1011)_2=(355.54)_8=(ED.B)_{16}$

（2）二—八进制数的相互转换（参照表 1-1）

根据表 1-1 二—八进制对应关系表进行转换。

① 二进制转换为八进制

规则：以小数点为准，三位化为一段，不够一段的补零，然后用相应的八进制数码表示。

例 1.9：$(011,101,101.101,100)_2=(355.54)_8$

② 八进制转换为二进制

规则：一位八进制用三位二进制表示。

例 1.10：$(355.54)_8=(011,101,101.101,100)_2$

表 1-1	二—八进制对应关系表
八进制代码	二进制编码
0	000
1	001
2	010
3	011
4	100
5	101
6	110
7	111

表 1-2		二—十六进制对应关系表	
十六进制	二进制	十六进制	二进制
0	0000	8	1000
1	0001	9	1001
2	0010	A	1010
3	0011	B	1011
4	0100	C	1100
5	0101	D	1101
6	0110	E	1110
7	0111	F	1111

（3）二—十六进制数的相互转换（参照表 1-2）

① 二进制转换为十六进制

规则：以小数点为准，四位化为一段，不够一段的补零，然后用相应的十六进制数码表示。

例 1.11：$(1110,1101.1011)_2=(ED.B)_{16}$

② 十六进制转换为二进制

规则：一位十六进制用四位二进制表示。

例 1.12：$(ED.B)_{16}=(11101101.1011)_2$

1.3.2 计算机中数的单位

数的最小单位：bit（比特，二进制位）。

数的基本单位：Byte（拜特，字节）。

1Byte=8bit（1 字节=8 位）。

$1KB=2^{10}Byte=1\,024B$。

$1MB=2^{10}KB=2^{20}B=1\,048\,576B$。

$1GB=2^{10}MB=2^{20}KB=2^{30}B$。

$1TB=2^{10}GB=2^{20}MB=2^{30}KB=2^{40}B$。

1.3.3 计算机中数的表示

表示在计算机上的数称为机器数，机器数所代表真正意义的数值称为真值。机器数是以字节为基本长度单位的。通常机器数可表示成 8 位、16 位、32 位、64 位等形式。所表示的数可以是无符号数，也可以是不同形式的有符号数，还可以是指定小数点的位置及以科学计数法形式出现的浮点数等，而不同字节不同性质的机器数所表示的数据范围是不一样的。

1．无符号数的表示

（1）8 位无符号数的表示范围：

$0 \leqslant X \leqslant 2^8-1$，即 0～255。

（2）16 位无符号数的表示范围：

$0 \leqslant X \leqslant 2^{16}-1$，即 0～65 535。

2．有符号数的表示

用机器数的最高位表示符号位，"0"表示正号，"1"表示负号，其余则为数值位。而带符号的机器数有三种表示法，即：原码表示、反码表示和补码表示。

- 原码表示：保持真值不变。
- 反码表示：正数的反码等于原码，负数的反码等于原码的数值位按位取反。
- 补码表示：正数的补码等于原码，负数的补码等于其反码加 1。

例 1.13：

$$[+42]_{原}=0\ 0101010B \qquad\qquad [-42]_{原}=1\ 0101010B$$
$$[+42]_{反}=0\ 0101010B \qquad\qquad [-42]_{反}=1\ 1010101B$$
$$[+42]_{补}=0\ 0101010B \qquad\qquad [-42]_{补}=1\ 1010110B$$

3．定点数和浮点数

（1）定点数（fixed-point number）

计算机处理的数据不仅有符号，而且大量的数带有小数，小数点不占有一位二进制位而是隐含在机器数里某固定位置上。通常采用两种简单的约定：一种是约定所有机器数的小数点位置隐含在机器数的最低位之后，叫定点纯整数机器数，简称定点整数；另一种是约定所有机器数的小数点位置隐含在符号位之后、有效数值部分最高位之前，叫定点纯小数机器数，简称定点小数。

定点数表示方法简单直观，不过定点数表示数的范围小，不易选择合适的比例因子，运算过程容易产生溢出。

（2）浮点数（floating-point number）

计算机采用浮点数来表示数值，它与科学计算法相似，把任意一个二进制数通过移动小数点位置表示成阶码和尾数两部分：$N=2^{E} \times S$。

其中：E 代表 N 的阶码（exponent），是有符号的整数；

S 代表 N 的尾数（mantissa），是数值的有效数字部分，一般规定纯小数形式。

浮点数在计算机中的存储格式如图 1-3 所示。

| 阶符 | 阶码 | 数符 | 尾数 |

图 1-3 浮点数存储格式

阶码只能是一个带符号的整数，它用来指示尾数中的小数点应当向左或向右移动的位数，阶码本身的小数点约定在阶码最右面。尾数表示数值的有效数字，其本身的小数点约定在数符和尾数之间。在浮点数表示中，数符和阶符都各占一位，阶码的位数随数值表示的范围而定，尾数的位数则依数的精度要求而定。

4．二进制的运算规则

（1）算术运算规则

加法：0+0=0，0+1=1+0=1，1+1=10

减法：0−0=1−1=0，1−0=1，10−1=1

乘法：0×0=1×0=0×1=0，1×1=1

除法：0/1=0，1/1=1

（2）逻辑运算规则

逻辑与运算（AND）：
$$0 \wedge 0=0, \ 0 \wedge 1=0, \ 1 \wedge 0=0, \ 1 \wedge 1=1$$

逻辑或运算（OR）：
$$0 \vee 0=0, \ 1 \vee 0=1, \ 0 \vee 1=1, \ 1 \vee 1=1$$

逻辑非运算（NOT）：
$$\overline{1}=0, \ \overline{0}=1$$

逻辑异或运算（XOR）：
$$0 \oplus 0=0, \ 0 \oplus 1=1, \ 1 \oplus 0=1, \ 1 \oplus 1=0$$

1.4 计算机的编码

1.4.1 数的编码

为了让计算机识别十进制代码，需要用二进制数给十进制数进行编码。给十进制数编码的方案很多，如 BCD 编码、格雷码、循环码、余三码等。本书只介绍最简单、最直观、最常用的 BCD 编码。BCD 编码表如表 1-3 所示。

表 1-3   BCD 编码表

十进制代码	8421（BCD）码
0	0000
1	0001
2	0010
3	0011
4	0100
5	0101
6	0110
7	0111
8	1000
9	1001

例 1.14：写出十进制 45 的 BCD 编码。

根据 BCD 编码表：45 的 BCD 码为 01000101，即 $(45)_{10} = (01000101)_{BCD}$。

1.4.2 字符的编码（ASCII 码）

目前计算机中用得最广泛的字符集及其编码，是由美国国家标准局（ANSI）制定的 ASCII 码（American Standard Code for Information Interchange，美国标准信息交换码），它已被国际标准化组织（ISO）定为国际标准，称为 ISO 646 标准。标准 ASCII 码字符集如表 1-4 所示。

表 1-4   标准 ASCII 码字符集

码值	编码	字符	码值	编码	字符	码值	编码	字符	码值	编码	字符
0	00H	NUL	12	0CH	FF	24	18H	CAN	36	24H	$
1	01H	SOH	13	0DH	CR	25	19H	EM	37	25H	%
2	02H	STX	14	0EH	SO	26	1AH	SUB	38	26H	&
3	03H	ETX	15	0FH	SI	27	1BH	ESC	39	27H	'
4	04H	EOT	16	10H	DLE	28	1CH	FS	40	28H	(
5	05H	ENQ	17	11H	DC1	29	1DH	GS	41	29H	)
6	06H	ACK	18	12H	DC2	30	1EH	RS	42	2AH	*
7	07H	BEL	19	13H	DC3	31	1FH	US	43	2BH	+
8	08H	BS	20	14H	DC4	32	20H	SP	44	2CH	,
9	09H	HT	21	15H	NAK	33	21H	!	45	2DH	-
10	0AH	LF	22	16H	SYN	34	22H	"	46	2EH	.
11	0BH	VT	23	17H	ETB	35	23H	#	47	2FH	/

码值	编码	字符	码值	编码	字符	码值	编码	字符	码值	字符	编码
48	30H	0	68	44H	D	88	58H	X	108	6CH	l
49	31H	1	69	45H	E	89	59H	Y	109	6DH	m
50	32H	2	70	46H	F	90	5AH	Z	110	6EH	n
51	33H	3	71	47H	G	91	5BH	[	11	6FH	o
52	34H	4	72	48H	H	92	5CH	\	112	70H	p
53	35H	5	73	49H	I	93	5DH	]	113	71H	q
54	36H	6	74	4AH	J	94	5EH	^	114	72H	r
55	37H	7	75	4BH	K	95	5FH	_	115	73H	s
56	38H	8	76	4CH	L	96	60H	`	116	74H	t
57	39H	9	77	4DH	M	97	61H	a	117	75H	u
58	3AH	:	78	4EH	N	98	62H	b	118	76H	v
59	3BH	;	79	4FH	O	99	63H	c	119	77H	w
60	3CH	<	80	50H	P	100	64H	d	120	78H	x
61	3DH	=	81	51H	Q	101	65H	e	121	79H	y
62	3EH	>	82	52H	R	102	66H	f	122	7AH	z
63	3FH	?	83	53H	S	103	67H	g	123	7BH	{
64	40H	@	84	54H	T	104	68H	h	124	7CH	¦
65	41H	A	85	55H	U	105	69H	i	125	7DH	}
66	42H	B	86	56H	V	106	6AH	j	126	7EH	~
67	43H	C	87	57H	W	107	6BH	k	127	7FH	DEL

因为 1 位二进制数可以表示 $2^1=2$ 种状态：0、1；而 2 位二进制数可以表示 $2^2=4$ 种状态：00、01、10、11；依此类推，7 位二进制数可以表示 $2^7=128$ 种状态，每种状态都唯一地编为一个 7 位的二进制码，对应一个字符(或控制码)，这些码可以排列成一个十进制序号 0～127。所以，7 位 ASCII 码是用 7 位二进制数进行编码的，可以表示 128 个字符。

第 0～31 号及第 127 号（共 33 个）是控制字符或通信专用字符，如控制符 LF（换行）、CR（回车）、FF（换页）、DEL（删除）、BEL（振铃）等以及通信专用字符 SOH（文头）、EOT（文尾）、ACK（确认）等；第 32～126 号（共 95 个）是字符，其中第 48～57 号为 0～9 十个阿拉伯数字；65～90 号为 26 个大写英文字母，97～122 号为 26 个小写英文字母，其余为一些标点符号、运算符号等。

1.4.3　汉字的编码

1．常用的汉字编码

（1）国标码 GB2312-80

全称是 GB2312-80《信息交换用汉字编码字符集基本集》，1980 年发布，是中文信息处理的国家标准，在大陆及海外使用简体中文的地区（如新加坡等）是强制使用的唯一中文编码。它是一个简化字的编码规范，当然也包括其他的符号、字母、日文假名等，共 7 445 个图形字符，其中汉字占 6 763 个。GB2312 规定对任意一个图形字符都采用两个字节表示，每个字节均采用七位编码表示，习惯上称第一个字节为"高字节"，第二个字节为"低字节"。Windows 3.2 和苹果 OS 就是以 GB2312 为基本汉字编码。

（2）GBK 汉字编码

GBK 编码（Chinese Internal Code Specification）是我国制订的新的中文编码扩展国家标准。GBK 编码能够用来同时表示繁体字和简体字，而 GB2312 只能表示简体字，GBK 是兼容 GB2312 编码的。GBK 工作小组于 1995 年 10 月开始工作，同年 12 月完成 GBK 规范。该编码标准兼容 GB2312，共收录汉字 21 003 个、符号 883 个，并提供 1 894 个造字码位，将简、繁体字融于一库。Windows 95/98 简体中文版的字库表层编码就采用的是 GBK，通过 GBK 与 UCS 之间一一对应的码表与底层字库联系。

（3）GB18030-2000 编码

GB18030-2000 编码标准是由信息产业部和国家质量技术监督局在 2000 年 3 月 17 日联合发布的，并且将作为一项国家标准强制执行。GB18030-2000 编码标准在原来的 GB2312-1980 编码标准和 GBK 编码标准的基础上进行扩充，增加了四字节部分的编码。它可以完全映射 ISO10646 的基本平面和所有辅助平面，共有 150 多万个码位。在 ISO10646 的基本平面内，它在原来的 2 万多汉字的基础上增加了 7 000 多个汉字的码位和字型，从而使基本平面的汉字达到 27 000 多个。它的主要目的是为了解决一些生、偏、难字，以及适应出版、邮政、户政、金融、地理信息系统等迫切需要的人名、地名用字问题。

有的中文 Windows 的缺省内码还是 GBK，可以通过 GB18030 升级包升级到 GB18030。不过 GB18030 相对 GBK 增加的字符，普通人是很难用到的，通常我们还是用 GBK 指代中文 Windows 内码。

2．汉字机内码

在计算机内表示汉字的代码是汉字机内码，汉字机内码由国标码演化而来，把表示国标码的两个字节的最高位分别加"1"，就变成汉字机内码。

3．汉字的输入码

汉字输入码是指直接从键盘输入的各种汉字输入方法的编码，属于外码。

4．汉字的字型码

用点阵方式来构造汉字字型，然后存储在计算机内，就构成了汉字字模库。目的是为了能显示和打印汉字。显示一个汉字一般采用 16×16 点阵或 24×24 点阵或 48×48 点阵。图 1-4 所示是一个 16×16 点阵字型图，根据汉字点阵的大小，可以计算出存储一个汉字所需的存储空间。即：字节数=点阵行数×点阵列数/8。

例 1.15：分别计算一个 16×16 点阵汉字和一个 32×32 点阵汉字所占用的存储空间。

解：一个 16×16 点阵汉字占用空间=16×16/8=32 字节

一个 32×32 点阵汉字占用空间=32×32/8=128 字节

图 1-4　16×16 点阵字型图

全部汉字字形码的集合叫汉字字库。汉字库可分为软字库和硬字库。软字库以文件的形式存放在硬盘上，现在多用这种方式。硬字库则将字库固化在一个单独的存储芯片中，再和其他必要的器件组成接口卡，插接在计算机上，通常称为汉卡。

1.4.4 Unicode 字符集简介

Unicode（统一码、万国码、单一码）是一种在计算机上使用的字符编码。它为每种语言中的每个字符设定了统一并且唯一的二进制编码，以满足跨语言、跨平台进行文本转换、处理的要求。

早在 1984 年 4 月，国际标准组织就成立了 ISO/IEC JTC1/SC2/WG2 汉字编码工作组，针对各国文字、符号进行统一性编码。1991 年美国跨国公司成立 Unicode Consortium，并于 1991 年 10 月与 WG2 达成协议，采用同一编码字符集。目前 Unicode 采用 16 位编码体系，其字符集内容与 ISO10646 的 BMP（Basic Multilingual Plane）相同。Unicode 于 1992 年 6 月通过 DIS（Draf International Standard），目前版本包含符号 6 811 个、汉字 20 902 个、韩文拼音 11 172 个、造字区 6 400 个、保留 20 249 个，共计 65 534 个。Unicode 编码的大小是一样的。例如一个英文字母 "a" 和一个汉字 "好"，编码后占用的空间大小是一样的，都是两个字节。随着计算机工作能力的增强，Unicode 在面世以来的十多年里得到普及。

Unicode 的学名是 "Universal Multiple-Octet Coded Character Set"，简称为 UCS。UCS 可以看作是 "Unicode Character Set" 的缩写。UCS 有两种格式：UCS-2 和 UCS-4。顾名思义，UCS-2 就是用两个字节编码，UCS-4 就是用 4 个字节（实际上只用了 31 位，最高位必须为 0）编码。UCS-2 有 2^{16}=65 536 个码位，UCS-4 有 2^{31}=2 147 483 648 个码位。

1.5 计算机系统

如图 1-5 所示，电子计算机系统由硬件系统和软件系统两大部分组成。硬件是计算机的"躯体"，软件是计算机的"灵魂"，没有软件的计算机称为"裸机"。

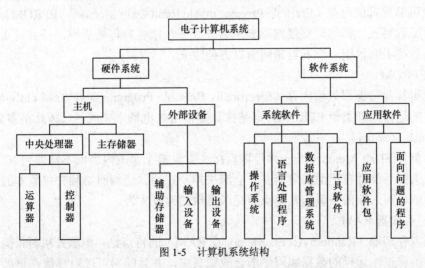

图 1-5 计算机系统结构

根据冯·诺依曼的理论，计算机的硬件系统由运算器、控制器、存储器、输入设备和输出设备五部分组成。运算器主要从事二进制的算数运算和逻辑运算；控制器控制计算机的所有器件和设备协调一致工作；现代的超大规模集成电路技术把运算器和控制器两个部件集成到一个芯片上，称之为中央处理器（CPU）或微处理器。CPU 的性能直接影响计算机的性能。存储器包括主存储器（内存）和辅助存储器（外存）。内存是半导体存储器，速度比外存快得多，由 CPU 直接控制。内存中存储正在运行的程序。外存主要用来储备软件。CPU 和内存的组合称为主机；而外存、输入设备、输出设备称为外部设备。外存有硬盘、软盘、光盘、优盘等，主要用来储备或传播软件。键盘、鼠标、扫描仪等属于输入设备。显示器、打印机、绘图仪等是输出设备。

1.5.1 计算机的内存

内存即主存储器，用于存放运行的程序和数据，是计算机的重要组成部分。其工作过程是：将编好的程序和待加工的数据调入内存，由 CPU 控制执行。CPU 每执行一条指令至少访问一次内存，有些指令甚至多次访问内存，内存的性能决定了计算机的性能。

在计算机中，内存被分为只读存储器和随机存储器两大类。

1. 只读存储器 ROM

只读存储器（Read-Only Memory，ROM）是一种半导体存储器，其特性是一旦储存资料就很难再将之改变或删除。通常用在不需经常变更资料的电子或电脑系统中，资料不会因为电源关闭而消失。例如，计算机主板上的 BIOS 芯片就属于 ROM 存储器。

ROM 存储器有以下几种类型。

（1）掩膜 ROM

掩膜 ROM（Mask-ROM）存储的信息是在掩膜工艺制造过程中固化进去的，信息一旦固化便不能再修改。因此，掩膜 ROM 适合于大批量的定型产品，它具有工作可靠和成本低等优点。

（2）PROM

可编程程序只读内存（Programmable ROM，PROM）的内部有行列式的镕丝，可以根据需要利用电流将其烧断，写入所需的资料，但仅能写录一次。

（3）EPROM

可抹除可编程只读内存（Erasable Programmable Read Only Memory，EPROM）可利用高电压将资料编程写入，抹除时将线路曝光于紫外线下，则资料可被清空，并且可重复使用。通常在封装外壳上会预留一个石英透明窗以方便曝光。

（4）EEPROM

电子式可抹除可编程只读内存（Electrically Erasable Programmable Read Only Memory，EEPROM）的运作原理类似 EPROM，但是抹除是使用高电场来完成的，因此不需要透明窗。

（5）Flash Memory

快闪存储器 Flash Memory 是一种可以直接在主机板上修改内容而不需要将 IC 拔下的内存，当电源关掉后储存在里面的资料并不会流失掉。在写入资料时必须先将原本的资料清除掉，然后才能再写入新的资料。其缺点为写入资料的速度太慢。

2. 随机存储器 RAM

随机存取存储器（Random Access Memory，RAM）的特点是：电脑开机时，操作系统和应用程序的所有正在运行的数据和程序都会放置其中，并且随时可以对存放在里面的数据进行修改和存取。它的工作需要有持续的电力提供，一旦系统断电，存放在里面的所有数据和程序都会自动清空掉，并且再也无法恢复。

RAM 分为动态随机存取存储器（DRAM）和静态随机存取存储器（SRAM）两类。

（1）动态随机存取存储器

DRAM（Dynamic RAM）是最普通的 RAM，其特点是：利用场效应管的结电容存储信息。一个场效应管组成一个位存储单元，用电容的充放电来做储存动作，但因电容本身有漏电问题，因此必须每几微秒就要刷新一次，否则数据会丢失。存取时间和放电时间一致，约为 2～4ms。因为成本比较便宜，通常都用作计算机内的主存储器，也就是所谓的"内存条"，如图 1-7 所示。常见的主存储器类型如下。

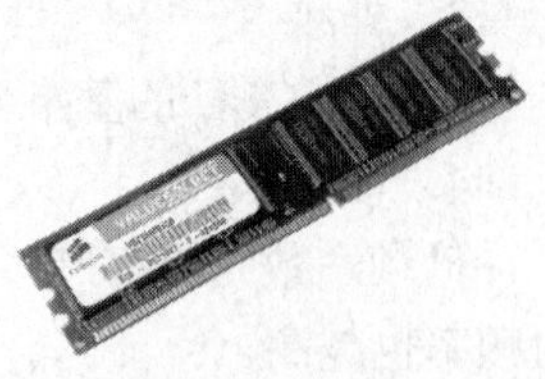

图 1-6　内存条

① SDRAM。

SDRAM（Synchronous DRAM）即同步动态随机存取存储器。这是一种与 CPU 实现外频 Clock 同步的内存模式，一般都采用 168Pin 的内存模组，工作电压为 3.3V。所谓 Clock 同步是指内存能够与 CPU 同步存取资料，这样可以取消等待周期，减少数据传输的延迟，因此可提升计算机的性能和效率。

② DDR SDRAM。

DDR SDRAM（Double Data Rate）即二倍速率同步动态随机存取存储器。作为 SDRAM 的换代产品，它具有两大特点：其一，速度比 SDRAM 有一倍的提高；其二，采用了 DLL（Delay Locked Loop：延时锁定回路）提供一个数据滤波信号。这是目前内存市场上的主流模式。

（2）静态随机存取存储器

SRAM（Static RAM）里面的数据可以长驻其中而不需要随时进行存取。每 6 颗电子管组成一个位存储单元，没有电容器，无须不断充电即可正常运作，因此它可以比一般的动态随机处理内存更快更稳定，其读写速度与 CPU 相当，往往用来做高速缓存（Cache），协调 CPU 和内存之间的速度差。早期计算机的 Cache 做在主板上，现在计算机的 Cache 往往做在 CPU 里。

1.5.2　中央处理器（CPU）

CPU 是中央处理单元（Central Process Unit）的缩写，被简称做微处理器（Microprocessor）。其作用和人的大脑相似，负责处理、运算计算机内部的所有数据。而主板芯片组则更像是心脏，它控制着数据的交换。CPU 的种类决定了使用的操作系统和相应的软件。CPU 主要由运算器、控制器、寄存器组和内部总线等构成，是 PC 的核心，再配上储存器、输入/输出接口和系统总线即可组成为完整的 PC。CPU 外形如图 1-7 所示。

图 1-7　CPU 外形

1．CPU 的总线

总线英文名称为 BUS，CPU 的总线分为内部总线和外部总线。

（1）内部总线：在 CPU 内部，是寄存器之间以及算术逻辑部件 ALU 与控制部件之间传输数据所用的总线。

（2）外部总线：是指 CPU 与内存 RAM、ROM 和输入/输出设备接口之间进行通信的通路。总线包括以下三种类型。

① 地址总线 AB：用来传送地址信息。

② 数据总线 DB：用来传送数据信息。

③ 控制总线 CB：用来传送各种控制信号。

2．主频

主频也叫时钟频率，单位是 MHz。CPU 的主频=外频×倍频系数。CPU 的主频与 CPU 实际的运算能力是没有直接关系的，主频表示在 CPU 内数字脉冲信号震荡的速度。主频只是 CPU 性能表现的一个方面，不代表 CPU 的整体性能。

3．外频

外频是 CPU 的基准频率，单位是 MHz。CPU 的外频决定着整块主板的运行速度。

4．倍频系数

倍频系数是指 CPU 主频与外频之间的相对比例关系。在相同的外频下，倍频越高则 CPU 的频率也越高。

5．缓存

缓存（Cache）大小也是 CPU 的重要指标之一，而且缓存的结构和大小对 CPU 速度的影响非常大。CPU 内缓存的运行频率极高，一般是和处理器同频运作，工作效率远远大于系统内存和硬盘。

（1）L1 Cache（一级缓存）是 CPU 第一层高速缓存，分为数据缓存和指令缓存。内置的 L1 高速缓存的容量和结构对 CPU 的性能影响较大，不过由于高速缓冲存储器均由静态 RAM 组成，结构较复杂，在 CPU 管芯面积不能太大的情况下，L1 级高速缓存的容量不可能做得太大。一般服务器 CPU 的 L1 缓存的容量通常在 32～256KB。

（2）L2 Cache（二级缓存）是 CPU 的第二层高速缓存，分内部和外部两种芯片。内部的芯片二级缓存运行速度与主频相同，而外部的二级缓存则只有主频的一半。L2 高速缓存容量也会影响 CPU 的性能，原则是越大越好，以前家庭用 CPU 容量最大的是 512KB，现在笔记本电脑中也可以达到 2MB，而服务器和工作站用 CPU 的 L2 高速缓存可达到 8MB 以上。

（3）L3 Cache（三级缓存），分为两种，早期的是外置的，现在的都是内置的。它比磁盘 I/O 子系统可以处理更多的数据请求。具有较大 L3 缓存的处理器可以提供更有效的文件系统缓存行为及较短消息和处理器队列长度。

6．CPU 的指令集

CPU 依靠指令来计算和控制系统，每款 CPU 在设计时就规定了一系列与其硬件电路相配合的指令系统。指令的强弱也是 CPU 的重要指标，指令集是提高微处理器效率的最有效工具之一。从现阶段的主流体系结构讲，指令集可分为复杂指令集（CISC，英文"Complex Instruction Set Computer"的缩写）和精简指令集（RISC，英文"Reduced Instruction Set Computing"的缩写）两种。

7．多核心

多核心，也指单芯片多处理器（Chip multiprocessors，CMP）。CMP 是由美国斯坦福大学提出的，其思想是将大规模并行处理器中的 SMP（对称多处理器）集成到同一芯片内，并使各个处理器并行执行不同的进程。

8．对称多处理结构

对称多处理结构 SMP（Symmetric Multi-Processing），是指在一个计算机上汇集了一组处理器（多 CPU），各 CPU 之间共享内存子系统以及总线结构。在这种技术的支持下，一个服务器系统可以同时运行多个处理器，并共享内存和其他的主机资源。

9．CPU 的厂商

（1）Intel 公司

Intel 是生产 CPU 的老大哥，它占有 80%多的市场份额，Intel 生产的 CPU 就成了事实上的 x86CPU 技术规范和标准。

（2）AMD 公司

目前使用的 CPU 有好几家公司的产品，除了 Intel 公司外，最有力的挑战就是 AMD 公司。

（3）IBM 和 Cyrix

美国国家半导体公司 IBM 和 Cyrix 公司合并后，终于拥有了自己的芯片生产线，其成品将会日益完善和完备。现在的 MII 性能也不错，尤其是它的价格很低。

（4）国产龙芯

GodSon 是国有自主知识产权的通用处理器。目前已经有 2 代产品，可以达到现在市场上 Intel 和 AMD 的低端 CPU 的水平。

10．CPU 的发展

1971 年，Intel 公司推出了世界上第一台微处理器 4004。它含有 2 300 个晶体管，功能有限，速度还很慢。

1978 年，Intel 公司首次生产出 16 位的微处理器，并命名为 i8086。同时还生产出与之相配合的数学协处理器 i8087。这两种芯片使用相互兼容的指令集，但在 i8087 指令集中增加了一些专门用于对数、指数和三角函数等数学计算的指令。

1979 年，Intel 公司推出了 8088 芯片，仍属于 16 位微处理器，内含 29 000 个晶体管，时钟频率为 4.77MHz，地址总线为 20 位，可使用 1MB 内存。8088 内部数据总线都是 16 位，外部数据总线是 8 位。1981 年 8088 芯片首次用于 IBM PC 中，开创了全新的微机时代。PC（personal computer，个人电脑）的概念开始在全世界范围内发展起来。

1982 年，Intel 推出了 80286 芯片，在 CPU 的内部含有 13.4 万个晶体管，时钟频率提高到 20MHz。数据总线为 16 位，地址总线 24 位，可寻址 16MB 内存。

1985 年 Intel 推出了 80386 芯片，内含 27.5 万个晶体管，时钟频率为 20MHz、25MHz、33MHz。80386 的内部和外部数据总线都是 32 位，地址总线也是 32 位，可寻址 4GB 内存。

1989 年，Intel 推出 80486 芯片，集成了 120 万个晶体管。时钟频率提高到 33MHz、50MHz。80486 将 80386 和数学协处理器 80387 以及一个 8KB 的高速缓存集成在一个芯片内，并且在 80X86 系列中首次采用了 RISC（精简指令集）技术，可以在一个时钟周期内执行一条指令。80486 的性能比带有 80387 数学协处理器的 80386DX 提高了 4 倍。

1992 年 10 月 20 日，在纽约第十届 PC 用户大会上，葛洛夫正式宣布 Intel 第五代处理器被命名 Pentium（奔腾）。Pentium 内部集成 16KB 缓存，Pentium Pro 系列的工作频率是 150/166/180/200MHz。1996 年底推出了奔腾系列的改进版本，厂家代号 P55C，也就是我们平常所说的奔腾 MMX（多能奔腾）。

1997 年 5 月，Intel 推出了奔腾 II。主频最终达到 450MHz。奔腾 II CPU 内部集合了 32KB 片内 L1 高速缓存，L2 高速缓存有 512KB。Intel 为抢占低端市场，把奔腾 II 的二级缓存和相关电路抽离出来，推出赛扬处理器（Celeron）。

1999 年初，Intel 发布了奔腾 III，主频有 450MHz 和 500MHz 两种。以后奔腾 III 处理器主频一直升高到 1.13GHz。在 2000 年中，推出了 Celeron 2 处理器。

2000 年 11 月，Intel 发布了第四代的 Pentium 处理器。采用了 256～512KB 的二级缓存，起步频率为 1.3GHz。随后陆续推出了 1.4～2.0GHz 的 P4 处理器，而后期的 P4 处理器均转到了针角更多的 Socket 478 插座。在低端 CPU 方面，Intel 发布了第三代的 Celeron 核心。

1.5.3 外部存储器

1．软磁盘存储器

在微机中使用的软盘按其尺寸可分为 5.25 英寸软盘和 3.5 英寸软盘两种，5.25 英寸软盘现在已很少使用。在软盘上有读写窗口和写保护口。

（1）读写窗口，软盘驱动器的读、写磁头通过此窗口，与软盘的记录表面接触，完成数据的读、写操作。平时不可以用手触摸，否则软盘将不能够使用。

（2）写保护口，是软盘上保护数据的装置，可防止数据被误删除或防止病毒侵入。3.5 英寸软盘的写保护口在磁盘背面，窗口中有一可移动的滑块。若移动滑块使窗口透光，则磁盘处于写保护状态，此时只能读出，不能写入。移动滑块使窗口封闭不透光，就可对磁盘进行读、写操作。

软盘在使用之前必须进行格式化处理，如图 1-8 所示。即通过软盘驱动器把磁盘划分成同心圆的磁道，一般 80 个磁道，编号为 0～79。在半径的方向又划分了一些扇区，对于 3.5 英寸的软盘为 18 个扇区，对于 5.25 英寸的软盘为 15 个扇区。每一扇段的存储容量为 512B。由此，可计算出常用的 5.25 英寸软盘和 3.5 英寸软盘的存储容量。

5.25 英寸软盘容量 = 2 面×80 磁道×15 扇区×512B=1 228 800B≈1.2MB。

3.5 英寸软盘容量 = 2 面×80 磁道×18 扇区×512B=1 474 560B≈1.44MB。

除了微机中常用的 5.25 英寸 1.2MB 和 3.5 英寸 1.44MB 软盘外，还有 3.5 英寸 2.88MB 的软盘，以及 10MB 的软盘。

2．硬盘存储器

常用硬盘盘片大小是 3.5 英寸，笔记本电脑硬盘是 2.5 英寸。按照硬盘与电脑的数据接口，硬盘分为 IDE 接口和 SCSI 接口。与软盘相比，硬盘的容量要大得多，早期硬盘的容量只有 10MB、20MB，目前的硬盘容量一般是 80GB、160GB、250GB 等。现在微机上所配置的硬盘一般在 160GB 以上。如图 1-9 所示。

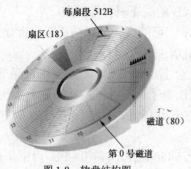

图 1-8　软盘结构图　　　　　　　　图 1-9　硬盘

（1）硬盘的组成

硬盘由磁道（Tracks）、扇区（Sectors）、柱面（Cylinders）和磁头（Heads）组成。拿一个盘片来讲，上面被分成若干个同心圆磁道，每个磁道被分成若干个扇区，每扇区通常是 512 字节。磁道数：300～3 000；扇区数：63。柱面就是多个盘片上具有相同编号的磁道。

（2）硬盘容量的计算

硬盘容量=柱面数×扇区数×每扇区字节数×磁头数。

（3）硬盘的格式化

硬盘需要两次格式化，低级格式化和高级格式化。硬盘的低级格式化是在每个磁片上划分出一个个同心圆的磁道，即物理格式化。现在的硬盘在出厂前已经完成了低级格式化。

3．光存储设备

（1）CD-ROM（compact disc read-only memory）

CD-ROM，称为只读光盘存储器，它是一种只读光存储介质，能在直径 120mm（4.72 英寸）、1.2mm（0.047 英寸）厚的单面盘上保存 74～80 分钟的高保真音频，或 682MB（74 分钟）、737MB（80 分钟）的数据信息。光盘驱动器的发展也非常快，从最初的双倍速到 8 倍速以及 20、32、40 倍速等，其中一倍速为 150kbit/s。

（2）CD-R（compact disc recordable）

这种光盘也被称为 WORM（write once，read many）。CD-R 光盘写入数据后，该光盘就不能再次刻写了，刻录得到的光盘可以在 CD-DA 或 CD-ROM 驱动器上读取。读 CD-R 与 CD-ROM 的工作原理相同，都是通过激光照射到盘片上的"凹陷"和"平地"得到的反射光的变化来读取的；不同之处在于 CD-ROM 的"凹陷"是印制的，而 CD-R 是刻录机烧制而成的。

（3）CD-RW（compact disc rewritable）

CD-R 廉价而且使用方便，颇受用户的欢迎，但是只能写一次。为了能重新多次写入信息，又出现了一种新的技术，即 CD-RW，它的特点是可以重复读写。CD-RW 光盘与 CD-R 光盘主要有四个方面不同：①可重写；②价格更高；③写入速度慢；④反射率更低。

（4）DVD-RAM（digital versatile disc）

DVD-RAM 是由先锋、日立以及东芝公司联合推出的可写 DVD 标准，它使用类似于 CD-RW 的技术。

第一个 DVD-RAM 于 1998 年春推出，容量为 2.6GB（单面）和 5.2GB（双面）。容量为 4.7GB 的盘于 1999 年末问世，双面的 9.4GB 盘在 2000 年才被投放市场。DVD-RAM 驱动器可以读取 DVD 视频、DVD-ROM 和 CD。

（5）DVD-R

DVD-R 是一种类似 CD-R 的一次性写入介质，对于记录存档数据是相当理想的介质；DVD-R 盘可以在标准的 DVD-ROM 驱动器上播放。DVD-R 的单面容量为 3.95GB，约为 CD-R 容量的 6 倍，双面盘的容量还要加倍。这种盘使用一层有机燃料刻录，因此降低了材料成本。

（6）DVD-RW

DVD-RW 标准是由 Pioneer（先锋）公司于 1998 年提出的。DVD-RW 产品最初定位于消费类电子产品，主要提供类似 VHS 录像带的功能，可为消费者记录高品质多媒体视频信息。然而随着技术发展，DVD-RW 的功能也慢慢扩充到了计算机领域。

1.5.4　主板

主板是一块矩形的电路板，一般由 4 层以上的 PCB 板组成。在主板上分布着众多的电容、电阻、电感等元件和 CPU 插槽、内存插槽、PCI 插槽等。有些主板上面还集成了显示芯片、音效芯片和网络芯片。图 1-10 所示为一款主板的结构示意图。

图 1-10　光盘驱动器

1．IDE 接口

IDE 接口主要用来连接硬盘和光驱等 IDE 设备，IDE 接口也叫 ATA 接口。一块主板上一般有两个 IDE 接口，分别称为 IDE 1 和 IDE 2。为了方便用户确认，许多主板的 IDE 接口分别用不同的颜色来标志。图 3.2 所示为 IDE 接口。

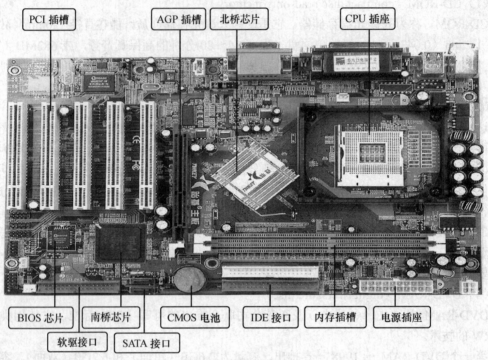

图 1-11　主板结构示意图

2．SATA 接口

SATA（Serial ATA）的含义为串行 ATA 接口，该接口技术作为一种新型的硬盘接口技术于 2000 年初由 Intel 公司率先提出。与传统的 IDE 接口相比，SATA 接口具有更快的外部接口传输速度，数据校验措施更为完善，目前正逐渐成为市场主流。

与传统的 IDE 接口相比，SATA 接口有以下优势。

- SATA 接口的传输速率为 150MB/s。随着技术的发展，
SATA 硬盘的传输速率还将成倍提高。
- 可以热插拔，使用非常方便。
- 易于连接，布线简单，有利于散热。
- 不受主盘和从盘设置的限制，可以连接多个硬盘。

图 1-12　SATA 接口

3．软驱接口

软驱接口用于连接软驱。软驱使用的存储介质为软盘，其容量较小，约为 1.44MB，且存放数据的安全性低，不易长期保存。目前，3.5 英寸的软盘驱动器已基本淘汰，其地位逐渐被 USB 闪存盘取代。

4．CPU 插座

CPU 插座是放置并固定 CPU 的地方。CPU 放置在 CPU 插座上后，插座周围的支架可固定 CPU

的散热片。根据主板支持的 CPU 不同，CPU 的插座也不同，其主要表现在 CPU 针脚数的不同。如 Pentium 4 Northwood 核心的 CPU 采用 Socket478 架构，AthlonXP CPU 采用 Socket47862 架构。

5．电源插座

电源插座用来将电源连接到主板，让电源给主板供电。在 ATX 主板上，电源插座的形状为长方形两排 2D 针插口。

6．主板芯片组

芯片组（Chipset）由南桥（South Bridge）芯片和北桥（North Biidge）芯片组成。CPU 通过主板芯片组对主板上的各个部件进行控制，控制芯片的性能不同，主板的性能就基本不同，因此，主板芯片组是区分主板的一个重要标志。北桥是 CPU 与外部设备之间联系的纽带，负责控制主板可以支持 CPU 的种类、内存类型和容量等；南桥芯片则负责控制设备的中断、各种总线和系统的传输性能等，其作用是让所有的数据都能有效传递。北桥芯片的集成度较高，工作量较大，而且速度也较快，它的发热量比南桥芯片要大，所以现在多数厂商在北桥上都加装了散热块或风扇，以免其因过热而损坏。

7．AGP 总线扩展槽

AGP（Accelerated Graphics Port）意思是"图形加速端口"，用于在主存与显示卡的显示内存之间建立一条新的数据传输通道，不需经过 PCI 总线就可让影像和图形数据直接传送到显示卡。AGP 接口标准从 AGP IX 发展到 AGP4X，现在主板大都采用 AGP4x 接口，配合 AGP4x 的显示卡，大大提高了电脑的 3D 处理能力。

8．ISA 总线扩展槽

ISA（Industry Standard Architecture）意思是"工业标准体系结构"，该插槽颜色为黑色，位于主板边侧紧挨着 PCI 插槽的地方，一般情况下声卡、解压卡、网卡、SCSI 卡、内置 Modem 等都插在 ISA 扩展槽中。

9．PCI 总线扩展槽

PCI（Peripheral Component Interconnect）意思是"外设部件互连总线"，它是一个先进的高性能局部总线（支持多个外设）。同 ISA 扩展槽相比，PCI 插槽的长度更短，颜色一般为白色，通常工作频率为 33MHz。常见的 PCI 卡有显示卡、声卡、PCI 接口的 SCSI 卡和网卡等。

10．内存插槽

内存插槽包括 EDO、SDRAM、RDRAM 和 DDR 等。不同插槽的引脚数量、额定电压和性能也不尽相同，可分为 72 线和 168 线内存插槽两种，目前市场上主板的内存插槽均为 168 线。

11．BIOS 芯片

BIOS（Basic Input/Output System）基本输入/输出系统，装入了启动和自检程序的 EPROM 或 EEPROM 集成电路。启动系统时，系统要对电脑内部的设备进行自检，检查是否存在错误，这些便由 BIOS 来完成。BIOS 还提供主要 I/O 设备的驱动程序、基本的中断服务程序、系统自举装入程序和系统设置程序等。

12．CMOS

在计算机领域，CMOS 常指保存计算机基本启动信息（如日期、时间、启动设置等）的芯片。有时人们会把 CMOS 和 BIOS 混称，其实 CMOS 是主板上的一块可读写的 RAM 芯片，用来保存 BIOS 的硬件配置和用户对某些参数的设定。CMOS 可由主板的电池供电，即使系统掉电，信息也不会丢失。CMOS RAM 本身只是一块存储器，只有数据保存功能。而对 BIOS 中各项参数的设定要通过专门的程序。BIOS 设置程序一般都被厂商整合在芯片中，在开机时通过特定的按键就可进入 BIOS 设置程序，从而方便地对系统进行设置。因此 BIOS 设置有时也被叫做 CMOS 设置。

1.5.5 适配器

1. 显示卡

显示卡（Display Card）的基本作用就是控制计算机的图形输出，由显示卡连接显示器。显示卡由显示芯片、显示内存、RAMDAC 等组成，这些组件决定了计算机屏幕上的输出，包括屏幕画面显示的速度、颜色以及显示分辨率。显示卡从早期的单色显示卡、彩色显示卡、加强型绘图显示卡，一直到 VGA（Video Graphic Array）显示绘图数组，都是由 IBM 主导显示卡的规格。而后来各家显示芯片厂商更致力将 VGA 的显示能力再进一步提升，从而使 SVGA（SuperVGA）、XGA（eXtended Graphic Array）等名词出现。近年来显示芯片厂商更将 3D 功能与 VGA 整合在一起，即成为我们目前所惯称的 3D 加速卡和 3D 绘图显示卡。

图 1-13　显示接口卡

集成在主板上的显卡不带有显存，使用系统的一部分主内存作为显存，具体的数量一般是系统根据需要自动动态调整的。显然，如果使用集成显卡运行需要大量占用显存的程序，对整个系统的影响会比较明显，此外系统内存的频率通常比独立显卡的显存低很多，因此集成显卡的性能比独立显卡差很多。

GPU（显示芯片）全拼是 Graphic Processing Unit，中文翻译为"图形处理器"。GPU 使显卡减少了对 CPU 的依赖，并完成部分原本属于 CPU 的工作，尤其是在 3D 图形处理时。显示芯片是显卡的核心芯片，它的性能好坏直接决定了显卡性能的好坏，它的主要任务就是处理系统输入的视频信息并将其进行构建、渲染。

显示内存的主要功能就是暂时储存显示芯片要处理的数据和处理完毕的数据。图形核心的性能愈强，需要的显存也就越多。以前的显存主要是 DDR，容量也不大。而现在市面上采用的基本都是 DDR2 规格的，在某些高端卡上更是采用了性能更为出色的 DDRIII 代内存。

刷新频率指图像在屏幕上更新的速度，即屏幕上每秒钟显示全画面的次数，其单位是 Hz。75Hz 以上的刷新频率带来的闪烁感一般人眼不容易察觉，因此，为了保护眼睛，最好将显示刷新频率调到 75Hz 以上。

图形中每一个像素的颜色是用一组二进制树来描述的，这组描述颜色信息的二进制数长度（位数）就称为色彩位数。色彩位数越高，显示图形的色彩越丰富。通常所说的标准 VGA 显示模式是 8 位显示模式，即在该模式下能显示 256 种颜色；增强色（16 位）能显示 65 536 种颜色，也称 64K 色；24 位真彩色能显示 1 677 万种颜色，也称 16M 色。该模式下所能看到真彩色图像的色彩已和高清晰度照片没什么差别了。另外，还有 32 位、36 位和 42 位色彩位树。

显示分辨率（ResaLution）是指组成一幅图像的水平像素和垂直像素的乘积。显示分辨率越高，屏幕上显示的图像像素越多，则图像也就越清晰。显示分辨率和显示器、显卡有密切的关系。

显示分辨率通常以"横向点数×纵向点数"表示，如 1 024×768。最大分辨率指显卡或显示器能显示的最高分辨率。在最高分辨率下，显示器的一个发光点对应一个像素。如果设置的显示分辨率低于显示器的最高分辨率，则一个像素可能由多个发光点组成。

2．声卡

声卡（Sound Card）也叫音频卡，声卡是多媒体技术中最基本的组成部分，是实现声波/数字信号相互转换的一种硬件。声卡的基本功能是把来自话筒、磁带、光盘的原始声音信号加以转换，输出到耳机、扬声器、扩音器、录音机等声响设备，或通过音乐设备数字接口（MIDI）使乐器发出美妙的声音。

声卡是计算机进行声音处理的适配器。它有三个基本功能：一是音乐合成发音功能；二是混音器（Mixer）功能和数字声音效果处理器（DSP）功能；三是模拟声音信号的输入和输出功能。声卡处理的声音信息在计算机中以文件的形式存储。声卡工作需要有相应的软件支持，包括驱动程序、混频程序（mixer）和 CD 播放程序等。

声卡可以把来自话筒、收录音机、激光唱机等设备的语音、音乐等声音变成数字信号交给电脑处理，并以文件形式存盘，还可以把数字信号还原成为真实的声音输出。声卡尾部的接口从机箱后侧伸出，上面有连接麦克风、音箱、游戏杆和 MIDI 设备的接口。

3．网卡

网络接口卡（NIC-Network Interface Card）又称网络适配器（NIA-Network Interface Adapter），简称网卡。用于实现联网计算机和网络电缆之间的物理连接，为计算机之间相互通信提供一条物理通道，并通过这条通道进行高速数据传输。在局域网中，每一台联网计算机都需要安装一块或多块网卡，通过介质连接器将计算机接入网络电缆系统。网卡实现物理层和数据链路层的大部分功能。

图 1-14　声音接口卡

图 1-15　网络接口卡

计算机之间在进行相互通信时，数据不是以流而是以帧的方式进行传输的。因此网卡的功能主要有两个：一是将计算机里的数据通过网线发送到网络上去；二是接收网络上传过来的数据，保存到计算机中。

按照网卡的总线接口，网卡可分为 ISA 网卡、PCI 网卡、PCMCIA 网卡、USB 网卡、无线网卡。按照网卡所支持的带宽不同，又可分为 1 000Mbit/s 网卡、10/100Mbit/s 自适应网卡、10Mbit/s 网卡。

集成网卡则是把网卡的芯片整合到主板上面，而芯片的运算部分却交给 CPU 或者主板的南桥芯片处理，网卡接口也放置在主板接口中。集成网卡的优点是降低成本，避免了外置网卡与其他设备的冲突，从而提高稳定性与兼容性。不仅如此，如今主板集成的网卡还花样百出，出现了千兆网卡和 DUAL（双网卡）网卡等新式技术。

1.5.6 外部接口

如图 1-16 所示，在主机箱后部由主板提供如下接口。

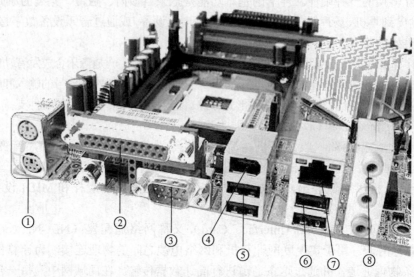

图 1-16　主机外部接口

① 是 PS/2 接口，绿色为鼠标接口，紫色为键盘接口。

② 是并行接口，用于连接打印机。

③ 为串行 COM 口，主要用于以前的扁口鼠标、Modem 以及其他串口通信设备。

④ 是 IEEE1394 接口，目前最新版本仍为 IEEE 139495a 版，最高传输速率为 400MB/s，但它的 IEEE 1394b 版将达到 1.6GB/s 的传输速率。它与 USB 类似，也支持即插即用、热拔插、多设备无 PC 连接等。由于它的标准使用费比较高，目前仍受到许多限制，只是在一些高档设备中应用普遍，如数码相机、高档扫描仪等。

⑤ 是 USB 接口。它是一种串行接口，目前最新的标准是 2.0 版，理论传输速率可达 480MB/s。目前许多上设都采用这种设备接口，如 Modem、打印机、扫描仪、数码相机等。其优点是数据传输速率高、支持即插即用、支持热拔插、无需专用电源等。

⑥ 是 USB 接口，同上。

⑦ 是双绞以太网线接口，也称之为"RJ-45 接口"。这要主板集成了网卡才会提供，用于网络连接的双绞网线与主板中集成的网卡进行连接。

⑧ 是声卡输入/输出接口，这也要在主板集成了声卡后提供，现在的主板一般都集成声卡，通常在主板上都可以看到这 3 个接口。常用的只有 2 个，那就是输入和输入出接口。通常用颜色来区分，红色的为输出接口，接音箱、耳机等音频输出设备，浅蓝色的为音频输入接口，用于连接麦克风、话筒等音频外设。

1.5.7 输入设备

输入是指利用某种设备将数据转换成计算机可以接收的编码的过程，所使用的设备称为输入设备。现在输入设备种类很多。

1．键盘

键盘是计算机最常用的必不可少的一种输入设备。它实际上是组装在一起的一组按键矩阵。当按下一键时就产生与该键对应的二进制代码，并通过接口送入计算机，同时将按键字符显示在屏幕上。键盘按其开关接触方式可分为机械式和电容式，早期的键盘都是机械式的。现在几乎已被电容式所代替，它的特点是击键声音小、手感较好、寿命较长。键盘的接口主要分为 AT 接口、PS/2 接口和 USB 接口，其中 AT 接口已淘汰。

2．鼠标

鼠标（Mouse），形状像老鼠，其上有两（或三）个按键。当它在平板上滑动时，屏幕上的鼠标指针也跟着移动。

鼠标有三种类型：机械鼠标，价格便宜，但准确性较差；光学鼠标，需要一个专用的平板与之配合使用；第三种是光学机械鼠标，无需专用平板，而且性能和价格都比较适宜。

鼠标的接口主要有 PS/2 接口、串行接口和 USB 接口。

3．其他输入设备

键盘和鼠标是微机中最常用的输入设备，此外，还有图形扫描仪、条形码阅读器、光学字符阅读器（OCR）、触摸屏、声音输入设备和手写输入设备等。下面简要说明这些输入设备的功能和基本原理。

图形扫描仪是一种图形、图像输入设备，它可以直接将图形、图像、照片或文本输入到计算机中。把照片、图片经扫描仪输入计算机已在许多系统中成功使用。目前，多种所谓"家用扫描仪"也已上市，随着多媒体技术的发展，扫描仪的应用将会更为广泛。

条形码阅读器是一种能够识别条形码的扫描装置，连接在计算机上使用。当阅读器从左向右扫描条形码时，就把不同宽窄的黑白条纹翻译成相应的编码供计算机使用。许多自选商场和图书馆里都用它管理商品和图书。

光学字符阅读器（OCR）是一种快速字符阅读装置。它用许许多多的光电管排成一个矩阵，当光源照射被扫描的一页文件时，文件中空白的白色部分会反射光线，使光电管产生一定的电压；而有字的黑色部分则把光线吸收掉，光电管不产生电压。这些有、无电压的信息组合形成一个图案，并与 OCR 系统中预先存储的模板进行匹配，若匹配成功就可确认该图案是何种字符。有些机器一次可阅读一整页的文件，称为读页机，有些则一次只能读一行。

目前，市场上出现的汉字语音输入设备和手写输入设备使汉字输入变得更为方便、容易，免去了计算机用户学习键盘汉字输入法的烦恼，但语音或手写汉字输入设备的识别率和输入速度还有待提高。

1.5.8　输出设备

输出设备的任务是将信息传送到中央处理机之外的介质上，下面介绍打印机和显示器等常用输出设备。

1．打印机

打印机是计算机目前最常用的输出设备，也是品种、型号最多的输出设备之一。

按打印机印字过程所采用的方式，可将打印机分为击打式打印机和非击打式打印机；按字符形成的过程，可将打印机分为全字符式打印机和点阵式打印机；按工作方式，打印机又可分为串行打印机和行式打印机。

目前使用较多的是击打式点阵打印机、激光打印机和喷墨打印机。

（1）击打式点阵打印机

击打式点阵串行打印机主要由打印头、运载打印头的装置、色带装置、输纸装置和控制电路等几个部分组成。打印头是点阵式打印机的核心部分，对打印速度、印字质量等性能有决定性影响。常用的有9针、24针点阵打印机，24针打印机可以印出质量较高的汉字，是目前使用较多的点阵打印机。

（2）喷墨打印机

喷墨打印机属非击打式打印机，近年来发展较快。工作时，喷嘴朝着打印纸不断喷出带电的墨水雾点，当它们穿过两个带电的偏转板时接受控制，然后落在打印纸的指定位置上，形成正确的字符。喷墨打印机可打印高质量的文本和图形，还能进行彩色打印，而且相当安静。但喷墨打印机常要更换墨盒，增加了日常消费。

（3）激光打印机

激光打印机也属非击打式打印机，工作原理与复印机相似，涉及光学、电磁学、化学等。简单说来，它将来自计算机的数据转换成光，射向一个充有正电旋转的鼓上。鼓上被照射的部分便带上负电，并能吸引带色粉末。鼓与纸接触再把粉末印在纸上，粉末在一定压力和温度的作用下熔结在纸的表面。激光打印机是一种新型高档打印机，打印速度快，印字质量高，常用来打印正式公文及图表。当然，价格比前两种打印机要高，而且三者相比，打印质量最高，但打印成本也最高。

2．显示器

CRT的工作原理是由灯丝、阴极、控制栅组成电子枪，通电后灯丝发热，阴极被激发，发射出电子流，电子流受到带有高电压的内部金属层的加速，经过透镜聚焦形成极细的电子束，打在荧光屏上，使荧光粉发光。电子束在偏转线圈产生的磁场作用下，可以控制其射向荧光屏的指定位置，电子束打在荧光屏上后会形成一个发光点，若干个发光点就可以组成图像。RGB三色荧光点被不同强度的电子束击中，就会产生各种色彩，通过控制电子束的强弱和通断，则可以形成各种绚丽多彩的画面。

图1-17　打印机

图1-18　显示器

LCD（Liquid Crystal Display）也就是我们俗称的液晶显示器，LCD可分为扭曲向列型（TN-LCD）、超扭曲向列型（STN-LCD）、薄膜晶体管（TFT-LCD）等几种。现在笔记本电脑上和绝大多数桌面型LCD都是TFT-LCD，它已经成为目前液晶显示器的主要发展方向。LCD的主要部件是它的液晶板，液晶板包含两片无钠玻璃素材（Substrates），中间夹着一层液晶。当光束通过这层液晶时，液晶体会并排或呈不规则扭转形状，像一个个闸门，选择光线是否穿透，使我们在屏幕上看到深浅不一、错落有致的图像。

显示器的主要性能指标有以下几种。

（1）点距

所谓点距就是指同一像素中两个颜色相近的磷光体之间的距离。屏幕由许多个像素组成，而每个像素又由红绿蓝三个磷光体组成，像素与像素是挨着的，相临的像素中相同颜色的磷光体之间的距离就是点距。目前 CRT 显示器的点距大多为 0.22~0.26mm，而 LCD 由于其技术与 CRT 不同，点距多为 0.297~0.32mm。

（2）分辨率

在实际使用中，分辨率通常用一个乘积来表示，例如 640×480、800×600、1 024×768、1 280×1 024 等。它表示水平方向的像素点数与垂直方向的像素点数的乘积，而像素是组成图像的基本单位，也就是说，像素越高，图像就越细腻越精美。对于一台能够支持 1 280×1 024 分辨率的 CRT 来说，无论是 320×240 还是 1 280×1 024 分辨率，都能够比较完美地表现出来（因为电子束可以做弹性调整）。但它的最大分辨率未必是最合适的分辨率，因为如果在 17 寸显示器上用 1 280×1 024 分辨率的话，Windows 的字体会很小，时间一长眼睛就容易疲劳，所以 17 寸显示器的最佳分辨率应为 1 024×768。

对 LCD 来说，最大分辨率就是它的真实分辨率，也就是最佳分辨率。一旦所设定的分辨率小于真实分辨率（比如说 15 寸 LCD，其真实分辨率为 1 024×768，而 Windows 中设定分辨率为 800×600）的话，将有两种显示方式：一是居中显示，只有 LCD 中间的 800×600 个点会显示图像，其他没有用到的点不会发光，保持黑暗背景，看起来画面是居中缩小的；另一种是扩展显示，这种方式会使用到屏幕上每一个像素，但由于像素很容易发生扭曲，所以会对显示效果造成一定影响。

（3）刷新率

刷新率也就是显示器的垂直扫描频率（场频），它是指每秒内电子枪对整个屏幕进行扫描的次数，以 Hz（赫兹）为单位。对于 CRT 显示器来说，显示器上显示的图像由很多荧光点组成，每个荧光点都在电子束的击打下发光，不过荧光点发光的时间很短，所以要不断地有电子束刷新击打荧光粉使之持续发光。而只有刷新够快，人眼才能看到持续稳定的画面，才不会感觉到画面的闪烁和抖动，眼睛也就不容易疲劳。所以 CRT 显示器的刷新率在相关分辨率下不低于 85Hz 才能让人眼看着更舒服。而 LCD 产生图像不是通过电子枪扫描，而是通过控制是否透光来控制亮和暗，所以 LCD 的刷新是对整幅的画面进行刷新。LCD 即使在较低的刷新率（如 60Hz）下，也不会出现闪烁的现象，图像稳定。所以，在调整 LCD 时无须调高刷新频率，采用 60Hz（1 024×768 分辨率）、75Hz（1 280×1 024 分辨率）或"默认的适配器"即可。

（4）视角

目前大多数纯平显示器的视角都能达到 180 度，也就是说，从屏幕前的任意一个方向都能清楚地看到所显示的内容。而 LCD 则不同，它的可视角度根据工艺先进与否而有所不同，部分新型产品的可视角度已经能够达到 160 度左右，跟 CRT 的 180 度非常接近。也有一些 LCD 虽然标称视角为 160 度，但实际上却达不到这个标准。用户在使用过程中一旦视角超出其实际可视范围，画面的颜色就会减退、变暗，甚至出现正像变成负像的情况。

（5）可视面积

可视面积指的是在实际应用中，可以用来显示图像的那部分屏幕的面积。CRT 显示器的尺寸实际上是其显像管的尺寸，因为显像管的边框占了一部分空间，可以用来显示图像的部分根本达不到这个尺寸。一般来讲，17 寸 CRT 显示器的可视面积约在 15.8~16 英寸左右，而 15 寸显示器的可视面积则只有 13.8 英寸左右。但对于 LCD 来说，标称的尺寸大小基本上就是可视面积的大小，被边框占用的空间非常小，15 寸 LCD 的可视面积大约有 14.9 英寸左右，这也是为什么 LCD 看起来要比同样尺寸 CRT 更大一些的原因。

（6）亮度与对比度

液晶显示器有一个背光的光源，这个光源的亮度决定整台 LCD 的画面亮度及色彩的饱和度。理论上来说，液晶显示器的亮度是越高越好，亮度的测量单位为 cd/m^2（每公尺平方烛光），也叫 NIT 流明。目前 TFT 屏幕的亮度大部分都是从 150Nits 开始起步，通常情况下 200Nits 才能表现出比较好的画面。对比度也就是黑与白两种色彩不同层次的对比测量度。对比度 120:1 时就可以显示生动、丰富的色彩（因为人眼可分辨的对比度约在 100:1 左右），对比率高达 300:1 时便可以支持各阶度的颜色。目前大多数 LCD 显示器的对比度都在 100:1～300:1。

（7）反应速度

测量反应速度的时间单位是毫秒（ms），指的是像素由亮转暗并由暗转亮所需的时间。这个数值越小越好，数值越小，说明反应速度越快。目前主流 LCD 的反应速度都在 25ms 以内，在一般商业用途中（例如字处理或文本处理）没有什么太大关系，因为此类用途不必太在意 LCD 的反应时间。而如果是用来玩游戏、观看 VCD/DVD 等全屏高速动态影像，反应时间就尤其重要了，如果反应时间较长的话，画面就会出现拖尾、残影等现象。

（8）色彩

说到色彩，LCD 也比不上 CRT。从理论上讲，CRT 可显示的色彩跟电视机一样为无限。而 LCD 只能显示大约 26 万种颜色，绝大部分产品都宣称能够显示 1 677 万色（16 777 216 色，32 位），但实际上都是通过抖动算法（dithering）来实现的，与真正的 32 位色相比还是有很大差距，所以在色彩的表现力和过渡方面仍然不及传统 CRT。同样的道理，LCD 表现灰度的能力也不如 CRT。

1.5.9 计算机指令和程序设计语言

计算机之所以能够按照人们的安排自动运行，是因为存储程序和程序控制。简单地说，程序就是计算机指令序列。本节将对计算机指令、程序和程序设计语言的概念进行简要地介绍。

1. 计算机指令（Instruction）

简单说来，指令就是给计算机下达的一道命令，它告诉计算机每一步要进行什么操作、参与此项操作的数据来自何处、操作结果又将送往哪里。所以，一条指令必须包括操作码（命令动词）和操作数（命令对象或称地址码）两部分：操作码指出该指令完成操作的类型，操作数指出参与操作的数据和操作结果存放的位置。一条指令完成一个简单的操作，一个复杂的操作由许多简单的操作组合而成。通常，一台计算机能够完成多种类型的操作，而且允许使用多种方法表示操作数的地址。因此，一台计算机可能有多种多样的指令，这些指令的集合称为该计算机的指令系统。

2. 程序

所谓程序就是用程序设计语言描述的、用于控制计算机完成某一特定任务的程序设计语言语句的集合。语句是程序设计语言中具有独立逻辑含义的单元，它可以分解为一条计算机指令，也可以分解为若干条计算机指令的集合。人们通过编写程序，发挥计算机的优势，来解决各种问题。

3. 程序设计语言

人类交往需用相互理解的语言沟通，人类与计算机交往也要使用相互理解的语言，以便人类把意图告诉计算机，而计算机则把工作结果告诉给人类。人们把同计算机交流的语言叫程序设计语言。程序设计语言通常分为机器语言、汇编语言和高级语言三类。

（1）机器语言（Machine Language）

每种型号的计算机都有自己的指令系统，也叫机器语言。每条指令都对应一串二进制代码。机器语言是计算机唯一能够识别并直接执行的语言，所以与其他程序设计语言相比，其执行速度最快，执行效率最高。

用机器语言编写的程序叫机器语言程序，机器语言中每条语句都是一串二进制代码，可读性差、不易记忆；编写程序既难又繁，容易出错；程序的调试和修改难度也很大。总之，机器语言不易掌握和使用。此外，因为机器语言直接依赖于机器，所以在某种类型的计算机上编写的机器语言不一定能被另一类计算机识别，可移植性差。程序成本过高，不易普及。

（2）汇编语言（Assemble Language）

由于机器语言的缺点，人类试图改进程序设计语言，使之更方便于编写和维护。20 世纪 50 年代初，出现了汇编语言。汇编语言用比较容易识别、记忆的助记符号代替相应的二进制代码串。所以汇编语言也叫符号语言。下面就是几条 Intel 80x86 的汇编语句：

ADD AX，BX；表示（BX）+（AX）→AX，即把寄存器 AX 和 BX 中的内容相加送到 AX；

SUB AX，NUM1；表示（AX）-NUM1→AX，即把寄存器 AX 中的内容减去数 NUM1，并将结果送到 AX；

MOV AX，NUM1；表示 NUM1→AX，把数 NUM1 送到寄存器 AX 中。

汇编语言和机器语言的性质是一样的，只是用比较容易识别、记忆的助记符号代替相应的二进制代码串，是表示方法上的改进。但汇编语言仍然是一种依赖于机器的语言，可移植性差。

汇编语言是符号化了的机器语言，与机器语言相比较，汇编语言在编写、修改和阅读程序等方面都有了相当的改进。用汇编语言编写的程序称为汇编语言源程序，计算机不能直接识别并执行它。必须先把汇编语言源程序翻译成机器语言程序（目标程序），然后才能被执行。这个翻译过程是由事先存放在计算机里的"汇编程序"完成的，叫做汇编过程。

（3）高级语言（Advanced Language）

显然，汇编语言比机器语言用起来方便多了，但汇编语言与人类自然语言或数学公式还相差甚远。到了 20 世纪 50 年代中期，人们又创造了高级语言。所谓高级语言，是用接近于自然语言的方式表达各种意义的"词"和常用的"数学公式"，按照一定的"语法规则"编写程序的语言，也称高级程序设计语言或算法语言。这里的"高级"，是指这种语言与自然语言和数学式子相当接近，而且不依赖于计算机的型号，通用性好。高级语言的使用，大大提高了编写程序的效率，改善了程序的可读性、可维护性、可移植性。

用高级语言编写的程序称为高级语言源程序。计算机是不能直接识别和执行高级语言源程序的，也要用翻译的方法把高级语言源程序翻译成对应的机器语言程序才能执行。

把高级语言源程序翻译成机器语言程序的方法有"解释"和"编译"两种。早期的 BASIC 语言采用"解释"方法，它采用解释一条语句执行一条语句的"边解释边执行"的方法，效率比较低。目前流行的高级语言如 FORTRAN、PASCAL、C、C++等都采用"编译"的方法。它是用相应语言的编译程序先把源程序编译成机器语言的目标程序，然后再把目标程序和各种标准库函数连接装配成一个完整的可执行的机器语言程序后再执行。

1.5.10　计算机软件系统

计算机的软件系统包括系统软件和应用软件。系统软件包括管理和控制整个计算机工作的操作系统、用来开发各种软件的语言处理程序、数据库管理系统、维护计算机正常运行的工具软件等。应用软件是针对某一种实际的应用而开发的应用程序，即面向问题的程序和应用软件包。

1．操作系统（Operating System）

（1）操作系统的功能和主要模块

操作系统是管理、控制和监督计算机软件、硬件资源协调运行的软件系统，由一系列具有不同控制和管理功能的程序组成。它是系统软件的核心，是计算机软硬件系统的大管家。操作系统是计算机发展的产物，引入操作系统的主要目的有两个：一是方便用户使用计算机，比如用户键入一条简单的命令就能自动完成复杂的功能，这就是操作系统启动相应程序、调度恰当资源执行的结果；二是统一管理计算机系统的软硬件资源，合理组织计算机工作流程，以便充分、合理地发挥计算机的效率。操作系统以文件为单位进行处理。

（2）操作系统的分类

操作系统的种类繁多，按其功能和特性分为批处理操作系统、分时操作系统和实时操作系统等；按同时管理用户数的多少分为单用户操作系统、多用户操作系统和适合管理计算机网络环境的网络操作系统等。

而按其发展前后过程，通常分成以下 6 类。

• 单用户操作系统（Single User Operating System）。单用户操作系统的主要特征是计算机系统内一次只能支持运行一个用户程序。这类系统的最大缺点是计算机系统的资源不能得到充分利用。微型机的 DOS 操作系统就属于这一类。

• 批处理操作系统（Batch Processing Operating System）。批处理操作系统是 20 世纪 70 年代运行于大、中型计算机上的操作系统，当时由于单用户单任务操作系统的 CPU 使用效率低，I/O 设备资源未能充分利用，浪费了当时很昂贵的硬件资源，因而产生了多道批处理系统，它主要运行在大中型机上。多道是指多个程序或多个作业（Multi Programs or Multi Jobs）同时存在和运行，能充分使用各类硬件资源，故也称为多任务操作系统。IBM 的 DOS/VSE 就是这类系统。

• 分时操作系统（Time-Sharing Operating System）。分时系统在一台计算机周围挂上若干台本地或远程终端，每个用户可以在各自的终端上以交互的方式控制作业运行。分时操作系统是多用户多任务操作系统，UNIX 是国际上最流行的分时操作系统，也是操作系统的标准。

• 实时操作系统（Real-Time Operating System）。在某些应用领域，要求计算机对数据能进行迅速处理。例如，在自动驾驶仪控制下飞行的飞机、导弹的自动控制系统中，计算机必须对测量系统测得的数据及时、快速地进行处理和反应，及时进行调整，否则就失去了自动性。这种有响应时间要求的快速处理过程叫做实时处理过程，当然，响应的时间要求可长可短，可以是秒、毫秒或微秒级的。对于这类实时处理过程，批处理系统或分时系统均无能为力，因此产生了另一类操作系统——实时操作系统。

• 网络操作系统（Network Operating System）。计算机网络是通过通信线路将地理上分散且独立的计算机连接起来、实现资源共享的一种系统，有了计算机网络之后，用户可以突破地理条件的限制，方便地使用远程的计算机资源。提供网络通信和网络资源共享功能的操作系统称为网络操作系统。

• 微机操作系统（Micro Computer Operating System）。微机操作系统随着微机硬件技术的发展而发展，经历了从简单到复杂的过程。Microsoft 公司开发的 DOS 是一个单用户单任务系统，而 Windows XP 操作系统则是一个多用户多任务系统。

2．语言处理系统

计算机只能直接识别和执行机器语言，因此要在计算机上运行汇编和高级语言程序就必须配备程序语言翻译程序（以下简称翻译程序），将汇编和高级语言程序翻译为机器语言程序。翻译程序本身也是一组程序，不同的语言都有各自对应的翻译程序。

对于汇编语言来说，必须先用"汇编程序"把汇编语言源程序翻译成机器语言程序（目标程序），然后才能被执行。

对于高级语言来说，翻译的方法有两种。

一种称为"解释"。早期的 BASIC 源程序的执行都采用这种方式。它调用机器配备的BASIC"解释程序"，在运行 BASIC 源程序时，逐条把 BASIC 的源程序语句进行解释和执行，它不保留目标程序代码，即不产生可执行文件。这种方式速度较慢，每次运行都要经过解释，即"解释一句，执行一句"。

另一种称为"编译"，它调用相应语言的编译程序，把源程序变成目标程序（以.obj 为扩展名），然后再用连接程序，把目标程序与各类库文件相连接形成可执行文件。尽管编译的过程复杂一些，但它形成的可执行文件（以.exe 为扩展名）可反复执行，速度较快，运行程序时只要运行可执行程序即可。

对源程序进行解释和编译的程序，分别叫做解释程序和编译程序。如 FORTRAN、PASCAL和 C 等高级语言，使用时需有相应的编译程序；BASIC、LISP 等高级语言，使用时需用相应的解释程序。

总的来说，上述汇编程序、编译程序和解释程序都属于语言处理系统或简称翻译程序。

3．服务程序

服务程序能够提供一些常用的服务功能，它们为用户开发程序和使用计算机提供了方便。微机上经常使用的诊断程序、调试程序均属此类。

4．数据库管理系统

在信息社会里，人们的社会和生产活动产生更多的信息，人工管理难以应付，需要借助计算机对信息进行搜集、存储、处理和使用。数据库系统（DataBase System，DBS）就是在这种需求背景下产生和发展的。

数据库（DataBase，DB）是指按照一定数据模型存储的数据集合。如学生的成绩信息、工厂仓库物资的信息、医院的病历、人事部门的档案等都可分别组成数据库。

数据库管理系统（DataBase Management System，DBMS）则是能够对数据库进行加工、管理的系统软件。其主要功能是建立、删除、维护数据库及对库中的数据进行各种操作，从而得到有用的结果。如 FoxPro、Visual Foxpro、SQL Server、SyBase、Oracle 等都属于数据库管理系统，它们通常自带语言进行数据操作。

数据库系统（DBS）由数据库、数据库管理系统以及相应的应用程序组成。数据库系统不但能够存放大量的数据，更重要的是能迅速地、自动地对数据进行增删、检索、修改、统计、排序、合并、数据挖掘等操作，为人们提供有用的信息。这一点是传统的文件系统无法做到的。

数据库技术是计算机技术中发展最快、应用最广泛的一个分支。在信息社会中，计算机应用开发离不开数据库。因此，了解数据库技术，尤其是微机环境下的数据库应用是非常必要的。

5．应用软件

为解决各类实际问题而设计的程序称为应用软件。根据其服务对象，又可分为通用软件和专用软件两类。

（1）通用软件

这类软件通常是为解决某一类问题而设计的，而这类问题是很多人都会遇到并需要解决的，例如文字处理软件和电子表格等。

（2）专用软件

如某个用户希望对其单位保密档案进行管理，因为它相对于一般用户来说比较特殊，所以只能组织人力到现场调研后开发。当然开发出的这种软件也只适用于这种情况。

综上所述，计算机系统由硬件系统和软件系统组成，两者缺一不可。而软件系统又由系统软件和应用软件组成。操作系统是系统软件的核心，在每个计算机系统中是必不可少的。其他的系统软件，如语言处理系统可根据不同用户的需要配置不同的程序语言编译系统。

1.6　多媒体技术概述

1．多媒体的概念

在讨论多媒体之前，先回顾一下媒体（Media）一词。所谓媒体就是信息的载体，通常指广播、电视、电影和出版物等。但从广义上讲，每件客观事实都可以被当作媒体，每个人随时都在使用媒体，同时也在被当作媒体使用，即通过媒体获得信息或作为媒体把信息保存起来。但是，这些媒体传播的信息大都是非数字的，而且是相互独立的。

随着计算机技术和通信技术的不断发展，可以把上述各种媒体信息数字化并综合成一种全新的媒体——多媒体（Multimedia）。多媒体的实质是将以不同形式存在的各种媒体信息数字化，然后用计算机对它们进行组织、加工，并以友好的形式提供给用户使用。这里所说的不同的信息形式包括文本、图形、图像、声音和动画，所说的使用不仅是传统形式上的被动接受，还能够主动地与系统交互。

与传统媒体相比，多媒体有如下几个突出的特点。

（1）数字化

传统媒体信息基本上是模拟信号，而多媒体处理的信息都是数字化信息，这正是多媒体信息能够集成的基础。

（2）集成性

所谓集成性是指将多种媒体信息有机地组织在一起，共同表达一个完整的多媒体信息，使文字、图形、声音、图像一体化。如果只是将不同的媒体存储在计算机中，而没有建立媒体间的联系，比如只能实现对单一媒体的查询和显示，而不是媒体的集成，则只能称为图形系统或图像系统。

（3）交互性

传统媒体只能让人们被动接受，而多媒体利用计算机的交互功能可使人们对系统进行干预。例如，电视观众无法改变节目播放顺序，而多媒体用户却可以随意挑选光盘上的内容播放。

也许还能说出多媒体的其他几个特点，但集成性和交互性是其中最重要的，可以说它们是多媒体的精髓。从某种意义上讲，多媒体的目的就是把电视技术所具有的视听合一的信息传播能力，同计算机系统的交互能力结合起来，产生全新的信息交流方式。

2．多媒体计算机

多媒体个人计算机（Multimedia Personal Computer，MPC）是一种能够支持多媒体应用的微机系统，也是一种 PC 配置标准，是由多媒体商标协会推荐的。该组织曾推荐过两个标准：MPC1 和 MPC2。MPC2 的基本内容如下：

80486 以上 CPU；内存至少 4MB；硬盘至少 160MB；16 位的声卡；高于双倍速（300kbit/s）的 CD-ROM 驱动器，访问时间不超过 400ms；与 VGA 兼容的显卡和显示器。

可以看出，MPC 的基本配置中大多是为 PC 所必需的。所以可以说：

MPC=PC+CD−ROM+声卡+视频卡

但对于目前多媒体的应用和高性能的需求来说，MPC2 标准显得有些低了。正如大家已经看到的那样，多媒体应用对微机的性能要求很高。特别是对从事多媒体应用开发的用户来说，更是如此。实用的多媒体系统，除较高的微机配置外，还要配备一些必需的插件，如视频卡等。此外，也要有采集和播放视频和音频信息的专用外部设备，如捕捉卡、录像机、摄像机、录音机、扫描仪等。

当然，除了基本的硬件配置外，多媒体系统还要配置相应的软件：首先是支持多媒体的操作系统；其次是多媒体开发工具；最后是压缩和解压缩软件。顺便指出，声音和图像数字化之后会产生大量的数据，因此必须对数字化后的数据进行压缩，即去掉冗余或非关键信息。播放时再根据数字信息还原重构原来的声音或图像，这就是解压缩。

3．多媒体的应用

像计算机的应用非常广泛一样，多媒体也已获得广泛应用，下面简单介绍几种应用以加强对多媒体的理解。

- 需求量最大的多媒体应用是游戏，游戏一般要用到动画、实时三维图形、视频播放、预录声音或生成声音等多媒体技术。

- 教育和培训软件是另一类多媒体应用，它们使用图形、视频和音频技术，并使用交互方式。计算机辅助教学和培训软件允许个人以适合自己的速度学习，并可用逼真的图像表现所需信息，还可将培训软件带到操作现场。更重要的是，这类软件为学员提供了不依赖教室、训练指导人员、严格的教学计划的独立性。

- 现在，可用于模拟复杂动作和仿真的虚拟现实技术已经在高档 PC 上实现，所以它在商品促销、驾驶训练等许多方面已广泛采用。此类应用常利用计算机和其他相关设备把人们带入一个美妙的虚拟世界。

- 多媒体技术在 Internet 上的应用，是其最成功的表现之一。不难想象，如果 Internet 只能传送字符，就不会受到这么多人的青睐了。

多媒体技术集声音、图像、文字于一体，集电视录像、光盘存储、电子印刷和计算机通信技术于一体，将把人类引入更加直观、更加自然、更加广阔的信息领域。

习　　题

一、填空题

1．信息论的创始人是美国数学家_____。

2．英国数学家_____被称为计算机之父。

3．世界上第一台电子计算机 ENIAC 诞生于_____年。

4．目前计算机发展经历了四代，高级程序设计语言出现在第_____代。

5．计算机辅助教育的缩写是_____。

6．按计算机的规模划分，个人计算机（PC）属于_____。

7．在计算机的发展趋势中，_____是指研制速度更快、存储量更大和功能更强大的巨型计算机。

8．我国在_____年研制成功每秒运算 1 亿次的"银河Ⅰ"巨型机。

9．108.6D=_____H=_____O=_____B。

10．x=156D，y=9BH，z=232O，m=10 011 101B，从小到大的排序是_____。

11．MB 是计算机的存储容量单位，1 024KB 等于_____MB。

12．GB2310-80 中收录了_____个汉字和图形符号。

13．在 16×16 点阵的汉字字库中，存储一个汉字的字模信息需要_____字节。

14．计算机软件系统的核心是_____。

15．_____是一种图像压缩标准，其含义是联合静态图像专家组。

二、判断题

1．世界上第一台电子计算机的主要逻辑元件是电子管。

2．目前计算机应用最广泛的领域是过程控制。

3．字长越长，计算机的速度就越慢，精度越低。

4．10 110 001.101B=B1.AH。

5．计算机发展年代的划分标准是根据其所采用的 CPU 来划分的。

6．二进制转换成八进制数的方法是：将二进制数从小数点开始，对二进制数整数部分向左每三位分成一组，对二进制小数部分向右每三位分成一组，不足三位的分别向高位或低位补 0 凑成 3 位，每一组有 3 位二进制数，分别转换成一位八进制数。

7．存储一个汉字内码需要 2 个字节。

8．目前市场上的 DVD 播放机，是采用 MPEG-2 的标准制造的高清晰视频图像播放器。

9．逻辑异或运算能够实现按位加的功能，只有当两个逻辑值不相同时，结果才为 1。

10．一台计算机的所有指令的集合称为计算机的指令系统，目前常见的指令系统有复杂指令系统（CISC）和精简指令系统（RISC）。

三、简答题

1．什么是信息？什么是数据？二者之间有什么关系？

2．文化具有哪些基本属性？

3．计算机的发展分为哪几个阶段？各阶段的时间及采用的主要元件是什么？

4．计算机具有哪些特点？

5．计算机的应用领域有哪些？

6．计算机的发展趋势有哪些？

7．计算机硬件系统由哪 5 部分组成？

8．计算机的系统软件主要包括哪 4 部分？

9．计算机的外部设备包括哪几部分？

10．计算机的程序设计语言有哪 3 类？

第2章

Windows XP 操作系统

启动计算机后，最先用到的就是操作系统软件。一般情况下，操作系统软件由一系列程序组成，通过它们可以管理计算机的软硬件资源。本章主要介绍中文 Windows XP 的使用。

2.1 初步认识 Windows XP

2.1.1 Windows XP 简介

Windows XP 或视窗 XP 是微软公司发布的一款视窗操作系统。它发行于 2001 年 10 月 25 日。Windows XP 原来的代号是 Whistler。字母 XP 表示英文单词的"体验"（eXPerience）。Windows XP 是基于 Windows 2000 代码的产品，同时拥有一个新的用户图形界面（叫做月神 Luna）。它包括了一些细微的修改，其中一些看起来是从 Linux 的桌面环境（desktop environment）诸如 KDE 中获得的灵感。带有用户图形的登录界面就是一个例子。

它包括了简化的 Windows 2000 的用户安全特性，并整合了防火墙，用来确保长期以来困扰微软的安全问题。

2.1.2 Windows XP 的版本

微软最初发行了两个版本——专业版（Windows XP Professional）和家庭版（Windows XP Home Edition），后来又发行了媒体中心版（Media Center Edition）和平板电脑版（Tablet PC Editon）等。

Windows XP Professional 专业版除了包含家庭版的一切功能，还添加了新的面向商业用户设计的网络认证、双处理器支持等特性，最高支持 2GB 的内存。主要用于工作站、高端个人电脑以及笔记本电脑。

Windows XP Home Edition（家庭版）是面向家庭用户的版本。由于是面向家庭用户，因此家庭版在功能上有一定的缩水，主要表现在：

- 没有组策略功能；
- 只支持 1 个 CPU 和 1 个显示器（专业版支持 2 个 CPU 和 9 个显示器）；
- 没有远程桌面功能；

- 没有 EFS 文件加密功能；
- 没有 IIS 服务；
- 不能归为域；
- 没有连接 Netware 服务器的功能。

2.1.3　Windows XP 的特色简介

Windows XP 拥有一个叫做"月神 Luna"的豪华亮丽的用户图形界面。Windows XP 的视窗标志也改为较清晰亮丽的四色视窗标志。Windows XP 带有用户图形的登录界面；全新的 XP 亮丽桌面，用户若怀旧以前的桌面也可以换成传统桌面。

Windows XP 的主要技术特点有以下几点。

- 系统可靠性大大增强：由于 Windows XP 采用了完全受保护的内存模型，几乎消灭了 Windows 98 的蓝屏现象。在 Windows XP 中，重要的内核数据结构都是只读的，因此应用程序不能破坏它们。所有设备驱动程序都是只读的，并且进行了页保护，因此恶意的程序将不能影响操作系统核心区域。为了提高系统可靠性，微软还采用了并行 DLL 技术、核心文件保护技术等措施。
- 更好的系统性能：缩短了微机启动和关机时间，减少了系统重新启动的情况，增强了图形、音频、视频、网络处理系统的性能。
- 系统还原功能：可以自动创建可标志的还原点，使用户将计算机还原到指定日期前的系统状态，由于还原功能不恢复用户目前的数据文件，因此还原时不会丢失用户的数据文件、电子邮件等。
- 更好的安全性：采用防火墙技术，保护用户不受因特网上的一般攻击。支持加密文件系统（EFS），可以产生密匙加密文件，加密和解密过程对用户来说是透明的。

2.1.4　Windows XP 的最低系统要求

推荐计算机使用时钟频率为 300 MHz 或更高的处理器；至少需要 233MHz（单个或双处理器系统）；推荐使用 Intel Pentium/Celeron 系列、AMD K6/Athlon/Duron 系列或兼容的处理器；推荐使用 128MB 的 RAM 或更高（最低支持 64MB，可能会影响性能和某些功能）；1.5GB 可用硬盘空间；Super VGA（800×600）或分辨率更高的视频适配器和监视器；CD-ROM 或 DVD 驱动器；键盘和 Microsoft 鼠标或兼容的指针设备。

2.1.5　Windows XP Service Pack 2

Microsoft 大约每年都会发布一个针对 Windows XP 的升级。这些升级包含了在过去的一年中对 Windows XP 进行的所有修补和增强。用户可以通过升级文件（被称作服务包[Service Packs]）获得最全、最新的驱动程序、工具、安全更新、补丁程序以及应用户要求所做的产品修改。

Windows XP 服务包 Service Pack 2（SP2）着重于安全问题，是 Microsoft 有史以来发布的最为重要的服务包之一。它提供了对病毒、黑客和蠕虫的更好防护，并且内置 Windows 防火墙和 Internet Explorer 弹出窗口拦截程序，同时新增了 Windows 安全中心。

2.2　Windows XP 的基本操作

2.2.1　启动和退出

计算机接通电源之后，Windows XP 进入计算机内存，并开始检测、控制和管理计算机各种设备的过程，叫做系统启动。

在计算机数据处理工作完成以后，用户需要将 Windows XP 关闭，才能切断计算机的供电。直接切断计算机电源的做法，对 Windows XP 系统有损害。

关闭 Windows XP 系统前应将所有打开的窗口关闭，然后单击 Windows 窗口左下方的"开始"按钮，打开"开始"菜单，单击"关闭计算机"命令，弹出"关闭计算机"对话框，如图 2-1 所示。在对话框中，若选择"关闭"选项，在完成一系列操作之后，Windows 将自动切断计算机主机的电源。

图 2-1　"关闭计算机"对话框

如果计算机出现系统故障或出现死机现象时，可以考虑重新启动计算机，以清除所出现的问题。在图 2-1 所示的对话框中，选择"重新启动"选项，将重新启动计算机。

2.2.2　鼠标操作

在 Windows XP 的安装和使用过程中，鼠标是快捷的输入设备。在移动鼠标时，对应于显示器上的箭头标志将同步移动。单击鼠标的按键可用于选择、打开或使用数据对象。标准的鼠标通常包含左键和右键，鼠标左键使用频率最高。鼠标按键操作，应避免使用力气过大而损坏其机械部件。鼠标操作通常有以下几种。

- 指向：使鼠标箭头指向对象的操作，Windows XP 的大多数对象，被鼠标"指向"时都有反应。
- 单击：一般是指单击鼠标左键。单击多用于选项的选取。"单击"操作要求先执行"指向"操作，例如要单击"开始"按钮之前，必须使鼠标指针指向这个按钮。
- 右击：即单击鼠标的右键。一般来说，"右击"用于弹出快捷菜单。
- 双击：快速连续两次单击鼠标左键，"双击"一般用来打开一个文件或程序。
- 拖动："拖动"是指将鼠标指针指向对象后，按下鼠标的左键或右键（一般情况下为左键），在不松开的情况下，移动鼠标到新位置，然后释放鼠标。例如可以使用鼠标"拖动"完成文件的移动、复制和创建快捷方式等操作。

在鼠标操作过程中，屏幕上的鼠标指针随着移动，指针形状的变化表示不同的意义，指示当前的操作和操作的状态。例如，当鼠标指针呈现"沙漏"形状时，说明系统正在忙于执行任务，不宜继续增加新任务，应当稍等片刻，鼠标指针形状（及含义）如表 2-1 所示。

表 2-1   鼠标形状及其含义

鼠标指针形状	代表的含义
↖	可以进行常规操作
↖?	可以进行帮助选择
↖⌛	后台操作
⌛	计算机正忙，请等待
+	绘制或选择图形时的精度选择
I	区域可以输入文字
↕	可以垂直调整窗口大小
↔	可以水平调整窗口大小
⤢	可以对角线调整窗口大小
✥	可以移动
↑	可以链接转向
⃠	操作非法

2.2.3 窗口组成及菜单操作

"Windows" 就是窗口的意思，Windows XP 的图形化界面是以窗口技术为基础的。运行某个应用程序或打开某个文档，就会出现一个矩形区域，这个矩形区域就称为窗口。以"我的电脑"窗口为例，如图 2-2 所示，介绍窗口的组成。

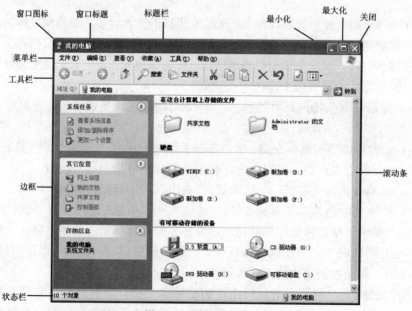

图 2-2 "我的电脑"窗口

1．标题栏

标题栏为深蓝色（高亮显示）时，表示该窗口为活动窗口，否则为非活动窗口，相应的应用程序在后台运行。Windows 是多任务操作系统，允许多个程序同时运行，但同一时刻只能有一个活动窗口。单击标题栏的窗口图标，可以打开控制菜单，可以进行窗口移动和改变大小等操作。用鼠标拖动标题栏，也可以实现窗口的移动。

【任务实例1】 改变窗口的大小和位置。

① 在桌面上，双击"我的电脑"图标，打开"我的电脑"窗口。

② 用鼠标单击最小化按钮，则窗口隐藏，只在任务栏上显示任务名称。

③ 在任务栏上，单击"我的电脑"任务提示条，则窗口又显示出来。

④ 用鼠标单击最大化按钮，则窗口将扩大到最大程度、充满整个屏幕。窗口最大化后，"最大化"按钮变为"还原"按钮。

⑤ 在"我的电脑"窗口上，单击"还原"按钮，则窗口恢复到原来的大小。

⑥ 用鼠标指向窗口边界，当鼠标变形后，将边界拖放到新位置，使窗口改变为新的大小。

⑦ 用鼠标指向窗口角位置，当鼠标变形后，拖放到新位置，使窗口改变为新的大小。

⑧ 用鼠标指向窗口的标题栏，拖放到新位置，则窗口发生位置移动。

【任务实例2】 关闭"我的电脑"窗口。

方法 1：单击"我的电脑"窗口右上角的"关闭"按钮。

方法 2：按【Alt＋F4】组合键。

方法 3：单击"我的电脑"窗口中"文件"菜单下的"关闭"命令。

方法 4：双击"我的电脑"窗口左上角的"窗口图标"。

方法 5：单击"我的电脑"窗口左上角的"窗口图标"（或鼠标指向标题栏中间位置，单击鼠标右键），在打开的菜单中，选择"关闭"命令。

2. 菜单栏

在 Windows XP 中，菜单是一种用结构化方式组织的操作命令的集合，有利于用户综合了解系统的性能。通过菜单的层次布局，复杂的系统功能才能有条不紊地被用户接受。Windows XP 大量采用了菜单技术将用户操作进行分类，菜单中的每一项都对应着相应的操作命令。

菜单的每个命令都可以由图标和文字所组成，从操作的角度来划分，菜单分为开始菜单、顶行菜单和快捷菜单 3 种。开始菜单是 Windows XP 最庞大的菜单，其内容可以由用户动态改变。顶行菜单是指某个窗口顶行位置上的一组菜单。快捷菜单是指用户右击后所产生的菜单。对于菜单上的菜单项，按下【Alt】键和菜单名右边的英文字母所组成的组合键，就可以起到和鼠标单击该菜单项相同的效果。菜单上有许多标记，如表 2-2 所示。

表 2-2　　　　　　　　　　　　菜单项目附加标记一览表

表 示 方 法	含　义
高亮显示条	表示当前选定的命令
快捷键	可以直接按键选择命令
暗淡（或看不见）	当前不能使用的菜单项
后带"…"	单击后会打开一个对话框
前有"✓"	菜单项是复选项，菜单项的前面出现"✓"标记，表示该菜单项正处于选中状态。再次单击为取消选中，标记消失

表 示 方 法	含 义
前有"●"	菜单项是单选项,在所列出的菜单组中,同一时刻只能有一项被选中
后有组合键	使用该命令的快捷键
后有"▶"	下级菜单箭头,表示该菜单选项有子菜单选项
≫	菜单缩略标志,单击或指向可展开菜单

3.工具栏

Windows XP 的大多数窗口都包含工具栏。工具栏常位于菜单栏之下,通常是一系列图标按钮。单击图标按钮,可以快速执行常用的命令。工具栏的优点是操作简便、敏捷和快速,使用户避免了记忆复杂的菜单位置和组合键(快捷键)的困难。工具栏可以显示,也可以隐藏。

【任务实例3】 在"我的电脑"窗口中,隐藏"标准按钮"工具栏和"地址栏"。

① 在桌面上,双击"我的电脑"图标,打开"我的电脑"窗口。

② 用鼠标单击"查看"菜单,指向"工具栏"命令,然后在子菜单中,选择"标准按钮"命令,使"√"消失。

③ 用鼠标单击"查看"菜单,指向"工具栏"命令,然后在子菜单中,选择"地址栏"命令,使"√"消失。

4.状态栏

状态栏位于 Windows 窗口最下方,主要用来显示应用程序的有关状态和操作提示。

5.文档视图

Windows 应用程序中显示和编辑文档的区域称为文档视图。它是应用程序主窗口的一个子窗口,也是应用程序用户区的一部分。例如在"写字板"或"Microsoft Word"窗口中编辑文档的区域。

6.滚动条

当用户区域显示的文档高度大于显示窗口的高度时,将在右侧出现垂直滚动条;当文档的宽度大于显示窗口的宽度时,将在底部出现水平滚动条。

2.2.4 对话框操作

1.对话框分类

对话框是进行人机对话的主要手段,可以接受用户的输入,也可以显示程序运行中的提示、警告信息。在 Windows XP 操作系统中对话框分为两种:模式对话框和非模式对话框。

● 模式对话框:当该种类型的对话框打开时,主程序窗口被禁止,如 Microsoft Word 应用程序中的"打开"对话框。

● 非模式对话框:当该种类型的对话框打开时,仍可处理主程序窗口,如 Microsoft Word 应用程序中打开的"查找"对话框。

2.公用对话框

公用对话框是 Windows 操作系统提供的用来完成特定任务的对话框,在不同的应用程序中具有一致的外观。例如文件的打开、另存为、打印等对话框。

3．控件

在对话框中包含了大量的控件。控件是一种具有标准外观和标准操作方法的对象。它不能单独存在，只能存在于某个窗口中。Windows XP 的控件种类和数量很多，它们构成了操作系统本身及其应用程序的主要界面。下面介绍常见的控件。

- 标签：也称为静态文本控件，主要是对不具有标题的控件提供标志。
- 复选框：表现为一个方框符号，框内出现"√"状符号或没有。一组复选项可以多个都处于选中状态。
- 单选按钮：表现为一个圆圈符号，单击单选按钮后，框内将出现"•"符号，表示该项被选中，一组单选按钮同一时刻只能有一个被选中。
- 命令按钮：用于选择某种操作。
- 文本框：常用的文本输入控制部件。
- 列表框：可以显示多个选项，由用户选择其中一项或多项。当不能全部显示列表框的选项内容时，可以利用滚动条来帮助查看。
- 下拉列表框：右侧有一个下三角按钮"▼"，单击该按钮，将打开下拉式列表。当选项较多时，会出现滚动条，可以单击滚动按钮来查看和选择。
- 组合框：包含文本框和列表框。

另外还有上下控件、滑块控件、框架控件等，读者可在对话框中一一认识。了解不同的控件及其操作对于学习、使用 Windows 操作系统和常用工具有重要的意义。

2.2.5　汉字输入法

对于国内广大计算机用户来讲，在日常的计算机操作过程中，输入中文是再平常不过的事了。那么，输入中文时，首先就要选择一种汉字输入方法将所需内容输入到计算机，再经过各种排版、字的修饰等操作才能呈现给用户一个满意的结果。表 2-3 列举了一些常见的中、英文符号的对照。

表 2-3　　　　　　　　　　　汉字标点符号与键位

汉字标点		键　位	说　明	汉字标点		键　位	说　明
符　号	名　称			符　号	名　称		
。	句号	.		）	右括号	）	
，	逗号	,		〈 《	单双书名号	<	自动嵌套
；	分号	;		〉 》	单双书名号	>	自动嵌套
：	冒号	:		……	省略号	^	双符处理
？	问号	?		——	破折号	_	双符处理
！	感叹号	!		、	顿号	\	
""	双引号	"	自动配对	·	间隔号	@	
''	单引号	'	自动配对	—	一字线	&	
（	左括号	（		￥	人民币符号	$	

1．汉字输入的调用

计算机正常启动后，屏幕的右下角有一个图标 **CH**，我们称其为输入法指示器。

不同的输入法之间进行切换有两种方法。

方法 1：利用键盘。使用键盘组合键【Ctrl＋Space（空格）】，进行中、英文之间的切换；使用【Ctrl＋Shift】或【Alt＋Shift】组合键，可以在英文及各种中文输入法之间进行切换。

方法 2：利用鼠标。单击任务栏中的输入法指示器，屏幕上会弹出"选择输入法"菜单，在"选择输入法"菜单中列出了当前系统已安装的所有输入法。

2．中文输入法界面

用户选用了一种中文输入法后（如"智能 ABC"输入法），屏幕左下角将出现输入法状态栏，如图 2-3 所示。

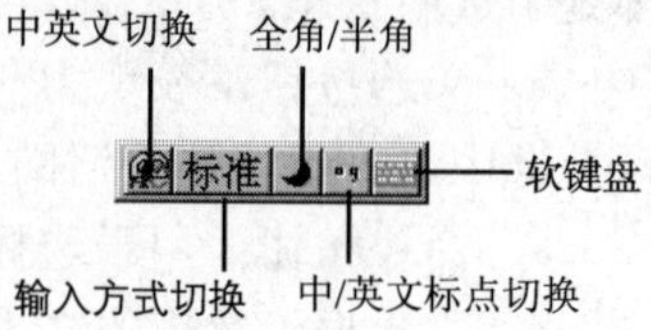

图 2-3　中文输入法状态栏

（1）中英文切换按钮

单击中英文切换按钮，可以实现中英文输入法的切换。在默认状态下，按【Ctrl＋Space】组合键即可以实现中英文输入法的切换。

（2）输入方式切换按钮

在 Windows 内置的某些中文输入法中，还含有其自带的其他输入方式。例如，智能 ABC 输入法就有标准和双打两种输入方式。

（3）全角/半角切换按钮

单击全角/半角切换按钮，或使用【Shift＋Space】组合键可以进行中文输入的全角/半角切换，按钮标志"![]"为半角状态，按钮标志"![]"为全角状态。

（4）中英文标点切换按钮

单击该按钮，或按组合键【Ctrl＋.】可在中文标点与英文标点之间进行切换。

2.2.6　帮助信息

Windows XP 自带丰富的帮助信息，随时可以为操作者解惑答疑。启动帮助系统的一般方法是，单击菜单中的"帮助"命令。

【任务实例 4】　以"写字板"窗口为例，查询帮助信息。

① 打开"写字板"窗口，然后单击"写字板"菜单栏上的"帮助"菜单或按【Alt＋H】键，打开"帮助"菜单组。

② 选择"帮助"|"帮助主题"命令。

2.3　桌　　面

桌面是指 Windows XP 给用户显现的总界面，如图 2-4 所示。在桌面上，显示了一系列常用项目的图标，包括"我的文档"、"我的电脑"、"网上邻居"、"回收站"和"Internet Explorer"等。桌面的底部通常是任务栏，任务栏又包含 "开始"菜单、快捷按钮、任务栏、指示器。用户操作计算机，要经常面对桌面。Windows XP 提供了让用户自己设置桌面的功能，使桌面更符合用户的个性。

图 2-4　桌面

2.3.1　桌面背景及图标

1．设置显示属性

右击桌面空白处打开快捷菜单，再选择"属性"命令。也可以在"控制面板"窗口中双击"显示"图标，打开"显示属性"对话框。如图 2-5 所示。

（1）背景设置

用户可以选择自己喜欢的壁纸或图案作为桌面背景。其中壁纸或图案在桌面上的摆放形式分为居中、平铺、拉伸 3 种。

选择壁纸的方法是：选择"桌面"选项卡，然后在背景列表中选择所要的壁纸，HTML、BMP、GIF 或 JPEG 等多种格式的文件都可以作为壁纸。

（2）屏幕保护设置

用户在一段指定的时间内没有对计算机进行操作时，计算机屏幕上出现的黑屏、动画或图片现象被称为屏幕保护。屏幕保护被分成界面保护和电源保护两种类型。

界面保护程序不能减少屏幕的损耗，主要目的是防止屏幕上机密内容的泄露，保障信息的安全。例如，在

图 2-5　"显示属性"窗口

用户离开计算机时，可以利用屏幕保护防止无关人员窥探屏幕。屏幕保护程序可以设置密码保护，只有在 Windows 上注册的管理员级的用户和本人才能消除屏幕锁定。

（3）外观设置

Windows XP 给每一个数据项目都设置了名称和图标，图标使数据操作更加形象化，受到用户的欢迎。使用"外观"选项卡，可以设置字体、大图标等。

（4）屏幕分辨率

屏幕分辨率是指显示器能够支持的水平和垂直方向的点阵密度，以及每个点所支持的颜

色数。选择"设置"选项卡，颜色有多种选择——16色、256色、增强色（16位）和真彩色（32位）。点阵模式有多种选择——800×600、1024×768、1152×864和1280×1024等。

单击"高级"按钮，可以对计算机的显示设备进行设置。

2．桌面图标

桌面上的图标位置可以进行调整，用户可以直接用鼠标拖动桌面图标来移动位置。我们也可以让桌面图标按一定规律排列。右击桌面空白处，快捷菜单中有"排列图标"，可以按名称、类型、大小和修改时间四种方式来排列。

但是如果该菜单下面的复选项"自动排列"有效时，桌面上的图标就不能随意移动位置了。

2.3.2　任务栏和开始菜单

右击任务栏空白处，在快捷菜单中选"属性"，打开"任务栏和「开始」菜单属性"对话框。利用该对话框可以对任务栏和开始菜单进行设置。

1．任务栏

任务栏一般放置在桌面的底部，但用户可以改变它的大小和位置，并且任务栏中的多数内容也可以改变。

- 用鼠标指向任务栏空白处，实施拖动操作，可以改变任务栏的位置。
- 用鼠标指向任务栏的边缘，使用拖动操作，则可以改变任务栏的大小。
- 使用鼠标拖动工具栏组标，可以改变工具栏的摆放次序。

Windows 是个多任务的操作系统，可以同时执行多个程序。在 Windows XP 上，一般程序被执行后，都要打开一个窗口，如果有多个程序被执行，则表现为多个窗口都被打开。多个窗口往往互相重叠，大小不一。同时，在任务栏上，每个程序都可以看到一个任务提示条，如图 2-6 所示。

图 2-6　任务栏结构图

在桌面上，用户正在使用的窗口，被称为活动窗口。虽然桌面上有许多窗口，但同一时刻最多只能有一个活动窗口或者没有活动窗口。活动窗口的任务提示条和标题栏都是深蓝色的，和一般窗口有所区别。

【任务实例5】　切换活动窗口。

①　在桌面上，用鼠标依次双击"我的电脑"、"我的文档"、"回收站"和"网上邻居"4个图标，则 Windows 将打开 4 个不同的窗口。

②　在任务栏上，单击某一个窗口的任务提示条，则该任务窗口立即变为活动窗口。

③　单击非活动窗口的任一未被遮蔽的可见位置，则该窗口立即变为活动窗口。

④　按【Alt+Tab】组合键或【Alt + Esc】组合键，则多个被打开的窗口将循环转变为活动窗口。

另外，右击任务栏的空白处选择相应的排列方式可以实现多窗口排列。

【任务实例 6】　将任务栏定位在屏幕左边，再设置"自动隐藏"、"不显示时钟"特征，在任务栏上不显示"语言栏"。

① 用鼠标指向任务栏的空白处，拖动任务栏，并将任务栏拖动至桌面左侧后，释放鼠标，则将任务栏定位在屏幕的左边。此操作必须保证任务栏在非锁定状态才能执行。

② 将任务栏重新定位在屏幕的下方，右击任务栏右侧的空白处，在弹出的任务栏快捷菜单中，选择"属性"命令，打开如图 2-7 所示的"任务栏和「开始」菜单属性"对话框。

③ 选中"自动隐藏任务栏"复选框，使框中出现"√"，然后取消"显示时钟"复选框中的"√"，单击"确定"按钮，观察任务栏的变化。

④ 右击任务栏空白处，在弹出的快捷菜单中，单击"工具栏"菜单项，然后在级联菜单中选择"语言栏"命令，取消前面的"√"，注意观察任务栏的变化。

2．开始菜单

在 Windows XP 上，许多操作都是从单击"开始"菜单开始的。"开始"菜单呈现树状层次结构。用户可以在"开始"菜单或其子菜单中添加快捷方式，方法是单击"开始"|"设置"|"任务栏和「开始」菜单"，打开图 2-7 所示对话框。单击"「开始」菜单"选项卡，再单击"经典「开始」菜单"后的"自定义"按钮，打开图 2-8 所示对话框。单击"添加"，根据提示完成操作。也可以直接将对象拖动到"开始"菜单上。如果将应用程序添加到"启动"组中，则启动 Windows XP 时，该命令所指定的程序会自动运行。

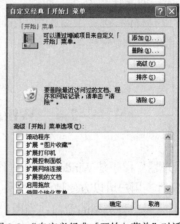

图 2-7　"任务栏和「开始」菜单属性"对话框　　　图 2-8　"自定义经典「开始」菜单"对话框

删除"开始"菜单中快捷方式的方法是：右击该命令，在快捷菜单中，选取"删除"命令。也可以使用"任务栏和「开始」菜单属性"对话框提供的"删除"按钮，进行菜单项或程序组的删除。

"开始"菜单中的内容，多数来自"C:\Documents and Settings\Administrator"。对"开始"菜单的添加、删除或复制等操作，实质上就是对该文件夹中的文件进行操作。

【任务实例 7】 清空"文档"菜单中的历史记录。

① 选择"开始"|"文档"命令，观察其内容。

② 选择"开始"|"设置"|"任务栏和「开始」菜单"命令，打开"任务栏和「开始」菜单属性"对话框，单击"「开始」菜单"选项卡，再单击"经典「开始」菜单"后的"自定义"按钮。

③ 单击"清除"按钮，删除最近访问过的文档记录。

④ 选择"开始"|"文档"命令，观察变化。

3．快捷按钮

单击快捷按钮可以启动相应的应用程序，也是启动应用程序的常用方式。用户可以将常用的应用程序添加到快捷按钮组中。

【任务实例8】 将桌面上"我的文档"添加到任务栏的"快捷按钮"组中，完成后再删除。

① 在桌面上，拖动"我的文档"图标到任务栏的快捷按钮组，释放鼠标后，则"快捷按钮"图标组中将会增加一个新快捷图标。

② 右击新建立的快捷按钮，然后在快捷菜单中，选择"删除"命令，新快捷按钮即被删除。

2.3.3 设置快捷方式

快捷方式是到计算机或网络上任何可访问的项目（如程序、文件、文件夹、磁盘驱动器、Web页、打印机或者另一台计算机）的链接。可以将快捷方式放置在任何位置，如桌面"开始"菜单或其他文件夹中。

快捷方式是扩展名为.lnk的文件，是一种不需进入安装位置就可以启动常用程序或打开文件、文件夹的方法。使用快捷方式可以快速打开项目。删除快捷方式后，初始项目仍存在于磁盘中。

在桌面上创建快捷方式的方法如下。

方法1：在"资源管理器"或"我的电脑"中，选中要建立快捷方式的项目后，单击"文件"菜单选择"创建快捷方式"命令，然后将创建的快捷方式拖到桌面上。

方法2：用鼠标右键将项目拖到桌面上，选择"在当前位置创建快捷方式"命令。

方法3：在"资源管理器"窗口中右击要创建快捷方式的项目，选择"发送到"|"桌面快捷方式"。

2.4 Windows 资源管理器

"资源管理器"程序是 Windows XP 操作中最常用的文件和文件夹管理工具，它采用树形结构组织和管理文件，用户可以方便地浏览文件、文件夹和其他资源。"资源管理器"窗口和"我的电脑"窗口实质上是一种类型的窗口，当用户单击"文件夹"工具按钮时，就从"我的电脑"窗口切换到资源管理器窗口了。所以，使用资源管理器可以完成"我的电脑"所能实现的所有功能。

资源管理器的窗口组成大致同其他窗口相同，所不同的是资源管理器的用户区分左右两部分，通常称为左窗口和右窗口。左窗口是一个树形控件视图窗口，通常显示计算机资源的树形组织结构。右窗口是资源列表窗口，以名称和图标的形式规则地排列有关信息内容。当右窗口不能显示全部节点内容时，就会产生滚动条。利用滚动条可以轮换显示所有资源。在左窗口中单击C盘图标，则右窗口就会显示出C盘上所有的信息，包括文件和文件夹。树形控件有一个根，根下面又可以包含节点（或称为项目）。如图2-9所示，最上方"桌面"就是根，下级节点是"我的文档"、"我的电脑"、"网上邻居"和"回收站"。每个节点又可以包含下级子节点，这样形成一层层的树状组织管理形式。

能够长期大容量地存储数据的硬件设备是外存系统，其中硬盘是使用最频繁的外存储器，存储着大量的数据，使用和维护好硬盘是十分重要的。磁盘操作系统可将硬盘分成多个分区，每个分区可作为一个逻辑磁盘，每个逻辑磁盘都有一个盘符（如"C:"、"D:"等）。所以，虽然计算机机箱内只有一个物理硬盘，但在"资源管理器"窗口中却可以看到多个盘符。

图 2-9　资源管理器窗口

　　在计算机中，含有下级子节点的节点前面将带有一个加号。单击这个加号，就会展开该节点的下级内容，并且加号变成减号。单击减号时，则节点将收缩。如果节点前面无加减号，则表示它没有子节点。

　　单击某个节点的名称或图标，就可以打开此节点。节点处于打开状态时，其名称会变成蓝色。对于一个窗口，同一时刻只能有一个节点处于打开状态。

　　为了更方便地查看信息，可以使用鼠标拖动左右区域的分界线，调整左右区域的大小，以便使更多的信息能够直接显示出来。

　　打开"Windows 资源管理器"的方法有多种。

　　方法 1：单击"开始"菜单，指向"程序"命令，再指向"附件"命令，然后选择"Windows 资源管理器"命令。

　　方法 2：在桌面上，右击"我的电脑"、"我的文档"、"回收站"或"开始"按钮等对象时，打开快捷菜单，然后选择"资源管理器"命令。

　　方法 3：打开"我的电脑"，选中 C 盘，然后选择"文件"命令，再选择"资源管理器"命令。

　　方法 4：在"我的电脑"窗口中，选择"查看"|"浏览器栏"|"文件夹"命令，或单击工具栏中的"文件夹"按钮。

　　【任务实例 9】　在"Windows 资源管理器"窗口中，显示标准工具栏；调整左、右窗格的大小；依次展开"我的电脑"、"本地磁盘（C:）"，进行折叠练习。

　　① 选择资源管理器窗口下的"查看"|"工具栏"命令，观察其级联菜单中的"标准按钮"选项前是否有"√"。若没有，单击该项，使之前面出现"√"，打开"标准工具栏"。若该选项前已有"√"，表示"标准工具栏"已经打开。

　　② 将鼠标放在左右窗格的分隔线上，当鼠标指针变为水平双向箭头时，按住鼠标左键左右拖动即可调整左右窗格的大小。

　　③ 在左窗格中，单击"我的电脑"前的"+"或双击"我的电脑"节点名称，将展开"我的电脑"的下级资源选项，此时"+"号变成了"-"号。

在资源管理器窗口中，选用"缩略图"、"平铺"、"图标""列表"或"详细信息"，可明显改变文件项目的显示风格。这几种显示风格各有所长，应当适时采用。例如：使用缩略图显示风格可以显示图片文件的"大概模样"；使用"详细信息"方式显示文件夹和文件时，可以查看 "名称"、"大小"、"类型"、"修改日期"等比较详细的信息。如果某列的显示宽度不够，还可以用鼠标调整显示项目的宽度，用鼠标拖动某一列右侧的边界即可。

【**任务实例 10**】 分别使用"缩略图"、"平铺"和"图标"等方式显示 C 盘内容。

① 打开资源管理器，在左窗口中单击 C 盘。

② 单击"查看"菜单，如图 2-10 所示。然后分别选择"缩略图"、"平铺"、"图标""列表"和"详细信息"命令，观察显示效果。

当以某种方式显示文件时，系统能够以各种方式排列图标。如图 2-11 所示。

图 2-10　对象显示方式

图 2-11　对象排列方式

【**任务实例 11**】 在资源管理器中，将文件和文件夹按"名称""大小"、"类型"和"修改时间"方式排序。

① 打开资源管理器，在左窗口中单击 C 盘。

② 单击"查看"菜单，然后在"排列图标"项的级联菜单中分别选择"名称"、"大小"、"类型"和"修改时间"命令，观察排列效果。

2.5　文件及文件夹管理

上文中已经提到文件和文件夹，在这里系统介绍它们的概念以及使用。

2.5.1　文件及文件夹的概念

1．文件

文件是一组相关信息的集合，集合的名称就是文件名。在 Windows XP 上，所有的程序和数据都以文件的形式出现，文件名成为存取文件的依据（按名存取）。文件名是操作系统区分不同文件的唯一标志，由主文件名和扩展名两部分组成。

在 DOS 方式下主文件名命名采用 8.3 制的规则，即主文件名可以由 1～8 个字符组成，扩展名可以由 0～3 个字符组成，主文件名和扩展名之间用英文句号分隔。组成文件名的字符可以是英文字母（不区分大小写）、数字、汉字和"@"、"#"、"$"、"～"、"_"、"(、)"、"^" 等特殊符号。从 Windows 95 开始放宽了对文件名的限制，文件名可多达 255 个字符（1 个汉字可看作 2 个字符），且文件名中可以包含空格和英文句号。但文件名中不可以包含以下 9 个字符："\"、"/"、":"、"*"、"？"、""""、"<"、">"、"|"。文件名中最右边的句号后的字符组成文件的扩展名。通常，文件的扩展名是隐藏的（系统默认），我们也可以设置为显示。

【任务实例 12】 在资源管理器中，将文件的扩展名显示出来。

① 在资源管理器中，选择"工具"|"文件夹选项"命令。

② 单击"查看"选项卡，然后在"高级设置"中取消"隐藏已知文件类型的扩展名"的勾选。如图 2-12 所示。

③ 单击"确定"按钮。

2．根目录（用"\"表示）和文件夹

双击"我的电脑"，再双击某个磁盘的图标，我们所看到的存储区域，称为该盘的根目录，用反斜杠"\"表示。随着硬件技术的发展，外存的容量越来越大，为了便于管理，引入了目录的概念。目录是一种层次化的逻辑

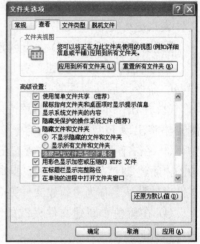

图 2-12　文件扩展名设置

结构，用来实现对文件的组织和管理。Windows 中扩展了目录的概念，引入了文件夹（Folder）。文件夹中不仅可以包含文件和文件夹，也可以包含打印机、计算机等。

在外存上，通常保存有大量的文件，为了有效地查找和区别它们，采用了文件夹分组的形式。一个文件夹中，可以保存许多文件，也可以有下属子文件夹，形成层次化的文件组织结构。

文件夹的命名规则和文件的命名规则相同。这样，从根目录开始，所有层次的文件夹形成了一个树状的组织形式。由于文件和文件夹的命名规则相同，我们只能根据图标来区分。通常，图标为" "的是文件夹，其他图标都代表文件。"我的电脑"和"资源管理器"就是用于管理文件和文件夹的应用程序。

2.5.2　文件或文件夹的选定

要对文件或文件夹进行复制、移动、删除等操作，在操作之前一定要选中这些文件或文件夹，以确定要操作的对象，这就是操作原则——先选定，后操作。

首先，在资源管理器下打开文件或文件夹所在的盘或文件夹，使要选择的文件或文件夹显示出来。

① 选一个文件或文件夹：单击文件或文件夹，此时，被选中对象会变为蓝色。

② 选多个连续文件或文件夹：单击第一个，再按住 Shift 键单击最后一个，或用鼠标进行拖动选择。

③ 选多个不连续文件或文件夹：按住【Ctrl】键单击每一个文件或文件夹。

④ 全部选定：单击"编辑"菜单下的"全部选定"，或使用组合键【Ctrl＋A】。

⑤ 取消选定：按住【Ctrl】键分别单击要取消的文件或文件夹。如果要取消所有被选定

的文件或文件夹，只要在用户区的任意空白处单击即可。

⑥ 反向选择：选定不需要选定的文件或文件夹，单击"编辑"菜单下的"反向选择"。例如我们要选定除第三个以外的所有文件或文件夹时，就可以使用这种反向选择。

2.5.3 新建文件夹和文件

1．新建文件夹

无论是操作系统的文件，还是用户自己创建的文件，数量和种类都很多，我们可以利用文件夹来更好地管理文件。

【任务实例13】 在 D 盘下创建文件夹"windows"。

① 右击"开始"按钮，弹出菜单，选择"资源管理器"命令，启动资源管理器。

② 单击"本地磁盘（D:）"的图标或名称，这时右侧窗格将出现 D 盘所含的内容。

③ 在右侧窗口的空白位置右击，然后选择快捷菜单中的"新建"|"文件夹"命令。此时新建了一个文件夹，文件夹的默认名称为"新建文件夹"。如图 2-13 所示。

④ 在蓝色"新建文件夹"处输入"windows"，按回车键完成操作。

2．新建文件

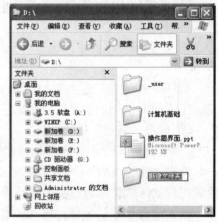

图 2-13 新建文件夹窗口

计算机中的应用程序和我们用户创建的文档等都是以文件的形式存放在磁盘上的。我们把文件分为两类：可执行文件和非可执行文件。可执行文件的扩展名为".com"、".exe"、".bat"、".cmd"等。数据文件是非可执行文件的一种，数据文件往往是为应用程序提供相关数据的。因此，数据文件的建立和编辑一般在应用程序中完成。如我们可以利用"记事本"应用程序新建或编辑扩展名为".txt"的文本文件，利用"画图"应用程序新建或编辑扩展名为".bmp"的位图文件等。

在操作系统中，不同类型的数据文件必须用相应的应用程序才能将其打开和编辑。操作系统在完成安装后，已经把常见类型的数据文件与相应的应用程序建立了关联，所以，我们可以使用快捷菜单中的"新建"命令建立一些已经在操作系统中注册了类型的文件。但是用这种方法新建的文件只是定义了文件名，内容还需要调用相应的应用程序来编辑。

图 2-14 新建文件窗口

【任务实例14】 在 D 盘文件夹"windows"下创建空白文本文档"computer.txt"。

① 在"资源管理器"左窗口中单击 D 盘下的"windows"图标或名称。

② 在右侧窗口的空白处右击，然后选择快捷菜单中的"新建"|"文本文档"命令。此时新建了一个空白文本文档，默认名称为"新建文本文档"。

③ 在蓝色"新建文本文档"处输入"computer"，如图 2-14 所示。按【Enter】键完成操作。

说明：当前是在系统默认的不显示文件扩展名的状态下进行的操作。

2.5.4　文件夹和文件重命名

系统中的每一个文件和文件夹都有自己的名字，而同一文件夹下的文件或文件夹是不能重名的。当需要修改文件或文件夹的名称时，选中该文件或文件夹，然后执行"文件"|"重命名"命令，或使用快捷菜单中的相应命令，或用单击文件再单击文件名的方法都可以修改文件或文件夹的名称。

【任务实例 15】把 D 盘下"windows"文件夹重命名为"windowsxp"。

① 在资源管理器的左窗口中单击 D 盘下的"windows"文件夹。

② 在文件夹 windows 图标处右击，选择快捷菜单中的"重命名"命令或使用快捷键【F2】。

③ 在文件夹名称处输入 windowsxp 替换 windows，然后按【Enter】键完成操作。

Windows XP 默认的是不显示已知文件类型的扩展名，以避免用户随意修改扩展名。如果确有必要修改文件扩展名，必须将文件扩展名设为显示，然后进行修改。

【任务实例 16】 把 D 盘"windowsxp"文件夹下"computer.txt"改名为"计算机.bmp"。

① 在资源管理器中，将文件的扩展名显示出来。

② 在左窗口中，单击 D 盘下"windowsxp"文件夹。

③ 在右窗口文件"computer.txt"图标处右击，选择快捷菜单中的"重命名"命令。

④ 在文件名处输入"计算机.bmp"，然后按【Enter】键完成操作。如图 2-15 所示。

图 2-15　文件重命名窗口

2.5.5　文件夹和文件的属性

文件和文件夹的属性是指文件（文件夹）在显示、保存和操作方式上的数据特征。所有文件和文件夹共同的属性被称为整体属性，例如：文件的扩展名是否显示，相同扩展名的文件具有同样的图标等。文件和文件夹独自拥有的属性称为个体属性，例如：文件只能允许读、不允许修改（写）的特征，文件夹的共享特征等。在"Windows 资源管理器"中，可以方便地查看文件和文件夹的属性，并修改它们的个体属性和整体属性。以下主要讨论文件和文件夹的个体属性。

在文件或文件夹上右击，在快捷菜单中选择"属性"，将打开其属性对话框。文件或文件夹的属性都可以设置为"只读"、"隐藏"、"存档"。当将文件或文件夹属性设为"隐藏"后，在操作系统的默认设置中，该文件或文件夹将被隐藏起来，即在资源管理器窗口中不显示。

【任务实例 17】 给 D 盘下"windowsxp"文件夹中的"计算机.bmp"文件设置只有"只读"属性。

① 在资源管理器左窗口中单击 D 盘下的"windowsxp"文件夹。

② 在右窗口"计算机.bmp"图标处右击，选择快捷菜单中的"属性"命令或选中后单击工具栏的"属性"按钮。

③ 在属性选项中取消"存档"选项（文件默认属性），选择"只读"。如图 2-16 所示。

④ 单击"确定"。

另外，在文件夹属性对话框的"共享"选项卡中，用户可以决定是否将该文件夹设置为共享（如图 2-17 所示）。如果用户选择了"共享此文件夹"，则当该计算机与某个网络连接后，该网络中的其他计算机就可以通过"网上邻居"来查看或使用该共享文件夹中的文件。

图 2-16　文件属性对话框

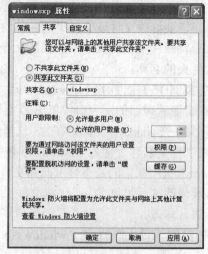

图 2-17　文件夹属性对话框

2.5.6　复制、移动文件和文件夹

复制和移动文件或文件夹是文件管理中最常用的操作之一，可以把文件和文件夹复制或移动到其他文件夹中，也可以把它们复制或移动到其他磁盘中。在复制和移动文件夹时，该文件夹内的所有文件和下级文件夹内的文件都将被复制或移动。

【任务实例 18】　复制 D 盘下"windowsxp"文件夹到 C 盘下。

① 在资源管理器左窗口中单击 D 盘。

② 在右窗口中选中"windowsxp"文件夹，选择菜单"编辑"|"复制"命令，或按快捷键【Ctrl + C】。

③ 单击左窗口中的 C 盘，选择菜单"编辑"|"粘贴"命令，或按快捷键【Ctrl + V】完成复制操作。

【任务实例 19】　把 C 盘下"windowsxp"文件夹中的"计算机.bmp"文件移动到 D 盘下。

① 在资源管理器左窗口中单击 C 盘下的"windowsxp"文件夹。

② 在右窗口选中"计算机.bmp"文件，选择工具栏的"剪切"按钮，或按快捷键【Ctrl + X】。

③ 在左窗口中选择 D 盘后，单击工具栏的"粘帖"按钮，完成移动操作。

除了上面的两种复制、移动文件和文件夹的方法外，还可以通过拖动鼠标的方法来完成文件和文件夹的快速复制和移动。这时把资源管理器看成是两个窗口，一个是源文件窗口，另一个是目标文件窗口。

【任务实例 20】　用鼠标拖动法复制文件夹"D:\windowsxp"到桌面上。

① 打开"资源管理器"，在左窗口中打开 D 盘。

② 在右窗口中选中文件夹"windowsxp"。

③ 拖动左侧"文件夹"窗格的滚动条，显示出"桌面"图标。

④ 拖动文件夹"windowsxp"的图标到左窗口的"桌面"图标上。完成复制操作。

注意：利用鼠标操作，同盘和不同盘的操作方法不同，具体区别如表 2-4 所示。

表 2-4		用鼠标移动或复制
操作类型　　　　是否同盘	同　盘	不　同　盘
移动	直接拖动	按住【Shift】键拖动
复制	按住【Ctrl】键拖动	直接拖动

2.5.7　删除文件或文件夹

当存放在磁盘中的某些文件或文件夹不再需要时，可以从磁盘中把它们删除以释放磁盘空间。为了安全，Windows 建立了一个特殊的文件夹"回收站"。一般，都是将要删除的文件或文件夹移动到回收站。这样，如果发现是误操作，就可以在回收站中进行还原。删除文件夹时，它所包含的子文件夹和文件也将被一同删除。

【任务实例 21】删除 C 盘下的文件夹"windowsxp"。

① 从资源管理器中选中要删除的文件夹"windowsxp"。

② 选"文件"|"删除"命令，或按键盘上的【Delete】键，或单击工具栏上的"删除"按钮 ⊠，或右击该文件夹选"删除"，都将出现"确认文件夹删除"对话框，如图 2-18 所示。

③ 单击对话框中的"是"按钮。

这时并没有真正删除文件夹，只是把文件夹放到了回收站中，文件夹还可以恢复回来。但如果确实要删除也可以直接删除不放入回收站，这时，只需要在刚才操作过程中按"删除"或【Delete】的同时按住【Shift】键即可。此时就会出现图 2-19 所示的对话框。

图 2-18　逻辑删除对话框

图 2-19　物理删除对话框

在系统默认的情况下，删除的文件或文件夹放到回收站中。打开"回收站"，可以将删除的文件或文件夹恢复，或者在回收站中再次删除，这样该文件或文件夹将被彻底删除。

【任务实例 22】　恢复已删除的"windowsxp"文件夹。

① 双击桌面上的"回收站"图标，或在资源管理器窗口中打开"回收站"，如图 2-20 所示。

② 单击文件夹"windowsxp"图标。

③ 选择"文件"|"还原"命令，或右击选"还原"，文件夹将被还原到原来的位置。

【任务实例 23】　设置直接永久性删除文件。

① 在回收站图标处右击，打开快捷菜单。选择"属性"命令，打开"回收站　属性"对话框。如图 2-21 所示。

② 选择"删除时不将文件移入回收站，而是彻底删除"，使复选框内出现"√"符号。

③ 单击"确定"按钮。

设置以后，每次删除文件或文件夹时，提示确认删除后，将直接删除该文件或文件夹。另外，在"回收站"窗口中单击"文件"|"清空回收站"，可以将回收站清空。

图 2-20 "回收站"窗口　　　　　　　　　图 2-21 "回收站属性"窗口

2.5.8　搜索文件和文件夹

Windows XP 中，文件名是文件在磁盘中唯一的标志符，并且文件可以存放在磁盘的任何一个文件夹下。一旦我们忘记了文件或文件夹存放的位置或名称，要想在成千上万个文件或文件夹中找到它是很困难的。这时可以使用 Windows 系统提供的搜索功能，来搜索文件或文件夹。除了搜索文件和文件夹外，还可以在网络中搜索计算机、网络用户，甚至可以在 Internet 上搜索有关信息。下面介绍如何搜索文件和文件夹。

在搜索时，如果文件或文件夹的名称记得不太确切，或需要查找多个文件名类似的文件，可以在要搜索的文件或文件夹名中适当地插入一个或多个通配符。Windows XP 的通配符有两个，即问号（？）和星号（*）。其中问号代表一个任意字符，而星号可以代表多个任意字符。

【任务实例 24】　查找 C 盘下文件名以 "a" 开头的所有类型的文件和文件夹。

① 选择 "开始" | "搜索" | "文件或文件夹" 命令，或在 "资源管理器" 窗口中按快捷键【F3】，出现 "搜索" 窗格。

② 在 "要搜索的文件或文件名为" 处输入 "a*.*"。

③ 在 "搜索范围" 下拉列表中选择 D 盘。

④ 单击 "立即搜索" 按钮，开始搜索，结果显示在右侧窗口中，如图 2-22 所示。

图 2-22 "搜索结果"界面

2.5.9　文件的压缩

对文件或文件夹进行压缩处理，可减小它们的大小，也减少了它们在卷或可移动存储设备上占用的空间。Windows XP 系统中有一个自带的压缩工具，将文件或文件夹压缩为 ZIP 压缩格式。

【任务实例 25】　将 D 盘下"windowsxp"文件夹中的"计算机.bmp"压缩为 ZIP 格式。

① 在资源管理器左窗口中单击 D 盘下的"windowsxp"文件夹。

② 在右窗口"计算机.bmp"图标处右击，选择快捷菜单中的"发送到｜压缩（zipped）文件夹"命令，然后在弹出的对话框中选"是"。

③ 此时在右窗口中出现压缩文件"计算机.zip"。

要打开压缩文件，右击压缩文件，选"打开方式｜Compressed（zipped）Folders"即可。

但是，Windows XP 系统中自带的解压缩文件功能会耗费大量的系统资源，我们也可以将这个功能关闭。要关闭此功能，单击"开始｜运行"，在弹出的对话框中输入"regsvr32/u zipfldr.ll"即可。

WinRAR 是当前流行的压缩工具，它界面友好，使用方便，压缩率和速度都较好。它完全支持 RAR 和 ZIP 压缩格式，可以解开 ARJ、CAB、LZH、TGZ 等压缩格式，并且还有分片压缩、资料恢复、资料加密等功能，可以把压缩档案储存为自动解压缩档案。

【任务实例 26】　将 D 盘下"windowsxp"文件夹中的"计算机.bmp"压缩为 RAR 格式。

① 在资源管理器左窗口中单击 D 盘下的"windowsxp"文件夹。

② 在右窗口"计算机.bmp"图标处右击，选择快捷菜单中的"添加到压缩文件"命令。

③ 在弹出的对话框中输入压缩文件名，如图 2-23 所示。单击"确定"完成，如图 2-24 所示。

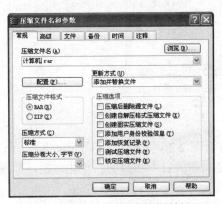

图 2-23 压缩文件名和参数对话框

图 2-24 文件压缩窗口

另外，在此对话框中的"压缩选项"复选框中选中"创建自解压格式压缩文件"，可以创建一个自解压格式的压缩文件；选择"压缩方式"，可以实现分卷压缩。

2.6　控　制　面　板

Windows XP 将所有系统维护工具的启动图标都集中到一个窗口中，该窗口称为"控制面板"。对系统的有关设置大多是通过控制面板来进行的。下面我们介绍常用的管理和操作。

打开"控制面板"的方法很多。

　　方法 1：在"资源管理器"左窗格中，单击"控制面板"选项。

　　方法 2：选择"开始"|"设置"|"控制面板"命令。

　　方法 3：在"我的电脑"窗口的左侧，单击"控制面板"。

2.6.1　系统设置

　　计算机设备是软件系统正常运转的硬件基础，用户可以通过"系统属性"对话框观察和维护计算机硬件的基本性能。计算机硬件设备必须通过相应的软件程序驱动，才能发挥性能。硬件设备的软件驱动程序由硬件厂商提供。Windows XP 内置了常用的大部分硬件的驱动程序。

　　【任务实例 27】　查询计算机硬件配置。

　　在"控制面板"窗口中双击"系统"图标，打开"系统属性"对话框，如图 2-25 所示，可以看到计算机的名称、内存和 Windows XP 的版本号等。

图 2-25　"系统属性"对话框

2.6.2　日期/时间设置

　　在控制面板中双击"日期和时间"图标，打开图 2-26 所示的"日期和时间　属性"对话框，单击"时间和日期"选项卡，可以调整系统当前的日期和时间；单击"时区"选项卡，可以选择用户所在的时区。

图 2-26　"日期和时间属性"对话框

2.6.3 鼠标属性设置

在 Windows XP 中，鼠标是一种重要的输入设备，鼠标性能的好坏直接影响到工作的效率。在控制面板窗口中，双击"鼠标"图标，可以打开"鼠标 属性"对话框，如图 2-27 所示。

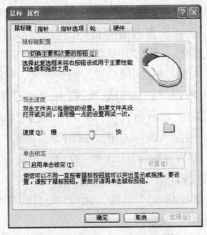

图 2-27 "鼠标 属性"对话框

在"鼠标键"选项卡内，可以选择左手或右手操作习惯，可以调整鼠标的双击速度。单击其他选项卡还可以进行其他设置。

2.6.4 键盘属性设置

在控制面板窗口中，双击"键盘"图标，可以打开"键盘 属性"对话框，如图 2-28 所示。

图 2-28 "键盘 属性"对话框

在"速度"选项卡内，可以更改键盘的重复延迟、光标闪烁频率等，单击"硬件"选项卡还可以更改键盘的驱动程序等。

2.6.5 区域和语言选项

Windows XP 支持不同国家和地区的多种自然语言，但是在安装时只安装默认的语言系统。要支持其他的语言系统，需要安装相应的语言以及该语言的输入法和字符集。Windows XP

采用了先进的 Unicode 字符集，它是 Unicode 联盟开发的一种 16 位字符编码标准。在 Unicode 标准中，一个字符用两个字节表示。

　　由于地理和语言的差异，世界上每个国家显示日期、时间和货币的方式都有自己的习惯。通过双击"控制面板"窗口中的"区域和语言选项"图标，可以更改 Windows XP 的日期、时间、货币、长数字和带小数点数字的显示方式，也可以选择公制或者美国的度量制。还可以选择输入法区域设置，或者设置键盘的布局，以符合用户的习惯。在"控制面板"窗口中双击"区域和语言选项"图标，即打开"区域和语言选项"对话框。

　　在"区域选项"选项卡中，可以进行区域设置，改变日期、时间、货币和数字的显示方式等。

　　在"语言"选项卡中，再单击"详细信息"，打开"文字服务和输入语言"对话框，可以添加、删除输入法以及在桌面上显示语言栏，还可以设置默认输入法等。

　　Windows XP 自带了微软、智能 ABC、全拼、郑码等多种输入法，用户可以在安装 Windows XP 时选择安装或在以后添加。而 Windows XP 未提供的输入法，则需要相应的安装程序来添加。

　　【任务实例 28】　添加微软拼音输入法。

　　① 单击"开始"按钮，指针指向"设置"命令，选择"控制面板"命令，在"控制面板"中，双击"区域和语言选项"图标。

　　② 在"区域和语言选项"对话框中，单击"语言"选项卡，再单击"详细信息"按钮，如图 2-29 所示。

　　③ 在"文字服务和输入语言"对话框中（如图 2-30 所示），单击"添加"按钮，打开"添加输入语言"对话框，如图 2-31 所示。

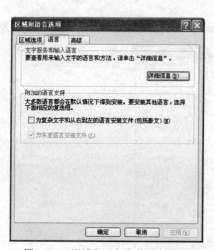

图 2-29　"区域和语言选项"对话框

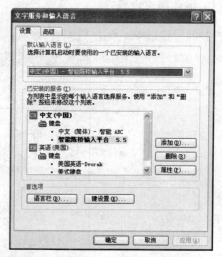

图 2-30　"文字服务和输入语言"对话框

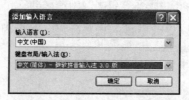

图 2-31　"添加输入语言"对话框

　　④ 单击"键盘布局/输入法"下拉列表框，选择微软拼音输入法，单击"确定"。

2.6.6　添加或删除程序

　　虽然 Windows 操作系统提供了一些常用的应用程序，但远远不能满足人们的使用要求，因此用户要经常添加一些需要使用的程序。对于已经不再使用的程序，为了节省磁盘空间和提高系统运行效率，可以将它们删除。

　　软件分绿色软件和非绿色软件。绿色软件复制到硬盘后双击主程序就可运行，删除时只要删除组成软件的所有文件即可。而非绿色软件的安装和卸载一般都有专门的程序。

　　双击"控制面板"中的"添加或删除程序"打开"添加或删除程序"窗口，如图 2-32 所示。单击窗口左边的"更改或删除程序"按钮，在窗口右边显示目前已安装的程序列表。单击想要更改或删除的程序，再单击"更改"或"删除"按钮，就可实现程序的更改或删除。

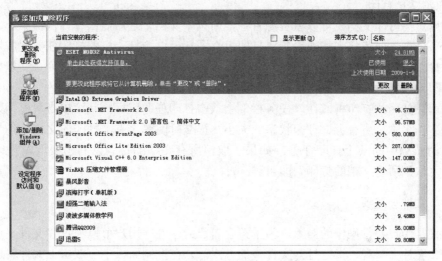

图 2-32　"添加或删除程序"对话框

　　单击窗口左边的"添加新程序"按钮，可以进行添加程序。单击窗口左边的"添加/删除 Windows 组件"按钮，还可以安装 Windows XP 的相应组件。

2.6.7　打印机管理

　　打印机是普遍使用的输出设备。Windows XP 对打印机设备提供了可视化的操作界面，用户可以方便地设置打印机的类型和打印纸张的大小等。Windows XP 支持的打印方式分为前台打印和后台打印两种。前台打印的特点是用户操作和打印同步。后台打印具有用户操作计算机和打印文件分开进行的优点，被广泛使用。Windows XP 在计算机网络上可以充当其他远程计算机打印任务的中转代理者，从而使多人共用一台打印机。Windows XP 有"添加打印机"向导，使用户可以方便而迅速地安装新的打印机。

　　在控制面板中双击"打印机和传真"就可以打开如图 2-33 所示的窗口。

图 2-33　"打印机和传真"文件夹

1. 添加打印机

在"打印机和传真"窗口的左侧单击"添加打印机",将执行"添加打印机"向导,根据提示即可完成添加。

2. 设置默认打印机

当 Windows XP 系统中安装了多台打印机时,需要指明默认使用的打印机。方法是右击打印机图标,在快捷菜单中,选择"设为默认打印机"命令,这时在打印机右上角有一个"√"标志,如图 2-33 所示。

如果在打印机快捷菜单中,选择"属性"命令,则将打开打印机属性对话框。打印机属性对话框是配置打印机的主要工具。例如查看打印机的名称、位置、注释以及纸张特性等。

3. 取消文档打印

如果用户想打印文档,可以在资源管理器中选中文档,之后右击打开快捷菜单,然后选择"打印"命令,或者将文档拖动到"打印机"图标上。当打印机的打印任务完成后,在任务栏上的打印任务图标将消失。在打印任务很多的情况下,会形成打印队列。文档打印队列将在"打印管理器"的控制下自动地进行。

双击正在使用的打印机或在"任务栏"上双击打印任务图标,就可以查看打印队列的信息,包括文档名称、所有者、打印状态、大小、提交时间等。右击打印的文档,选"取消"就可以取消队列中的某个打印任务。如果想取消所有文档的打印,右击要取消打印的打印机,选择"取消所有文档的打印"即可。

2.6.8　文件夹选项

文件夹是用户经常操作的对象,为了符合自己的个性,用户可以通过"文件夹选项"来改变桌面和文件夹外观、指定打开文件夹的方式等。在控制面板中,双击"文件夹选项"图标,打开"文件夹选项"对话框。

在此对话框中可以查看在系统中已经注册的文件类型的扩展名、文件类型;可以进行显示或隐藏具有隐藏属性的文件,或不显示文件的扩展名等设置。

2.6.9　用户管理

为了保护计算机数据的安全,Windows XP 的安全系统可以对试图访问该计算机资源的人员进行身份识别,防止特定资源被用户不适当地访问。Windows XP Professional 提供了一种简单而高效的方法来设置和维护计算机的安全,包括用户账户、组账户、文件和文件夹权限、共享文件夹权限、加密、用户权利、审核等功能。

1. 用户账户

要使用运行 Windows XP 操作系统的计算机,必须要有用户账户,它由唯一的用户名和密码组成。启动 Windows XP 时,输入用户名和密码,系统将验证用户名和密码。如果用户账户已被禁用或删除,Windows XP 将阻止该用户访问计算机,以确保只有有效用户才能访问计算机。

通过"计算机管理"窗口,可以管理和控制用户的权限。

在"控制面板"窗口中双击"管理工具"图标,然后再双击"计算机管理"图标,打开

"计算机管理"窗口，在左窗格中选择"本地用户和组"，单击"用户"，如图 2-34 所示。右侧列出了计算机上的用户账户，Administrator 和 Guest 账户是在安装系统时自动创建的，它们为首次登录计算机进行管理提供了可能。

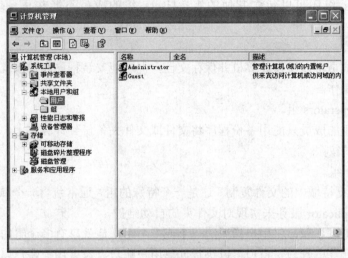

图 2-34 "计算机管理"窗口

只有以管理员或管理员组成员的身份登录计算机才能打开"计算机管理"窗口，执行相应的管理任务。

- 管理员（Administrator）账户。

管理员是负责设置和管理本地计算机（区域控制器）及其用户和组账户、指派密码和权限以及帮助用户解决网络问题的人。管理员是"Administrators"组的成员，具有对计算机（区域）的完全的控制权利。每个装有 Windows XP 系统的计算机都有一个 Administrator 账户，以 Administrator 身份登录计算机可以获得对整个计算机操作的全部权限。为防止非法用户试图以 Administrator 身份登录计算机，可以为 Administrator 重命名，但不能删除该账户。

- 来宾（Guest）账户。

在安装 Windows XP 系统时，还创建了一个 Guest 内置账户，可以让一个临时账户登录到计算机并以较少的权限使用计算机，来宾账户没有密码。管理员可以禁用该账户或为该账户重命名，但不能删除该账户。

2．用户组

"组"是 Windows XP 内置的分配权限的基本单位，给一个用户进行"属于组"的操作，就是赋予用户执行某种任务的权利和能力的过程。

- Administrators 组。

管理员组成员具有对计算机的不受限制的完全访问权，包括内置用户账户 Administrator。

- Power Users 组。

Power Users 组的成员可以修改计算机设置或安装程序，但不能读取属于其他用户的文件。Power Users 组不能取得对文件的拥有权，没有备份和复制目录、装载或卸载设备驱动程序以及管理安全和审核日志的权利。

- Users 组。

Users 组的成员可以操作计算机并保存文档，但不能安装程序以及对系统文件和设置进行可能有破坏性的操作。Users 组是包括一切账户的组，用户创建的账户自动成为 Users 组的成员，Users 组还可以包含其他的组。Users 组的成员不能共享目录和创建本地打印机。

- Guests 组。

Guests 组的成员可以操作计算机并保存文档，但不能安装程序和对系统文件和设置进行可能有破坏性的操作。

- Backup Operators 组。

备份操作员组的成员只能用备份程序将文件或文件夹备份到计算机上，只具有备份和恢复文件或文件夹的权限。

- Replicator 组。

Replicator 组支持域中的文件复制。这是一个特殊的组，通常包含一个域用户成员，可以使用 Directory Replicator 服务来实现对文件夹的自动维护。

用户的权限可以累积，将用户指派给一个或多个组，他就享有多个组的权限。

另外，在"计算机管理"窗口可以进行创建用户账户、设置用户账户属性、将用户添加到组和删除用户账户等操作，也可以进行创建和管理用户组操作。

3．本地安全策略

组策略是计算机系统的安全功能之一。

在控制面板中双击"管理工具"，再双击"本地安全策略"，打开图 2-35 所示的窗口。使用组策略可以设置各种软件、计算机和用户策略。可以定义用户桌面环境的各种组件、用户可以使用的程序、出现在用户桌面上的图标、用户可以修改桌面，也可以使用组策略设置用户权利等。

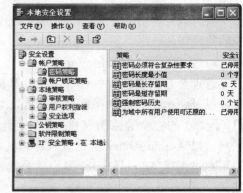

图 2-35 "本地安全设置"对话框

- 使用本地安全策略。

在 Windows XP 中提供了"本地安全策略"管理工具，用于配置本地计算机的安全设置。这些设置包括密码策略、账户锁定策略、审核策略、用户权利指派、加密数据的恢复代理、IP 安全策略以及其他安全选项。

- 查看和调整策略。

在左窗口中单击某个策略，将在右窗口列出具体的策略。在右窗口中再双击其中一个具体的策略，将打开相应的属性对话框，可以进行策略的调整。

2.7　常用的几个应用程序

Windows XP 附件为用户提供了一些简单、常用的应用程序，单击"开始"|"程序"|"附件"，可以看到记事本、写字板、计算器、画图、娱乐等，下面分别对它们进行介绍。

2.7.1　记事本和写字板

记事本和写字板是 Windows XP 自带的两个文字处理程序，它们都提供了基本的文本

编辑功能。相比之下，写字板的功能更强，使用它可以
创建和编辑带格式的文件，其风格和后面介绍的 Word
非常类似。

记事本是一个纯文本文件编辑器，用它编辑的文件的
默认扩展名是 ".txt"，启动时会自动创建一个名为 "无标
题.txt" 的空白文档，如图 2-36 所示。用它可以编辑简单
的文档或创建 Web 页。它的使用非常简单，记事本文件
的新建、打开、保存等操作和 Word 类似，可以参照后面
的 Word 操作。

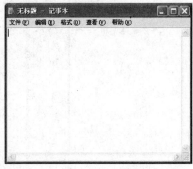

图 2-36　"记事本" 窗口

2.7.2　计算器

Windows XP 提供了一个简单的计算工具，可以方便地进行各种运算。它的用法和普通计算器
一样。在计算器中单击 "查看" 菜单选择 "科学型"，不仅可以进行普通加、减、乘、除等运算，
还能进行三角函数以及二进制、八进制、十进制和十六进制数的运算和各种进制之间的转换。

【任务实例 29】　使用计算器进行二进制运算：101010101 + 01010101。

① 选择 "开始" | "程序" | "附件" | "计算器" 命令，打开 "计算器" 窗口。

② 选择 "查看" | "科学型" 命令，打开 "计算器" 窗口的其他部分，如图 2-37 所示。

图 2-37　"计算器" 窗口

③ 选择 "二进制" 单选按钮。使用鼠标单击输入 101010101，再单击 "+"，然后再单击
输入 01010101，最后单击 "=" 键，查看运算结果。

2.7.3　画图

Windows XP 的 "画图" 应用程序可以绘制多种格式和多种颜色的图片。画图应用程序所
处理的图像以文件的形式保存起来，常见的图像文件有 BMP、JPEG 和 GIF 三种格式。画图应
用程序所支持的颜色数是由计算机的 "显卡" 性能所决定的，有 2、16、256、16 位色和 24 位
色等多种方式。若计算机显示适配器所支持的颜色数达到 2^{16} 以上，则称为达到真彩色标准。

画图应用程序窗口由标题栏、菜单栏、工具箱、颜料盒和画布等主要部分组成，如图 2-38
所示。

图 2-38 "画图"应用程序窗口

【任务实例 30】 画矩形、椭圆；正方形、正圆；不规则线条。

① 用鼠标单击□按钮，在绘图区空白处进行拖动操作，将产生一个矩形；按住 Shift 键进行拖动操作，将产生一个正方形。可以用鼠标单击颜料盒来改变颜色和底色。

② 用鼠标单击◯按钮，用拖动操作画椭圆；按住 Shift 键进行拖动操作，将产生一个正圆。

③ 用鼠标单击✎按钮，用拖动操作画出不规则线条。

在 Windows 中，可以把整个屏幕或活动窗口的"图形"特征复制到剪贴板。按【PrintScreen】键复制整个屏幕的图形到剪贴板上。复制窗口则需先将窗口选择为活动窗口，然后再按【Alt + PrintScreen】组合键复制活动窗口的图形到剪贴板上。

总结一些操作规律如下。

• 按住 Shift 键可以画出正方形、正圆等。

• 用鼠标单击"颜料盒"上的颜色，可以定义前景色；右击"颜料盒"上的颜色，可以定义背景色。

• 在橡皮工具起作用时，用鼠标拖动，可以擦除任何颜色；用鼠标右键拖动，只能擦除与前景色相近的颜色。

• 在文字输入时，改变前景色、背景色、字体和大小等属性，则立即起作用；在文字输入结束后，改变前景色、背景色、字体和大小等属性，则对文字不起作用。

• "编辑"菜单上的"撤销"命令可以撤销最后一次进行的误操作。

• 在选择"图像"|"属性"命令，然后选取数据度量单位，再在"宽度"和"高度"中输入宽度和高度数据，可以定义绘图纸的大小。也可以拖动位于绘图纸右下角、底部和右侧的调整句柄来改变图像的大小。

• 画图程序既可以保存为 BMP 图像，也可以保存为 GIF 格式和 JPEG 格式的图像。

• 选择"文件"菜单上的"设置为墙纸（平铺）"命令，可以将正在编辑的图片设置为桌面的背景（设墙纸前要先保存）。

2.7.4　娱乐

1．Windows 中的多媒体格式

Windows 中的音频文件包括 WAV 文件、MIDI 文件、RMI 文件、WMA 文件、RA 文件以及 MP3 文件等。

视频文件可以分为静态图像文件和动态图像文件两大类。

- 静态图像文件主要有 BMP、GIF、TIF、JPG 等格式。
- 动态图像文件主要有 AVI、MPG、WMV、RM 等格式。

2．Windows XP 中的多媒体程序

Windows XP 操作系统与以前版本相比，增强了计算机的多媒体功能。多媒体设备的安装和配置更为容易，并提供了 CD 唱机、Windows Media Player、录音机等大量实用的多媒体应用程序。另外还提供了"红心大战"、"空当接龙"、"蜘蛛纸牌"等简单游戏。

- 安装和设置多媒体。

若想使用 Windows XP 的多媒体功能，计算机上必须安装相关的多媒体设备，如 CD-ROM 驱动器、声卡、音箱、麦克风等。

多媒体设备安装完毕后，通过控制面板中的"声音和多媒体"图标，可以对多媒体设备进行一些相关设置。

- CD 唱机。

Windows XP 中提供的 CD 唱机，其界面非常新颖，功能也较完善，而且使用起来非常简便，只要将 CD 光盘放入 CD-ROM 驱动器，Windows XP 就会自动打开 CD 唱机并开始播放。

- Windows Media Player。

Windows Media Player 是微软公司推出的功能强大的媒体播放器，支持 WAV 文件、MIDI 文件、MP3 文件、AVI 文件、MPEG 文件等多种格式的音频和视频文件，可以播放 CD 和 DVD。如果增加一些插件，还可以播放 RM 格式的文件，为用户提供了极大的方便。

图 2-39　"声音—录音机"窗口

- 录音机。

"录音机"是 Windows XP 提供给用户的一种具有语音录制功能的工具，使用它可以收录用户自己的声音，并以声音文件格式保存在磁盘上，如图 2-39 所示。

利用录音机录制声音文件时，需要有声卡和麦克风配合才能完成。它不仅可以录音，还可以对声音文件进行编辑，如删除部分声音、添加回声、在声音文件中插入另一个声音文件、将多个声音文件进行混音等。

2.8　Windows XP 的环境设置和系统维护

2.8.1　系统维护与性能优化

1．磁盘格式化

磁盘格式化（Format）是在物理驱动器（磁盘）的所有数据区上写零的操作过程。格式化是

一种纯物理操作，同时对硬盘介质做一致性检测，并且标记出不可读和坏的扇区。但快速格式化只清除磁盘中的所有数据，不标记坏扇区。

由于大部分硬盘在出厂时已经格式化过，所以只有在硬盘介质产生错误时才需要进行格式化。在资源管理器窗口中右击要格式化的磁盘的图标，选"格式化"命令，打开图2-40所示的对话框。

需要注意的是，磁盘格式化后该盘所有数据都被清除，应慎用。格式化前应对重要文件和数据进行备份。

2. 磁盘清理

在使用 Windows XP 的过程中，经常会产生大量的过程性缓存文件，有关任务结束后，这些缓存文件会被遗留下来。例如，TEMP 文件和因特网临时文件，这些文件会占用很多的硬盘空间，也会影响 Windows 的系统性能，因此要定期对它们进行清理。

【任务实例31】 对 C 盘进行磁盘清理。

图 2-40　磁盘格式化对话框

① 打开"我的电脑"窗口，使用鼠标右击 C 盘图标，打开快捷菜单后，选择"属性"命令。如图2-41所示。

② 选择"常规"选项卡，单击"磁盘清理"，打开"磁盘清理"对话框。系统开始统计可以释放的空间，统计结果如图2-42所示。

图 2-41　"磁盘属性"对话框

图 2-42　"（C:）的磁盘清理"对话框

③ 选中要清理的文件，然后单击"确定"按钮，则系统就开始清除磁盘中的文件。

3. 检查磁盘

检查磁盘程序是系统可靠性的检测工具，可以发现和分析磁盘出现的错误，并且尽量修复错误。检查磁盘程序也可以检查用 DriveSpace 和 DoubleSpace 等工具压缩过的磁盘，但是不能检查 CD-ROM 驱动器中的光盘和网络驱动器中的盘。检查磁盘程序的启动方法如下。

单击"磁盘属性"对话框的"工具"选项卡，打开如图2-43所示的对话框，单击"开始检查"按钮，弹出"检查磁盘"对话框，如图2-44所示。单击"开始"按钮，系统即开始检查磁盘。

在对话框中有两个复选框，其含义是："自动修复文件系统错误"被选中后，系统在检查磁盘时，将自动修复磁盘中损坏的文件系统；"扫描并试图恢复坏扇区"被选中后，系统将自动检查磁盘中坏的扇区，并恢复坏扇区中的数据内容，修复磁盘中所有的损坏部分。

图 2-43　"本地磁盘（D:）属性"对话框

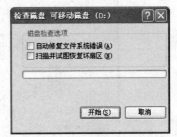

图 2-44　"检查磁盘"对话框

4．磁盘碎片整理

用户在使用计算机的过程中看到的每个文件都可能很大，而事实上，磁盘上文件的物理存放方式却往往是不连续的。碎片的产生主要是因为文件被分散保存到磁盘的不同地方、操作系统的虚拟内存管理、使用 IE 浏览器时生成的临时文件夹等。文件碎片一般不会引起系统问题，但是碎片过多会使系统在读文件时来回寻找，从而降低硬盘的运行速度，系统性能将变得十分低下，更严重的还会致使硬盘寿命缩短和存储文件丢失等，使系统的可靠性降低。

Windows XP 使用"磁盘碎片整理程序"来解决磁盘文件碎片问题，它能把文件碎片重新组合、连续摆放。使文件系统在井然有序的磁盘环境中工作。但是碎片整理前应先把硬盘中的垃圾文件和信息清理干净、检查并修复硬盘中的错误。

单击图 2-43 所示的对话框中的"开始整理"按钮，弹出"磁盘碎片整理程序"对话框，如图 2-45 所示。

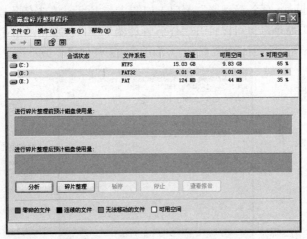

图 2-45　"磁盘碎片整理程序"窗口

需要注意的是，整理碎片前要关闭其他所有应用程序，包括屏幕保护程序，最好将虚拟内存设为固定值，不要对磁盘进行读写，一旦发现磁盘文件改变，将重新进行整理。

5．备份

磁盘驱动器损坏、病毒感染、供电中断、网络故障以及其他原因可能引起磁盘中数据的丢失和损坏，所以有时需要备份硬盘上的重要数据。数据被备份之后，在需要时就可以将它们还原。

单击图 2-43 所示的对话框中的"开始备份"按钮，弹出"备份工具"对话框，如图 2-46 所示。

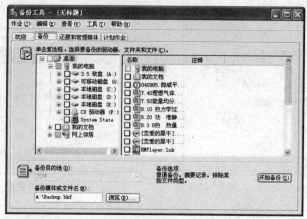

图 2-46 "备份工具"窗口

在左窗口选择要备份的磁盘，右窗口选择要备份的文件或文件夹，然后单击"浏览"按钮确定文件存放的位置，再单击"开始备份"按钮就可以开始备份。

单击"还原和管理媒体"选项卡，就可将备份的文件还原。

另外，在"开始"|"程序"|"附件"|"系统工具"中，也有上述命令。

磁盘分区、磁盘扫描、碎片整理、磁盘检查和磁盘格式化等操作都是技术性很高的复杂操作。Windows XP 使用图形化的界面，使一般的大众用户就可完成上述操作。

2.8.2 任务管理器

Windows XP 面对多任务环境，具有强大的检测、跟踪和控制功能。按【Ctrl】+【Alt】+【Del】组合键，将打开"Windows 任务管理器"窗口，如图 2-47 所示。右击任务栏，打开快捷菜单，然后选择"任务管理器"命令，也可以打开"任务管理器"窗口。单击"应用程序"选项卡，选中一个任务选项，然后单击"结束任务"按钮，就可以结束任何可见或不可见的程序任务。

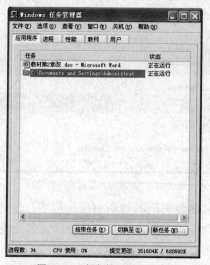

图 2-47 "任务管理器"窗口

用任务管理器消除不稳定的、死锁的和无反应的程序任务，可以明显加快和改善Windows XP 的系统性能。

2.9　上 机 实 验

2.9.1　Windows XP 的基本操作

【实验目的】

1．掌握 Windows XP 的启动和关闭。

2．初步认识"桌面"。

3．掌握窗口的组成及其常用操作。

4．掌握 Windows XP 窗口中菜单、工具栏和对话框的基本操作。

5．掌握任务栏与"开始"菜单的使用与设置方法。

6．掌握图标的概念和创建快捷图标的方法。

7．了解 Windows XP 的帮助系统。

【实验内容】

1．启动 Windows XP，观察桌面组成，认识图标、任务栏等，并进行以下操作。

（1）将桌面图标按类型排列。

（2）进行显示属性设置，设置自己喜欢的桌面背景等。

（3）改变任务栏的大小、位置，设置隐藏；将指示器的时钟设为不显示。

（4）将桌面上的"我的电脑"添加到快捷按钮组中，然后再删除。

（5）将桌面上的"回收站"添加到"开始"菜单中，然后删除。

（6）在桌面上创建控制面板的快捷方式。

2．打开"资源管理器"窗口，并进行以下操作。

（1）认识窗口各组成部分，标题栏、菜单栏、工具栏、状态栏等，并改变窗口的大小和位置。

（2）打开不同菜单下的命令，认识不同菜单项的含义，如带有"▶"、"●"、"…"、"⅀"等命令项的含义。

（3）打开不同的对话框，认识对话框中的各种控件。

（4）在"资源管理器"窗口中，单击"查看"菜单下的"图标"等一组命令，观察窗口中对象的不同显示方式。

（5）在"资源管理器"窗口中，单击"查看"|"排列图标"下的命令，观察窗口中对象的不同排列方式。

（6）打开控制菜单，单击"关闭"命令项，关闭该窗口。

3．分别打开一个模式和非模式对话框进行比较。

4．打开"我的电脑"、"写字板"和"我的文档"窗口，并进行以下操作。

（1）用多种方法实现活动窗口的切换操作。

（2）以不同方式排列已打开的窗口（层叠、横向平铺、纵向平铺）。

2.9.2 Windows XP 资源管理器的使用

【实验目的】

1．熟悉"资源管理器"窗口。

2．熟悉 Windows 文件系统的基本概念。

3．熟练掌握文件和文件夹的日常维护方法。

4．掌握回收站的作用及其基本操作。

【实验内容】

打开"资源管理器"，将扩展名设置为显示状态，并显示所有文件和文件夹，然后完成以下操作。

1．在"本地磁盘（C:）"下，以名称"李明"建立一个文件夹。

2．在新建的"李明"文件夹下分别建立两个子文件夹，名称分别为"课程"与"业余爱好"。

3．在"课程"文件夹中建立一个空白的文本文档"计算机.txt"和一个位图文件"英语.bmp"。

4．将文件夹"课程"下面的所有文件复制到"业余爱好"文件夹下。

5．将"课程"下的"计算机.txt"属性设为"隐藏"，"英语.bmp"属性设为只有"隐藏"。

6．将"课程"下的"英语.bmp"重命名为"english.bmp"，"计算机.txt"重命名为"computer. bmp"，"课程"重命名为"courses"。

7．删除"业余爱好"文件夹下的"计算机.txt"，然后还原。

8．将"业余爱好"文件夹下的"英语.txt"移动到"courses"文件夹下。

9．将"业余爱好"文件夹下的"计算机.txt"压缩为"计算机.rar"。

10．搜索 C 盘下所有以 a 开头的文件和文件夹。

2.9.3 系统环境的设置与系统维护

【实验目的】

1．掌握在控制面板中进行系统环境的设置。

2．掌握常用的几个应用程序。

3．掌握系统的基本维护。

【实验内容】

1．调整系统时间和现在时间一致。

2．将计算机鼠标设为右手习惯，并了解鼠标的其他设置。

3．打开"键盘　属性"，了解键盘属性的设置方法。

4．为计算机添加智能 ABC 输入法。

5．打开"添加或删除程序"，掌握添加和删除程序的方法。

6．添加打印机并将其设为默认的打印机。

7．添加一个用户名为"wd"，密码为"wd"的用户。

8．使用"磁盘清理程序"对 C 盘进行清理，并清除已经删除到"回收站"中的文件，然后进行碎片整理。

9．打开记事本和写字板程序进行比较。

10．打开计算器，进行进制转换练习。

11．打开画图程序，画一幅自己比较满意的图，并设为桌面背景。

12．打开 Windows 媒体播放器和录音机，熟悉其界面。

习　　题

一、填空题

1．Windows XP 是一个_____用户、_____任务的操作系统。

2．_____公司开发了 Windows XP 操作系统。

3．应用程序的名称一般出现在窗口的_____栏上。

4．在 Windows 中，呈浅灰色显示的菜单意味着_____。

5．在 Windows 操作系统中，只要运行某个应用程序或打开某个文档，就会对应出现一个矩形区域，这个区域称为_____。

6．在 Windows XP 中对话框分为_____和_____。

7．Windows XP 中，可以使用快捷键_____来实现中文输入法和英文输入法之间的切换。

8．_____位于 Windows 窗口最下方，主要用来显示应用程序的有关状态和操作提示。

9．快捷方式就是一个扩展名为_____的文件，它一般与一个应用程序或文档关联，通过它可以快速打开相关联的应用程序或文档。

10．在 Windows 中，用键盘关闭一个活动窗口，可使用组合键_____。

11．文件名由_____和_____两部分组成。

12．在 Windows 中，根据_____来建立应用程序与文件的关联。

13．在 Windows XP 的“资源管理器”中要设置文件扩展名的显示或隐藏，应在_____对话框中设置。

14．在 Windows XP 的“资源管理器”窗口右部，若已选定了所有文件，如果要取消其中几个文件的选定，应进行的操作是按住_____键，再用鼠标左键依次单击各个要取消选定的文件。

15．如果要选定当前文件夹中的所有内容，可以按快捷键_____。

16．在 Windows XP 中，为保护文件不被修改，可将它的属性设置为_____。

17．在 Windows XP 的“资源管理器”中选定了文件或文件夹后，若要将其复制到同一驱动器的文件夹中，其操作为按住_____键拖动到目标文件夹。

18．Windows XP 中，按_____键，可以将所选择的对象复制到剪贴板。

19．按下_____键拖动文件或文件夹到回收站，可以直接删除文件或文件夹而不送入回收站。

20．文字信息和图片信息的复制，以及文件的移动、复制和删除等操作，都可以借助_____进行。

21．Unicode 字符集是 Unicode 联盟开发的一种 16 位字符编码标准。在 Unicode 标准中，一个字符用_____字节表示。

22．Windows XP 中，拥有计算机操作全部权限的是_____组，只有备份和恢复文件或文件夹的权限的是_____组。

23．若在安装 Windows XP 时用户设定了用户名和密码，则在开机时，按_____键可打开登录到 Windows XP 对话框。

24．在 Windows XP 中，为了弹出"显示属性"对话框，应用鼠标右击桌面空白处，然后在弹出的快捷菜单中选择_____项。

25．在中文 Windows XP 中，为了添加某个中文输入法，应选择_____窗口中的"区域和语言选项"。

26．通过控制面板中的_____可以对多媒体设备进行一些相关设置。

27．添加新程序可以通过 Windows XP 提供的_____完成。

28．若打印机被设置为"默认打印机"，则打印机图标左上角有一个_____标志。

29．在"画图"程序中，要绘制正方形或圆形，需按住_____键的同时，使用相应的画图工具实现。

30．在"画图"程序窗口中的白色矩形区域，通常被称为_____。

二、判断题

1．对话框打开时，主程序窗口被禁止，这种对话框称为非模式对话框。

2．文件夹中可以存放文件，也可以再建文件夹甚至可以包含打印机等。

3．边框、帮助栏都属于窗口的部件。

4．Windows 的控件不包括帮助控件。

5．在资源管理器中，打开和展开操作的含义完全相同。

6．其实，Windows XP 的快捷方式就是一个特定的文件。

7．文件被设置成只读属性后将不能被删除。

8．在 Windows XP 中，某一个文件夹不能同时被多台计算机共享访问。

9．可以为文件建立快捷方式，但不能为文件夹建立快捷方式。

10．绿色软件和非绿色软件的安装和卸载完全相同。

11．任务栏上的音量控制图标无法取消显示。

12．使用 Windows XP 控制面板中的"声音和音频设备"功能，不可以为声音事件选择声音方案。

13．使用 Windows XP 操作系统中的控制面板不仅可以对计算机硬件进行设置，而且还可以增加程序、删除程序。

14．使用"记事本"程序，不可以创建 Web 页。

15．在"计算器"中，我们同样可以使用"复制"、"粘贴"功能来简化操作。

16．在"画图"程序中，背景色和前景色只能是颜料盒中的颜色。

17．Windows XP 的本地安全策略包括密码策略、IP 安全策略和账户锁定策略。

18．快速格式化将对盘介质做一致性检测，并且标记出不可读和坏的扇区。

19．虚拟内存管理程序对硬盘进行频繁读写不是导致磁盘碎片产生的主要原因。

20．"Windows Media Player"的外观不可改变，只能采用默认的外观形式。

第3章

Word 2003 的使用

MS-Office 办公系列软件是美国 Microsoft（微软）公司开发的，其版本已经过了多次升级。Office 2003 版本包括了文字处理软件 Word 2003、电子表格处理软件 Excel 2003、电子演示文稿软件 PowerPoint 2003、数据库管理软件 Access 2003、邮件管理软件 Outlook 2003 以及 2 个新的附加产品 Microsoft Office InfoPath 和 Microsoft Office OneNote，而 Microsoft Office FrontPage、Microsoft Office Publisher 也包含在不同的产品中。

本章主要介绍 Word 2003 应用程序的基本概念和使用 Word 编辑文档、排版、设置页面、编辑表格和图形等基本操作。

3.1 Word 2003 简介

3.1.1 Word 2003 的功能

Word 2003 是一款文字处理软件，是微软公司 Office 2003 的核心组件，具有强大的文字录入、编辑和排版功能，可以用来处理各种信件、传真、公文、报纸、书刊和简历等。

Word 2003 易学易用，主要功能有以下几项。

1. 强大的文字处理功能

Word 2003 可以在同一文档中支持多种文字、数字的输入，并且提供"即点即输"功能。除了常见的选定、移动、复制、删除、查找与替换等传统功能外，中文 Word 2003 还提供了自动更正及自动图文集功能。前者用于及时更正常见的输入、拼写及语法错误（主要针对英文）；后者则允许在自动图文集里定义、存储经常用到的文本或图形，并在需要的时候将它们插入到文档中。Word 2003 提供了更加完善的桌面排版中"所见即所得"的功能。

2. 机动的图文混排功能

Word 2003 能轻而易举地将多种格式的图形插入到文档中，并且可以随心所欲地进行剪切和修改。Word 的绘图、艺术字、文本框和图形功能，可以方便地用于润色文字和图形，使之具有三维、阴影、纹理或颜色填充等各种装饰效果。通过文字与图形的混合编排，可以制作出赏心悦目的高级文档来。

3. 灵活的表格制作功能

Word 2003 可以方便地制作表格，对表格进行各种修饰，并可以将表格插入到文档中的任何位置，实现与文字的环绕效果。用户可以容易地选中表格，方便地在页面上移动和调整表格的大小。还可以进行表格与文字的相互转换。

4．共享的"剪贴板"功能

Office 2003 的剪贴板中最多可以存放 24 项剪贴的临时内容，这些剪贴的内容可以在 Office 2003 的所有程序中共享。Word 2003 还增加了选择性粘贴功能。

5．方便的撤销和恢复功能

如果在操作过程中出现误操作或不满意的操作结果，可以利用撤销功能撤销前一步或前几步的操作，也可以用恢复功能恢复已撤销的操作。

6．版面编排设计功能

在中文 Word 2003 中，格式编排涉及字符、段落及页面格式设置。也就是说，用户可以根据需要灵活地对文档中的字符、段落或页面进行单独设置，包括分栏、分节、页码、页眉和页脚的设置等，以活跃整个版面。

除此之外，Word 2003 还有电子邮件编辑功能、预定的模板格式、超级链接功能以及 Web 工具等多种功能。

3.1.2　Word 的启动和退出

1．启动 Word

启动 Word 的常用方法有以下 3 种。

方法 1：使用"开始"|"程序"|"Microsoft Office"|"Microsoft Office Word 2003"命令。

方法 2：通过双击桌面快捷方式启动 Word 2003。

方法 3：在文件夹窗口中双击 Word 文档启动 Word 2003。

2．退出 Word

退出 Word 的方法有以下 4 种。

方法一：单击"文件"菜单，选择"退出"命令。

方法二：单击标题栏右端 Word 窗口的关闭按钮 ❌ 。

方法三：双击标题栏左端 Word 窗口的控制菜单图标 ▣ 。

方法四：按快捷键【Alt+F4】。

在执行退出 Word 的操作时，如果文档输入或修改后尚未保存，Word 将会打开一个对话框，询问是否要保存此文档。这时若单击"是"按钮，则保存当前输入或修改的文档；若单击"否"按钮，则放弃当前所输入或修改的内容，退出 Word。

3.1.3　Word 文档窗口的组成

启动 Word 应用程序后，打开图 3-1 所示的 Word 文档窗口。窗口主要由标题栏、菜单栏、常用工具栏、格式工具栏以及正文编辑区、滚动条和状态栏等组成。

1．标题栏

标题栏位于 Word 文档窗口的最上方，如图 3-1 所示。标题栏中包含以下内容。

- 控制菜单图标 ▣：单击该图标将打开窗口控制菜单，可以完成对 Word 窗口的最大化、最小化、还原、移动、大小和关闭等操作。

- 窗口标题：紧接着控制菜单图标右边显示的应用程序或文档名称，就是窗口标题。

- 最小化、最大化（或还原）和关闭按钮（见 Windows 基本操作）。

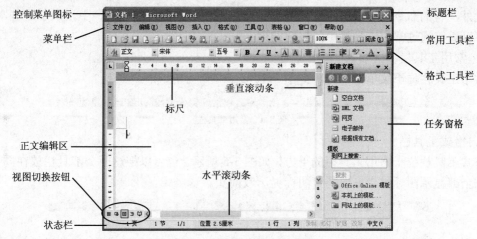

图 3-1　Word 文档窗口组成图

2．菜单栏

菜单栏位于标题栏下方，是命令菜单的集合，用以显示、调用命令。所有命令可分为 9 大类，如图 3-2 所示。

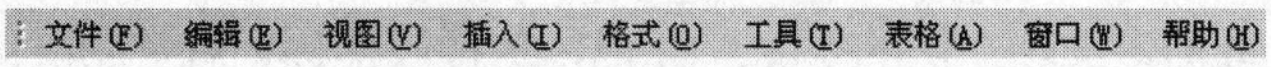

文件(F)　编辑(E)　视图(V)　插入(I)　格式(O)　工具(T)　表格(A)　窗口(W)　帮助(H)

图 3-2　菜单栏

每个菜单项包含由若干个命令组成的下拉菜单。这些下拉菜单包含了 Word 的各种功能。下拉菜单中的命令按其功能分成命令组，用分隔线分隔。

调用命令的方法有三种：鼠标、键盘和快捷键。

（1）用鼠标方式调用命令

① 选择菜单中的命令，如选择"编辑"菜单项，打开下拉菜单，如图 3-3（a）所示。

② 如果菜单中没有所需的命令，将鼠标放置于下拉菜单最下面的打开完整菜单按钮 ⭣ 上，展开的完整菜单如图 3-3（b）所示。

③ 选择菜单上所需的命令。

（2）用键盘调用命令

① 按住【Alt】键激活菜单栏。

② 按菜单名后带下划线的字母（或用【←】和【→】方向键选择菜单，然后按【↓】键）所对应的字符键，打开下拉菜单。如要打开"文件"菜单，则按【F】键。

③ 输入所需菜单项后面带下划线的字母，如需选

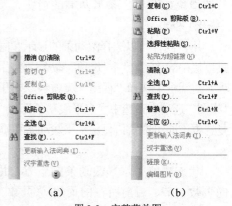

（a）　　　　　　（b）

图 3-3　完整菜单图

择"打开"命令则按【O】键（或用【↑】和【↓】方向键选择对应菜单项，然后按回车键）。

（3）用快捷键调用命令

快捷键是由【Ctrl】键加一个英文字母键组成的，用户可以从菜单中查到某个菜单项的快捷键。如果该菜单项有快捷键，它就会显示在菜单项之后，如 保存(S)　　　Ctrl+S 。直接按快捷键可以迅速执行相应的命令，如直接按快捷键【Ctrl+S】即可保存文档。

此外，有的命令前有一个形象化的图标，这些图标也出现在工具栏中，表示这些常用的命令可以直接通过常用工具栏中的按钮调用。

3．常用工具栏

常用工具栏位于菜单栏下方，如图 3-4 所示。

图 3-4　常用工具栏

4．格式工具栏

格式工具栏位于常用工具栏的下方，如图 3-5 所示。也可以把这两个工具栏放在同一行，当无法全部显示图标时会出现隐藏图标提示双箭头。

图 3-5　格式工具栏

5．正文编辑区

如图 3-1 所示，打开的文档窗口的空白区域就是正文编辑区。我们看到，在正文编辑区的左上角有一个不停闪烁的光标，称为插入点，其作用是指示用户可以在此输入字符等。

页面中的 4 个灰色折线表示正文的上、下、左、右边界，正文只能在边界范围内录入。

插入点后的折线箭头是段落标记。如果要隐藏段落标记，可以选择菜单栏中的"视图"|"显示段落标记"命令，取消该选项左侧的"√"标记，这样段落标记就被隐藏；反之则显示。

在页面视图中，编辑区中可能会出现灰色的网格线，这些网格线是帮助用户编辑的，在打印文档时不会被打印出来。单击菜单栏中的"视图"菜单项，再单击"网格线"命令，消除该选项左侧的"√"标记，这样网格线就可以被隐藏。

6．滚动条

滚动条是分别位于文档编辑区右侧和下方的可移动的条形按钮，用来查看文档的内容，有垂直滚动条和水平滚动条。用鼠标指针拖动滚动条的滑块或者单击条形两端的箭头，就可以在窗口中滚动文档。

用户同样可以选择滚动条的显示和隐藏状态：单击菜单栏中的"工具"|"选项"命令，然后在打开的"选项"对话框中选择"视图"选项卡，打开图 3-6 所示的"视图"选项卡，选中"水平滚动条"和"垂直滚动条"复选框，即可在窗口显示水平滚动条和垂直滚动条。

7．状态栏

状态栏位于水平滚动条的下方，用于显示文档的页数、节、目前所在的页数/总页数、光标所在的行数及列数等信息。状态区的右侧有 4 个按钮，分别为"录制"、"修订"、"扩展"、"改写"，在打开

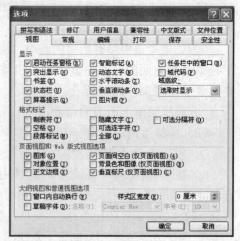

图 3-6　"视图"选项卡

Word 时它们都是灰色的不可操作状态。每一个按钮代表一种工作方式，双击某一按钮就可以激活它并进入该种操作方式，再次双击可以退出这种方式，如图 3-7 所示。这几个按钮用得最多的是"改写"按钮。当"改写"按钮处于灰色状态时，表示编辑区为插入状态，即在文档已有的文字的任意点插入光标，输入的字符不覆盖已有的字符；而当"改写"按钮处于黑

色时，表示编辑区为改写状态，即在一行已有的文字中插入光标，输入的字符自动覆盖光标后面的字符。键盘上的【Insert】键也可用于切换改写状态。

83 页　　1 节　　5/53　　位置 11.9厘米　　　6 行　27 列　录制 修订 扩展 改写 中文(中国)　　

图 3-7　状态栏

在"改写"栏的右侧是语言栏，说明当前文字所使用的是何种语言（如中文、英文等）。

8．视图切换按钮

在水平滚动条的左侧有 5 个视图方式切换按钮 ≡ ⬚ ▣ ⬚ ⬚，从左到右依次是"普通视图"、"Web 版式视图"、"页面视图"、"大纲视图"和"阅读版式视图"，选择它们可以改变文档的视图方式。这 5 个按钮分别对应于菜单栏中"视图"菜单相应的命令。

（1）普通视图

普通视图适用于文字处理工作，如输入、格式的编排和插入图片等。在普通视图下插入页眉、页脚、分栏显示、首字下沉以及绘制图形的结果不能真正显示出来。在这种视图方式下工作占用计算机资源少，反应速度快，可以提高工作效率。

（2）Web 版式视图

Web 版式视图中正文显示得较大，并且不管文字显示比例为多少，永远自动折行以适应窗口，而不显示为实际打印的形式。Web 版式形式适合制作个人网页或演讲文稿等。

（3）页面视图

页面视图是 Word 默认的视图方式。页面视图主要用于版面设计，除可以输入、编辑和排版文档，还可以处理页边距、文本框、分栏、页眉和页脚、图形等。页面视图显示的文档的每一页面都与打印所得的页面相同，即"所见即所得"。但页面视图方式占用计算机资源较多，使计算机处理速度变得较慢。图 3-1 所示的就是"页面视图"形式。

（4）大纲视图

大纲视图用于编辑文档的大纲，以便能审阅和修改文档的结构。在大纲视图中，可以折叠文档以便只查看某一级的标题或子标题，也可展开文档查看整个文档的内容。在大纲视图下，使用"大纲"工具栏可以方便地折叠或展开文档，对大纲标题进行上移或下移、升级或降级等调整操作。通过"大纲"工具栏可以全面、容易地查看和调整文档的结构。

（5）阅读版式视图

阅读版式视图是 Word 2003 新增加的视图方式，可以使用该视图对文档进行阅读。该视图把整篇文档分屏显示，文档中的文本为了适应屏幕自动折行。在该视图中没有页的概念，不显示页眉和页脚，在屏幕的顶部显示了文档的当前屏数和总屏数。

另外，在"视图"菜单中，Word 2003 还提供了"文档结构图"和"缩略图"命令，这两个命令将会使窗口分成左、右两栏，左栏显示文档的大纲结构或文档的缩略图，右栏显示文档的内容。在阅读或修改文档时，只要在左栏中用鼠标左键单击要阅读的章节，右边的正文栏将马上定位到所指定章节处，非常方便。

3.2　Word 的基本操作

本节主要介绍如何使用 Word 创建一个新的文档或打开已存在的文档；如何移动插入点

和输入文本、保存文档等最常用的操作；如何选定文本的一部分并对其进行删除、复制、移动、查找与替换等基本编辑技术。这些内容是 Word 中最基本、最常用的操作，希望读者能通过反复实践，熟练掌握其方法。

3.2.1 创建新文档

创建一个新文档，最直接的方法是建立一个空白文档。它如同一张白纸，用户可以根据自己的需要填写内容，创建好的 Word 文档以 ".doc" 为文件扩展名。

常见创建空白文档的方法有以下几种。

方法 1：启动应用程序 Word 2003 时创建 Word 文档。

方法 2：用 "文件" | "新建" 菜单创建 Word 文档。

方法 3：利用快捷键【Ctrl+N】或常用工具栏中 "新建空白文档" 按钮 创建 Word 文档。

【任务实例 1】 创建一个名为 "春" 的新文档，保存在桌面上。内容如图 3-8 所示。

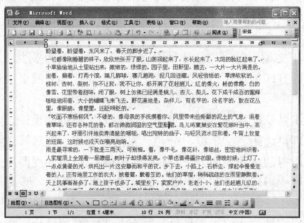

图 3-8 文档 "春"

利用上述方法创建文档时，系统默认的名字为 "文档 1"，如果继续创建文档，系统会默认为 "文档2"、"文档3" 等。这些文档名只是临时的，用户在保存文档时可以重新给文档起名。

说明： 用 "文件" 菜单新建文档时，会出现 "新建文档" 任务窗格，单击 "本机上的模板" 命令可打开 "模板" 对话框，选项卡中分类提供了很多的模板文件，如常用、报告、出版物、信函和传真等。用户要建立某些具有特殊格式或规格的文档时，例如传真、信函、报告、简历等，通过模板来创建会更快捷、更方便。所谓模板，是指具有一定格式的空文档，新建这些文档时，Word 已经为用户写好格式，用户只要填写自己的内容就行了。

3.2.2 打开 Word 文档

当用户要查看、修改、编辑或打印已经建立的 Word 文档时，首先应该打开它。文档的类型可以是 Word 文档，也可以利用 Word 兼容处理经过转换的非 Word 文档（如网页 文件、纯文本文件等）。

1. 打开已有的 Word 文档

【任务实例 2】 打开桌面上的名为 "春" 的 Word 文档。

方法 1：在桌面上双击文件名为 "春" 的 Word 文件图标，可以将其打开。

方法 2：从 Word 中打开。

①　选择菜单栏上的"文件"|"打开"命令，或单击常用工具栏上的"打开"按钮，或直接按【Ctrl+O】快捷键打开图 3-9 所示的"打开"对话框。

②　单击"查找范围"后的下三角按钮，打开路径下拉列表框。

③　选择文件所在的路径，比如"春"在桌面上，单击选择"桌面"。

④　选择 Word 文档"春"，单击"打开"按钮将它打开。

图 3-9　"打开"对话框

2．打开最近使用过的文档

打开最近使用过的文档有两种方法。

方法 1：在"文件"菜单底部的最近使用过的文档列表中单击所需打开的文档名。

方法 2：输入"文件"菜单底部文档名前面的数字也可以打开此文档。

默认情况下，"文件"菜单中保留 4 个最近使用过的文档名，用户可以设置保留文档名的个数，其方法是：选择"工具"|"选项"命令；在"常规"选项卡中选中"列出最近所用文件"选项并指定具体文件数（最多可达 9 个）；单击"确定"按钮。

3.2.3　文档的输入

1．标点符号与特殊符号的输入

在输入标点符号时，除了键盘上有的标点和符号之外，有时候要用到很多其他符号，例如一些数字符号、数学公式等特殊符号。

插入特殊符号时常用的有以下三种方法。

方法 1：利用"插入"菜单中的"符号"命令插入符号。

①　把光标定位在要输入符号的位置。

②　选择"插入"菜单中的"符号"命令，打开"符号"对话框，如图 3-10 所示。

图 3-10　"符号"对话框

③　在"符号"对话框的符号列表中选中要输入的符号。

④　单击"插入"按钮或双击该符号，符号便插入到文档中。

方法 2：利用"插入"菜单中的"特殊符号"命令插入符号。

①　把光标定位在要输入符号的位置。

② 选择"插入"菜单中的"特殊符号"命令，系统打开"插入特殊符号"对话框，如图 3-11 所示。

③ 在对话框的符号列表中选中要输入的符号。

④ 单击"确定"按钮，相应的单个符号或成对符号就会插入到文档中。

方法 3：利用软键盘调出特殊符号。

通过"微软拼音"或"搜狗拼音"等输入法中的软键盘可以插入特殊符号。

① 先把光标定位在要输入符号的位置。

② 右击"搜狗拼音输入法"状态条上的软键盘图标，系统打开图 3-12 所示的符号菜单。

③ 单击某一种符号名称，就会打开相应的符号列表框，图 3-13 所示为单击"特殊符号"命令后打开的特殊符号软键盘。

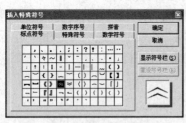
图 3-11　"插入特殊符号"对话框

图 3-12　符号菜单

图 3-13　特殊符号软键盘

④ 用鼠标直接单击要输入的符号，或者按相应的字母按键，该符号便被插入到文档的插入点。

⑤ 再次单击软键盘图标，软键盘关闭。

2．插入日期和时间

在 Word 文档中，可以直接键入日期和时间，也可以使用"插入"|"日期和时间"命令来插入日期和时间。具体步骤如下。

① 把光标定位在要输入日期和时间的位置。

② 选择"插入"|"日期和时间"命令，打开"日期和时间"对话框。

③ 在"可用格式"列表框中选择所需的格式。如果选择"自动更新"复选框，则所插入的日期和时间会自动更新，否则保持原插入值。

④ 单击"确定"按钮，即可在指定位置插入当前的日期和时间。

3．插入另一个文档

利用 Word 的插入文件功能，可以将几个文档连接成一个文档。具体步骤如下。

① 先把光标定位在要插入另一个文档的位置。

② 选择"插入"|"文件"命令，打开"插入文件"对话框（除标题外，其余与"打开"对话框相同）。

③ 选择要插入文档的文件夹和文档名。

④ 单击"插入"按钮，就可在指定位置插入所需的文档。

3.2.4　保存 Word 文档

保存文档非常重要，在文档的输入和编辑过程中要随时保存当前的活动文档，以免意外丢失资料。保存文档有以下几种方法。

1．保存新建文档

Word 在建立新文档时默认了"文档 1"、"文档 2"等临时文档名，在保存时，一般是以"doc1"、"doc2"等为文件名或以文档中起始的几个字符作为文件名保存为"Word 文档"类型。但很多情况下，用户要在保存文档的同时给文档起一个易记的名字。

【任务实例 3】　新建一个空白文档，以"校园通讯"为文件名保存在 E 盘上。

① 选择"文件"|"保存"命令，或单击常用工具栏中的 ![按钮图标] 按钮，出现"另存为"对话框，如图 3-14 所示。

② 单击"保存位置"后的下三角按钮，出现下拉列表框。

③ 单击 E 盘盘符，E 盘中所有的文件夹和文件就都显示在文件列表框中。

④ 在"文件名"栏中输入"校园通讯"，单击"保存"按钮，文档保存完毕。

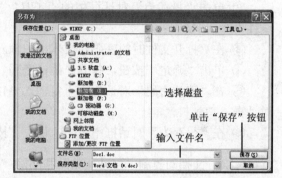

图 3-14　"另存为"对话框

保存文档后，如果需要继续对文档进行操作并保存，只要单击常用工具栏的"保存"按钮就可以把文档保存在原来文档的位置。

2．"另存为"方式保存文档

如果文档已经命名，想再保存一份，则应选择"文件"菜单的"另存为"命令。

【任务实例 4】　将打开的 Word 文档"春"，以"朱自清散文"为名保存在 E 盘下。

① 选择菜单栏的"文件"|"另存为"命令。

② 单击选择"（E：）"盘符，该磁盘驱动器中所有的文件夹和文件就都显示在文件列表框中。如果要把文档保存在磁盘上的某一个文件夹中，可以双击打开该文件夹。

③ 在"文件名"文本框中将"春"改为"朱自清散文"，单击"保存"按钮，文档便以"朱自清散文"为名被保存在 E 盘中了，而原来的文档"春"仍然存在。

3．保存多个文档

如果想要一次保存多个已编辑修改的文档，最简便的方法是：按住【Shift】键的同时单击"文件"菜单，这时菜单中的"保存"命令已改变为"全部保存"命令；单击"全部保存"命令就可以实现一次保存多个文档的操作。

4．自动存盘功能

另外，Office 2003 提供自动存盘功能，默认的自动存盘时间间隔为 5min，用户可以对其进行重新设定。

【任务实例 5】　设置自动存盘时间，时间间隔为 10min。

① 选择"工具"|"选项"命令，打开"选项"对话框。

② 选择"选项"对话框中的"保存"选项卡。

③ 选中"自动保存时间间隔"复选框，输入"10"min。

④ 单击"确定"按钮。

3.2.5 文档的保护

如果所编辑的文档是一份机密的文件，不希望无关人员查看此文档，则可以给文档设置"打开文件时的密码"，使别人在不知道密码的情况下无法打开此文档；另外，如果所编辑的文档允许别人查看，但禁止修改，那么可以给这种文档加一个"修改文件时的密码"，一个密码的最大长度是 15 个字符。密码可以是字母、数字和符号，英文字母区分大小写。

【任务实例 6】 设置 Word 文档"春"的打开文档密码"12345"。

① 打开 Word 文档"春"，选择"文件"|"另存为"命令，打开"另存为"对话框。

② 单击"另存为"对话框中的"工具"按钮，选择"安全措施选项"命令，打开"安全性"对话框。

③ 在"打开文件时的密码"文本框中输入"12345"。

④ 单击"确定"按钮，打开"确认密码"对话框。

⑤ 在"确认密码"对话框中重复输入"12345"，并单击"确定"按钮，回到"另存为"对话框。

⑥ 在"另存为"对话框中单击"保存"按钮。

3.2.6 文档的复制、移动、粘贴和删除

在文档的编辑过程中，熟练地运用复制、移动、粘贴和删除功能，可以节省大量的时间。可以对文本、表格、图形等各种对象进行复制、移动、粘贴和删除操作，方法都是一样的，无论对哪种对象进行复制、移动和删除操作，都要先选中该对象。下面我们以文字为例具体介绍。

1．文本的选定

方法 1：用鼠标选定文本。

① 选定任意大小的文本区：按住鼠标左键从文本起始位置拖动到终止位置，鼠标拖过的文本即被选中，呈反显状态。

② 大块文本的选定：先用鼠标在起始位置单击一下，然后按住【Shift】键的同时，单击文本的终止位置，起始位置与终止位置之间的文本就被选中。此方法适合选择大范围文本。

③ 选定一行：鼠标移至页左选定栏，鼠标指针变成向右的箭头，单击可以选定一行。

④ 选定一句：按住【Ctrl】键，再单击句中的任意位置。

⑤ 选定一段：鼠标移至页左选定栏，鼠标指针变成向右的箭头，双击可选定一段，或者在段落内的任意位置快速三击也可以选定所在的段落。

⑥ 选定矩形区域文本：按住【Alt】键的同时，用鼠标从所选矩形区域的一角拖动到矩形区域的对角，则可选定一块矩形区域。

⑦ 选定整个文档：按住【Ctrl】键，鼠标移至页左选定栏，这时鼠标指针变成向右的箭头，然后单击；或者将鼠标移至页左选定栏，快速三击；也可以单击"编辑"菜单中的"全选"命令；还可以直接按快捷键【Ctrl+A】选定整篇文档。

方法 2：使用键盘选定文本。

① 【Shift+←（→）方向键】：向左（右）扩展选定一个字符。

② 【Shift+↑（↓）方向键】：向上（下）一行扩展选定。

③ 【Ctrl+Shift+Home】：从当前位置扩展选定到文档开头。

④ 【Ctrl+Shift+End】：从当前位置扩展选定到文档结尾。

⑤ 【Ctrl+A】或【Ctrl+5】（小键盘区上的数字 5）：选定整篇文档。

2．复制与粘贴

文本的复制就是把要复制的文本拷贝一份放到别的地方，而原版还保留在原来的位置。复制有以下几种方法。

方法 1：通过剪贴板操作的方法。

① 选中要复制的文本。

② 单击工具栏上的复制按钮 ，或选择“编辑”菜单中的“复制”命令，或按【Ctrl+C】组合键。

③ 将光标移动到插入点。

④ 单击工具栏上的粘贴按钮 ，或选择“编辑”菜单中的“粘贴”命令，或按【Ctrl+V】组合键。

方法 2：用键盘及鼠标拖动操作的方法。

① 选中要复制的文本。

② 按住【Ctrl】健，用鼠标将选中的文本拖动到插入点。

方法 3：通过鼠标拖动操作的方法。

图 3-15　“复制”菜单

① 选中要复制的文本。

② 按住鼠标右键拖动到插入点的位置。

③ 在打开的快捷菜单中选择“复制到此位置”命令，如图 3-15 所示。

3．移动与粘贴

移动就是把文本从一个位置移动到另外一个位置，而原来的位置已不存在该文本。移动文本的方法与复制文本的方法类似，读者自行练习即可掌握。

4．删除

在文本的编辑过程中，如果要删除单个文字，可以直接按退格键【BackSpace】删除光标左边的字符，或按【Delete】键删除光标右边的字符。

要删除大段文字，首先选中文字，然后用以下方法。

方法 1：单击工具栏上的剪切按钮 或从快捷菜单中选择“剪切”命令或按下【Ctrl+X】组合键。

方法 2：选择菜单栏“编辑”|“清除”|“内容”命令。

方法 3：用键盘的退格键【BackSpace】或按【Delete】键。

说明：“清除内容”命令和“剪切”命令是有区别的，“清除内容”是将文本完全删除，而“剪切”是将文本暂时移入剪贴板。

5．Word 2003 剪贴板的多次剪贴功能

我们知道，当执行了复制、剪切操作以后，被复制和剪切的对象暂时存放在剪贴板里面，图 3-16 所示的即为“剪贴板”任务窗格。Word 2003 剪贴板最多可以存放 24 个剪贴对象，这些剪贴对象可以被全部粘贴，也可以被单个粘贴，用鼠标单击剪贴板任务窗格中的项目，该项内容就会被粘贴到当前插入点。

图 3-16　剪贴板

剪贴板的内容可以多次重复使用，还可以供 Office 2003 的其他程序共享。

打开和关闭"剪贴板"任务窗格的操作方法如下。

① 选择菜单栏中的"编辑"|"Office 剪贴板"命令，即可打开"剪贴板"任务窗格，如图 3-16 所示。

② 单击任务窗格右上角的关闭按钮，即可关闭"剪贴板"任务窗格。

3.2.7 文档的查找和替换

查找和替换在文档的输入和编辑中非常有用，特别是对于长文档。比如在一篇几万字的文稿中查找某几个字或某个格式，用查找功能即刻就能找到；如果用来替换某些同一类型的文字或格式，更是省时省力。查找和替换的另一个使用技巧是可以对出现频率很高的同一词汇简化输入，下面介绍怎样进行查找和替换。

1．查找

【任务实例 7】 查找 Word 文档"春"中所有的"春天"。

① 选择菜单栏中的"编辑"|"查找"命令，打开图 3-17 所示的"查找和替换"对话框。

② 在"查找内容"文本框内输入"春天"。

③ 单击"查找下一处"按钮，系统便找到要查找的内容并以高亮状态显示出来。

④ 再次单击"查找下一处"按钮，继续查找下一处。

图 3-17 "查找和替换"对话框

说明：

① 按【Esc】键可取消正在进行的查找。

② 单击"高级"按钮，出现图 3-18 所示的高级查找对话框。

在高级查找中可以设置查找区域，对不确定的查找对象可以设置通配符以及查找格式等。

2．查找和替换

【任务实例 8】 查找 Word 文档"春"中所有的"春天"，替换成"spring"。

① 选择菜单栏中"编辑"|"替换"命令，打开图 3-19 所示的"查找和替换"对话框。

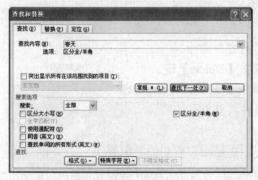

图 3-18 高级查找对话框

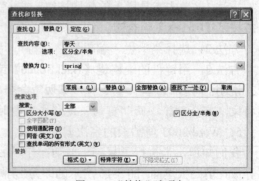

图 3-19 "替换"选项卡

② 在"查找内容"文本框内输入被替换的文字"春天"。

③ 在"替换为"文本框内输入替换的文字"spring"。

④ 单击"替换"或者"全部替换"按钮。

说明：单击"替换"按钮可逐个替换找到的内容；单击"全部替换"按钮可替换整篇文档的内容。

3．查找和删除

查找并删除文字操作如下。

① 选择"编辑"|"替换"命令。

② 如果看不到"格式"按钮，请单击"高级"按钮。

③ 在"查找内容"文本框中，执行下列操作之一：

● 如果要搜索带有特定格式的文字，输入文字，再单击"格式"按钮，然后选择所需格式。

● 如果要搜索特定的格式，不需输入查找内容，单击"格式"按钮，然后选择所需格式。

④ 在"替换为"文本框中不输入文字，即"替换为"设置框中内容为空。

⑤ 单击"查找下一处"、"替换"或者"全部替换"按钮，则可实现批量删除文字。

说明：通过"特殊字符"命令按钮的使用，可查找和替换如"段落标记"、"手动换行符"、"手动分页符"等特殊字符。

3.2.8　文档的撤销与恢复

撤销、恢复和重复功能在文档的编辑中经常用到。下面我们具体介绍。

1．撤销

撤销就是取消刚刚执行的一项操作。Word 2003 可以记录许多具体操作的过程，当发生误操作时，可以对其进行撤销。有 3 种撤销的方法。

方法一：单击常用工具栏中的撤销按钮 　。

方法二：单击菜单栏中"编辑"菜单下的"撤销"命令。

方法三：按【Ctrl+Z】组合键也能撤销刚刚执行的操作。

2．恢复

恢复是针对撤销而言的，大部分刚刚撤销的操作都可以恢复。如果反悔了上一步的撤销操作，也可以恢复到撤销以前的状态。恢复的方法如下。

方法一：单击工具栏中 　（恢复）按钮（恢复和撤销是相辅相成的，如果没有执行撤销操作，恢复按钮是灰色的不可操作状态；一旦上一步执行了撤销操作，恢复按钮就变成了深色的可操作状态）。

方法二：单击 　旁边的向下三角按钮，将打开"操作恢复"选项框。从中选择希望恢复的撤销操作即可。

3.3　文档格式化处理

文档经过编辑、修改成为一篇正确、通顺的文章，但要成为一篇图文并茂、赏心悦目的文章，还需要对文章进行格式化处理。操作原则是：先选中，后操作。

3.3.1 字符格式的设置

1．选择字体

先选中已录入的文字，单击格式工具栏"字体"右侧的下三角按钮，如图 3-20 所示。拖
动滚动条滑块或单击滚动条两端的箭头按钮，可以显示更多字体，选中所喜欢的字体，就可以将所选文字设置为相应字体了。

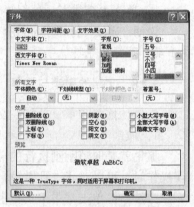

选择字体的另外一种方法如下。

① 先选中已录入的文字，选择菜单栏中的"格式"命令，在打开的下拉菜单里选择"字体"命令，打开图 3-21 所示的"字体"对话框。

② 在"字体"选项卡的"中文字体"下拉列表框中，选择需要的字体，则该字体应用样式就显示在"预览"窗口中。

图 3-20 "字体"下拉列表框

③ 单击"确定"按钮确认字体设置。

说明：字体列表中各选项前的图标 **T** 表示 TrueType 字体。

2．选择字号

设置字号有以下两种方法。

方法 1：先选中文字，单击格式工具栏中"字号"下拉
列表框右侧的下三角按钮，打开字号下拉列表，选择需要的
字号选项即可。

方法 2：先选中文字，选择菜单栏里的"格式"|"字体"
命令，在对话框的"字号"栏中选择合适的字号。

说明：Word 中同时使用"号"和"磅"作为字号的单位。
1 磅=1/72 英寸，1 英寸=25.4 毫米，换算后得 1 磅≈0.353 毫米。

3．选择字形

字形指文档中文字的格式，主要包括常规、加粗、倾斜和

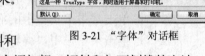

图 3-21 "字体"对话框

加下划线等。Word 2003 默认的字形是常规字形。下面分别介绍加粗、倾斜和加下划线的方法。

（1）加粗格式

选中要加粗的文字，单击工具栏中的加粗 **B** 按钮。

如果要取消加粗格式，可以选中已加粗的文字，单击工具栏加粗按钮，选定的文本便恢
复了原来的字形。

也可以通过单击菜单栏中"格式"|"字体"菜单项，在"字体"对话框"字形"中选择
"加粗"选项，来对指定的文字设置加粗格式。

（2）倾斜格式和下划线格式

倾斜格式是把所选中的文本倾斜一定的角度，下划线格式是给所选文本增加下划线，另
外还可以设置下划线的颜色。设置倾斜格式和下划线格式的操作步骤同设置加粗格式类似，
读者自行练习即可掌握。

另外，这 3 种操作都有如下相应的快捷键。

- 设置加粗：选中要加粗的文字，按【Ctrl+B】快捷键。
- 设置倾斜：选中要设置倾斜的文字，按【Ctrl+I】快捷键。
- 设置下划线：选中要设置下划线的文字，按【Ctrl+U】快捷键。

4．改变字体颜色

先选中文字，单击格式工具栏字体颜色  图标右边的下三角按钮，打开"字体颜色"选项列表，如图 3-22 所示。单击需要的颜色。用菜单"格式"|"字体"命令也可实现字体颜色设置。

图 3-22　"字体颜色"
选项列表

【任务实例 9】 将 Word 文档"春"中的第一段的字体设置为蓝色、楷体_GB2312、18 磅、加粗、倾斜。

①　选中 Word 文档"春"中的第一段。

②　选择"格式"|"字体"命令，打开"字体"对话框，选择"字体"选项卡。

③　在"中文字体"下拉列表框中选择"楷体_GB2312"选项，在"字形"下拉列表框中选择"加粗 倾斜"，在"字号"下拉列表框中选择"18"，在"字体颜色"下拉列表框中选择"蓝色"。

④　单击"确定"按钮确认字体设置。

5．设置字符间距

在"字体"对话框中选择"字符间距"选项卡可以调整字符间距，我们可以边调整边"预览"窗口字符间距的变化情况，当调整合适时单击"确定"按钮。

6．给文本添加边框和底纹

常用的方法是单击"格式"|"边框和底纹"命令。

【任务实例 10】 将 Word 文档"春"中的第四段文字加上 0.75 磅的红色双线阴影边框。

①　选定文中第四段。

②　选择"格式"|"边框和底纹"命令，打开"边框和底纹"对话框。

③　单击"边框"选项卡，在"设置"选项中选择"阴影"；在"线型"列表中选择"双线"命令；在"颜色"列表中选择"红色"；在"宽度"列表中选择"0.75 磅"。

④　在"应用于"下拉列表框中选择"文字"。

⑤　在预览框中查看结果，确认后单击"确定"按钮。

如要对所选文本添加底纹，则选择"边框和底纹"对话框中的"底纹"选项卡，选择合适的"填充"颜色、"图案样式"、"应用范围"即可，具体可参照本例。

7．格式的复制和清除

对一部分文字设置的格式可以复制到另一部分文字中，使其具有同样的格式。对设置好的格式如果觉得不满意，也可以清除它。

格式复制的具体操作步骤如下。

①　选定已设置格式的文本。

②　单击常用工具栏中的"格式刷"按钮，此时鼠标指针变为刷子形。

③　将鼠标指针移到要复制格式的文本开始处。

④　拖动鼠标，直到要复制格式的文本的结束处，释放鼠标即可。

说明：上述方法格式刷只能用一次，如要多次使用，应双击常用工具栏中的"格式刷"，此时格式刷就可使用多次。如要取消"格式刷"功能，只要再单击一次常用工具栏中的"格式刷"即可。

格式的清除方法如下。

①　逆向使用格式刷。

②　选定要清除的文本，按【Ctrl+Shift+Z】组合键。

8．首字下沉

为了使文档更美观、更引人注目，常常要设置"首字下沉"。这种格式在报刊中经常见到。首字下沉就是使第一段开头的第一个字放大，放大的程度可以自行设定，可以占据两行或者三行的位置，其他字符围绕在它的右下方。

【**任务实例 11**】 将 Word 文档"春"中的第一段文字设置为首字下沉 3 行、黑体。

① 在文档第一段任意位置单击，即将插入点移动到第一段中。

② 选择"格式"|"首字下沉"命令，打开图 3-23 所示的"首字下沉"对话框。

图 3-23　"首字下沉"对话框

③ 在"位置"区域中，选择"下沉"。

④ 在"字体"下拉列表框中选择"黑体"。

⑤ 在"下沉行数"设置框中设定为"3"行；在"距正文"框中设定为"0 厘米"。

⑥ 单击"确定"按钮，完成"首字下沉"设置。

3.3.2　段落格式的设置

1．段落缩进

段落缩进是指文本与页面边界之间的距离，设置段落缩进可以显示出条理更加清晰的段落层次，方便用户阅读。段落缩进分为首行缩进、悬挂缩进、左缩进和右缩进四种。

● 首行缩进：首行缩进是指段落的第一行缩进，其他行不动。中文的段落习惯是段前空两格，可以用"首行缩进"来实现这种排版要求。图 3-26 所示即为首行缩进的效果。

设置首行缩进有以下两种方法。

方法 1：选择菜单栏中的"格式"|"段落"命令，打开"段落"对话框，如图 3-24 所示。在"缩进和间距"选项卡的"特殊格式"框中选择"首行缩进"选项。

方法 2：通过鼠标拖动标尺上的首行缩进标记来设置，如图 3-25 所示。

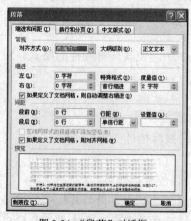

图 3-24　"段落"对话框

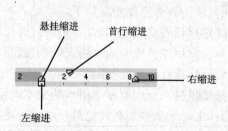

图 3-25　标尺

● 悬挂缩进：悬挂缩进是指段落中除第一行外其他行缩进，主要适合文本第一行开头是数字序号或符号格式的缩进。图 3-27 所示即为悬挂缩进的效果。

● 左（右）缩进：左（右）缩进是指整个段落中的所有行从页面边距向中间靠拢的缩进。设置左缩进有以下三种方法。

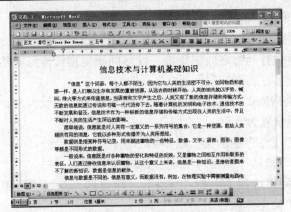

图 3-26　首行缩进的效果

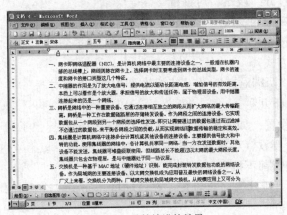

图 3-27　悬挂缩进的效果

方法 1：选择菜单栏中的"格式"|"段落"命令，打开"段落"对话框。在"缩进和间距"选项卡的"左缩进"框中设置。

方法 2：用鼠标拖动标尺上的左缩进标记。如图 3-25 所示。

方法 3：单击格式工具栏中的"增加缩进量"和"减少缩进量"按钮。

【任务实例 12】 将 Word 文档"春"中的所有段落设置为首行缩进 2 个字符。

① 按【Ctrl+A】组合键选定全文。

② 选择菜单栏中"格式"|"段落"命令，打开"段落"对话框。

③ 在"缩进和间距"选项卡中的"特殊格式"框中单击"首行缩进"选项。

④ 在"度量值"设置框中调整为"2 字符"。

⑤ 单击"确定"按钮，设置完成。

2．设置行间距

设置行间距是指用户自己定义行与行之间的间隔。一般情况下，系统默认单倍行距，用户可以根据自己的需要重新设置格式。

【任务实例 13】 将 Word 文档"春"中的第五段行间距设置为 3 倍行距。

① 选中第五段。

② 选择"格式"|"段落"命令，打开"段落"对话框。

③ 在"行距"列表框选择"多倍行距"，然后在"设置值"框中输入 3。

④ 设置完毕后，单击"确定"按钮。

3．设置行间距与段落间距

行间距是一个段落中行与行之间的距离。段落间距是指段落与段落之间的距离。可以使用"段落"对话框来设置行间距和段间距。

【任务实例 14】 将 Word 文档"春"中的第一段和第二段设为左、右各缩进 1 厘米；第一段和第二段之间间距设置为 2 行。

① 选中 Word 文档"春"中的第一段和第二段。

② 选择"格式"|"段落"命令，出现图 3-24 所示的对话框。

③ 在"缩进和间距"选项卡中的"缩进"区域框的"左缩进"和"右缩进"框中分别输入"1 厘米"，单击"确定"按钮。

④ 选中第一段，打开"段落"对话框。

⑤ 在"间距"区域中的"段后"列表框中选择两行。

⑥ 单击"确定"按钮。

4．设置段落对齐方式

段落对齐方式有："两端对齐"、"左对齐"、"居中"、"右对齐"和"分散对齐"5 种。设置段落对齐的方法有以下几种。

① 用格式工具栏设置：如前所述，在格式工具栏中分别提供了 4 个按钮，默认情况是"两端对齐"。先选定所要设置对齐方式的段落，然后分别选择以上 4 种按钮之一，即可实现段落的对齐。当 4 个按钮都不按下时，为左对齐。

② 选择"格式"|"段落"命令设置：在"缩进和间距"选项卡中，从"对齐方式"列表框中选择对齐方式。

③ 用快捷键设置。

- 按【Ctrl+J】组合键，使选定的段落两端对齐。
- 按【Ctrl+L】组合键，使选定的段落左对齐。
- 按【Ctrl+R】组合键，使选定的段落右对齐。
- 按【Ctrl+E】组合键，使选定的段落居中对齐。

【任务实例 15】 给 Word 文档"春"增加标题"春天的故事"，并居中对齐。

① 在 Word 文档"春"中增加标题"春天的故事"。

② 单击格式工具栏中的"居中"按钮。

5．项目符号和编号

为了使文章的内容条理更清晰，有时要用项目符号或编号来标志。Word 2003 具有自动项目符号和自动编号的功能，如果不愿意手工输入编号或符号，就可以应用自动项目符号和编号功能。

我们可以先确定项目符号或编号，然后输入文字内容；也可以先输入文字内容，然后再为这些文字标上项目符号或者编号。在排版过程中一般都是已经输入好了文字，然后添加项目符号或编号。图 3-28 所示为在圆点图形状态

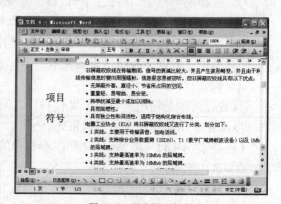

图 3-28　圆点图形状态

下设置的项目符号。

添加项目符号或编号的方法是通过单击"格式"|"项目符号和编号"命令，打开"项目符号和编号"对话框，如图 3-29 所示。在"项目符号"选项卡中选择项目符号。

Word 2003 提供了多种项目符号图形，如果我们不满意"项目符号和编号"对话框提供的符号形式，可以单击"自定义"按钮，在打开的图 3-30 所示的对话框中自己选择符号图形。选中任意一个符号，然后单击"确定"按钮，返回到图 3-29 所示的对话框，再单击"确定"按钮，符号图形即设置成功。

图 3-29　"项目符号和编号"对话框

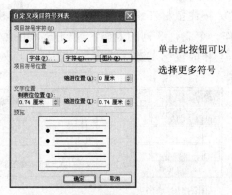

单击此按钮可以选择更多符号

图 3-30　"自定义项目符号列表"对话框

【任务实例 16】 将 Word 文档"春"中的第二段至第六段设置成圆形项目符号。

① 选定文中第二段至第六段。

② 选择"格式"|"项目符号和编号"命令，打开图 3-29 所示的"项目符号和编号"对话框。

③ 在该对话框中的"项目符号"选项卡中选择"圆形"项目符号。

④ 单击"确定"按钮。

设置编号的方法与项目符号相同。

【任务实例 17】 将 Word 文档"春"中的第二段至第六段设置成中文数字编号，起始编号为一，编号字体为隶书，小五号，左对齐。

① 选定文中第二段至第六段。

② 选择"格式"|"项目符号和编号"命令，打开"项目符号和编号"对话框。

③ 选择"编号"选项卡中的除"无"之外的某一项，然后单击"自定义"按钮，打开"自定义编号列表"对话框。

④ 在"编号样式"中选择"一、二、三"，在"起始编号"中设置"1"，设置编号字体为"隶书、小五"， 在"编号位置"中选择"左对齐"。

⑤ 单击"确定"按钮，返回到"项目符号和编号"对话框，单击"确定"按钮。

3.4　Word 表格的制作

表格是日常工作中一种非常有用的表达方式。Word 2003 提供了强大而丰富的表格处理功能，可以把多种形式的表格插入到文档的任意位置，并对表格及表格中的资料进行各种编辑与排版。

本节我们简要介绍怎样在文档中插入表格以及对表格进行编辑与排版等。

3.4.1 创建表格

1. 通过工具栏"插入表格"按钮直接插入表格

这种方法适合制作小型而规则的表格。

【任务实例18】 在文档中插入一个2行3列的表格。

① 把光标移动到要插入表格的位置。

② 单击常用工具栏中的"插入表格"按钮，出现图3-31所示的网格。

③ 按住鼠标左键沿网格左上角向右下角拖动。我们看到拖过的网格改变了颜色，如果要制作一个2行3列的表格，就向右下角拖动到"2×3 表格"。

④ 释放鼠标左键，就会看到在插入点处制作了一个2行3列的表格，如图3-32所示。

图 3-31　表格

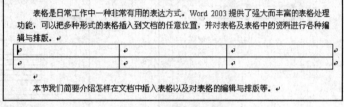

图 3-32　2行3列的表格

2. 通过菜单栏的"插入表格"命令插入表格

这种方法适合制作大型而规则的表格。

【任务实例19】 用"插入表格"命令制作如下表格。

表 3-1　　　　　　　　　　　学生成绩表

姓　　名	英　　语	物　　理	数　　学	平 均 成 绩
王芳	85	78	89	
季建国	70	80	65	
柳传信	89	73	89	

① 把光标定位在要插入表格的位置。

② 选择"表格"|"插入"|"表格"命令，弹出"插入表格"对话框，如图3-33所示。

③ 在"列数"和"行数"栏中调整表格的列数和行数值。

④ 单击"确定"按钮完成表格的插入。

3. 手工绘制表格

这种方法适合制作任意不规则的自由表格。

【任务实例20】 在文档中手工绘制2行3列的表格。

① 选择菜单栏中"表格"|"绘制表格"命令，打开"表格和边框"工具栏，如图3-34所示。或者单击常用工具栏中的"表格和边框"按钮，也可以直接打开该工具栏。

② 在"表格和边框"工具栏中的"线型"、"粗细"和"边框颜色"栏中选择合适的表格边框线的线型、线宽和边框颜色。

③ 单击"表格和边框"工具栏中的"绘制表格"按钮，使之呈按下状态。把鼠标移动

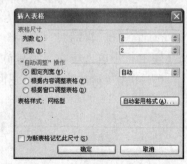

图 3-33　"插入表格"对话框

到文本编辑窗口，此时鼠标指针变成铅笔型。

　④ 拖动铅笔型的鼠标指针，先画出表格外部轮廓线，再画内部的横线、竖线和斜线等。

　⑤ 如果有绘制错误，可以擦除已绘制的表格线，擦除的方法如下。

图 3-34　"表格和边框"工具栏

　单击"表格和边框"工具栏中的"擦除"按钮，这时鼠标指针变成橡皮状，按住鼠标左键并拖动鼠标使橡皮经过要删除的线，就可以擦除表格线。

3.4.2　表格的制作与编辑

1．调整表格的高度和宽度

创建完表格后，如果觉得表格的尺寸不合适，可以调整表格的行的高度和列的宽度。

【任务实例 21】　调整任务实例 19 中表格的行高和列宽。

　① 调整行高。用鼠标选择表格单元格之间的横线，当鼠标变成一个双向箭头时，上下方向拖动鼠标，我们会看到表示表格横线的虚线在上下移动，当虚线移动到合适的位置时松开鼠标。用此方法可以调整表格每一行的高度。

　② 调整列宽。用鼠标选择表格单元格之间的竖线，当鼠标指针变成一个双向箭头时，左右方向拖动鼠标，当表示列宽的竖线虚线移动到合适位置时松开鼠标。用此方法可以调整表格每一列的宽度。

　用"表格"｜"表格属性"命令，打开"表格属性"对话框，可设置精确的行高和列宽。

2．合并和拆分单元格

合并单元格就是把几个单元格合并到一起，形成一个大的单元格，用来输入表格的标题或其他重要内容。拆分单元格是把一个单元格拆分为若干个单元格。

【任务实例 22】　合并单元格。

　① 选定要合并的单元格区域，可以是两个或者两个以上单元格。

　② 选择"表格"｜"合并单元格"命令，就可以把选定的几个单元格合并成一个单元格。

【任务实例 23】　把上例中的表格拆分。

　① 选中要拆分的单元格，选择"表格"｜"拆分单元格"命令，出现"拆分单元格"对话框。

　② 在"列数"框中输入要拆分的列数；在"行数"框中输入要拆分的行数。

　③ 单击"确定"按钮，完成单元格的拆分。

3．插入整行或整列

【任务实例 24】　在任务实例 19 的表格中插入整行或整列。

最简单的方法是，把光标放在要插入点上一行的结束符上（即表格外面的回车符），按下回车键即可，每按一次回车键插入一行。

也可以按照以下操作方法插入整行。

　① 选中表格的一行或者多行，选几行就可以插入几行。

　② 选择"表格"｜"插入"｜"行"命令。如果选择"行（在上方）"，即在选中行的上方插入新行；如果选择"行（在下方）"，即在选中行的下方插入新行。

如果要在表格中插入列，可以按照以下操作步骤完成。

选中表格的一列或者多列，同样选几列就可以插入几列。然后进行与插入行类似的操作步骤，即可完成列的插入。

4．删除整行或整列

【任务实例25】 在任务实例19的表格中删除整行或整列。

如果要删除整行，可选中要删除的一行或多行，选择"表格"|"删除"|"行"命令，删除完成。

如果要删除整列，可选中要删除的一列或多列，选择"表格"|"删除"|"列"命令，删除完成。

选中行或列后，用"剪切"命令也可以删除行或列。

5．缩放表格

Word 2003提供的缩放表格是一项非常方便有用的操作。当我们觉得插入的表格大小不合适时，可以用鼠标来直接缩小或放大表格。

【任务实例26】 对表格进行缩放。

① 把鼠标移到表格中，这时表格右下角就会出现一个调整手柄，如图3-35所示。

② 把鼠标移动到调整手柄上，鼠标图案就会变成一个对角线形的双向箭头，这时按住鼠标左键在对角线的方向拖动，就会出现表示表格大小的虚线框，当调整合适后，释放鼠标左键，表格缩放完成。

图3-35 调整手柄

6．表格居中

【任务实例27】 将任务实例19的表格居中。

① 选中整个表格。

方法1：将鼠标移到表格上，这时表格左上方就会出现十字箭头，如图3-35所示。单击该十字箭头，就会选中整个表格。

方法2：光标放在要居中的表格中，选择菜单栏"表格"|"选择"|"表格"命令，如图3-36所示。

② 设置表格居中

方法1：单击格式工具栏中的"居中"按钮，完成表格居中。

方法2：选择菜单栏"表格"|"表格属性"命令，打开"表格属性"对话框，如图3-37所示。在"表格"选项卡的对齐方式中选择"居中"选项。

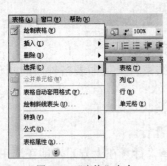

图3-36 "表格"命令

图3-37 "表格属性"对话框

7．单元格中文本的对齐方式

单元格默认的对齐方式为"靠上、两端对齐"，如果单元格的高度较大，而单元格中的内容较少，不能填满单元格时，顶端对齐方式会影响整个表格的美观。这时，用户可以对单元格中文本的对齐方式进行设置。

【任务实例 28】 设置任务实例 19 的表格标题行文字水平、垂直都居中。

① 选中表格第一行。

② 单击格式工具栏中"居中"对齐按钮，设置水平居中对齐。

③ 选择菜单栏"表格"|"表格属性"命令，打开"表格属性"对话框，在"单元格"选项卡的"垂直对齐方式"中选择"居中"选项，单击"确定"按钮，设置垂直居中对齐。如图 3-38 所示。

在"表格和边框"工具栏的"对齐方式"列表中有九个按钮可设置表格中文本的对齐方式，如图 3-39 所示。选择"中部居中"按钮可一步到位设置水平、垂直都居中。

图 3-38　"单元格"选项卡

图 3-39　对齐方式按钮

8．表格自动套用格式

"表格自动套用格式"是指用户创建的表格可以套用 Word 提供的 40 多种已定义的表格格式。

【任务实例 29】 设置任务实例 19 的表格自动套用格式。

① 把插入点移动到要套用格式的表格中。选择"表格"|"表格自动套用格式"命令，打开"表格自动套用格式"对话框，如图 3-40 所示。

② 该对话框中列出了 Word 预定义的表格格式名。如果选中一种格式，"预览"窗口中将显示出该种格式的样式。

③ 在"将特殊格式应用于"栏中有"标题行"、"末行"、"首列"和"末列"选项，这些选项是让我们决定把格式应用到表格的哪个位置。一般需要对表格的"标题行"和"首行"应用特殊格式，所以可以选中这两个复选框，单击"应用"按钮完成。

如果不愿意应用"表格自动套用格式"，也可以清除它，方法如下。

把插入点移动到应用表格套用格式的表格中，单击"表格"菜单的"表格自动套用格式"命令，在"表格自动套用格式"对话框的"表格样式"中选择"表格主题"选项，单击"应用"按钮即可完成清除表格套用格式的操作。

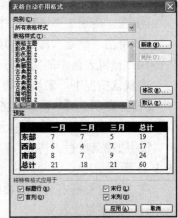

图 3-40　"表格自动套用格式"对话框

9．添加边框和底纹

一个新创建的表格，可以通过给整个表格或部分单元格添加边框和底纹，突出强调某些内容或增加表格的美观性。

【任务实例30】 在任务实例19的表格中添加边框。

① 把插入点放到表格中。

② 选择菜单栏"格式"|"边框和底纹"命令，打开"边框和底纹"对话框，选择"边框"选项卡，如图3-41所示。

③ 从"应用于"列表框中选择"表格"选项，表示应用于整个表格。

④ 从"设置"区中选择一种方框样式，同时在预览区中预览。

⑤ 在"线型"列表框中选择线型样式。

⑥ 在"宽度"列表框中选择线的宽度值。

⑦ Word默认的边框颜色为黑色，也可以在"颜色"列表框中选择其他边框颜色。

⑧ 单击"确定"按钮，完成添加边框的设置。

【任务实例31】 为任务实例19的表格添加底纹。

① 在图3-41所示的"边框和底纹"对话框中，选择"底纹"选项卡，如图3-42所示。

图3-41 "边框和底纹"对话框

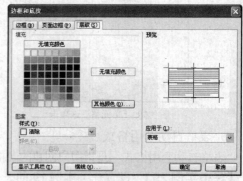
图3-42 "底纹"选项卡

② 在"填充"区域选择要填充的颜色。

③ 在"应用于"列表框中选择要填充的对象。

④ 单击"确定"按钮，填充完毕。

10．设置表格中的文字方向

在默认情况下，表格中的文字是横向的。我们也可以把表格中的文字设置成竖排的。

【任务实例32】 设置任务实例19的表格中的文字方向。

① 选中要排列文字的单元格。

② 选择菜单栏"格式"|"文字方向"命令，打开"文字方向-表格单元格"对话框，如图3-43所示。

在"方向"栏中选择需要的文字方向，然后单击"确定"按钮，文字方向设置完成。

11．绘制斜线表头

在表格的制作过程当中经常会遇到表格左上角单元格需要画各种斜线的问题，Word 2003提供了5种表头样式。

在"表格"菜单中选择"绘制斜线表头"命令，打开"插入斜线表头"对话框。在"表头样式"中选择一种样式，在"行标题"和"列标题"中输入相应的文字，并设置表头文字的大小，如图3-44所示，单击"确定"按钮。

图 3-43　"文字方向–表格单元格"对话框

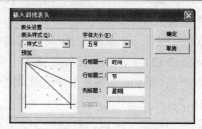

图 3-44　"插入斜线表头"对话框

说明： 其实斜线表头是由绘制的直线和无线条的文本框组合而成的图形对象，知道了这一点，用户就可以根据自己的需要制作出各种斜线表头来。

3.4.3　表格内数据的排序和计算

Word 还能对表格中的数据进行排序和计算。例如，可以对表 3-1 所示的学生成绩表进行排序和计算。

1．排序

【任务实例 33】　对表 3-1 学生成绩表，先按数学成绩递减排序，当两个学生的数学成绩相等时，再按英语成绩递减排序。

① 将插入点置于要排序的表格中。

② 选择"表格"|"排序"命令，打开图 3-45 所示的"排序"对话框。

③ 在"主要关键字"列表框中选择"数学"选项，其右边的"类型"列表框中选择"数字"，再单击"递减"单选按钮。

④ 在"次要关键字"列表框中选择"英语"选项，其右边的"类型"列表框中选择"数字"，再单击"递减"单选按钮。

⑤ 在"列表"选项组中，单击"有标题行"选项。

⑥ 单击"确定"按钮。

图 3-45　"排序"对话框

排序后的结果如表 3-2 所示。

表 3-2　　　　　　　　　　　　　　排序结果成绩表

姓　　名	英　　语	物　　理	数　　学	平 均 成 绩
柳传信	89	73	89	
王芳	85	78	89	
季建国	70	80	65	

2．计算

Word 提供了对表格中数据的一些诸如求和、求平均值等常用的计算功能。利用这些功能可以对表格中的数据进行计算。

【任务实例 34】　求表格中的平均成绩。

① 将插入点移到存放平均成绩的单元格中。本例中是第 2 行最后一列。

② 选择"表格"|"公式"命令，打开"公式"对话框，如图 3-46 所示。

③ 在"公式"列表框中显示"=SUM(LEFT)",表明要计算左边各列数据的总和,而本例中要求计算平均值,所以应将其改为"=AVERAGE(LEFT)",或从"粘贴函数"列表框中选择公式名。

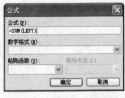

④ 在"数字格式"列表框中选择"0.00"格式,表示小数点后保留两位小数。

⑤ 单击"确定"按钮,得到表 3-3 所示的结果。

图 3-46 "公式"对话框

表 3-3　　　　　　　　　　　　　平均成绩结果表

姓　名	英　语	物　理	数　学	平 均 成 绩
柳传信	89	73	89	83.67
王芳	85	78	89	
季建国	70	80	65	

同样操作可以求得其他各行的平均值。

3.5　Word 的图形编辑功能

Word 2003 具有强大的图形处理功能,它不仅提供了大量图形以及多种形式的艺术字,而且支持多种绘图软件创建的图形,并能够轻而易举地实现图文混排。下面我们就来介绍怎样在文档中插入图片并对图片进行必要的编辑,以及利用绘图工具绘制一些简单的图形等内容。

3.5.1　在文档中插入图形

1. 在文档中插入剪贴画

【任务实例 35】　在 Word 文档"春"中插入剪贴画"兔子"。

① 把光标定位在插入点。

② 选择"插入"|"图片"|"剪贴画"命令,打开"剪贴画"任务窗格。或者用鼠标直接单击"绘图"工具栏上的插入剪贴画按钮 也可以打开"剪贴画"任务窗格。

③ 在"搜索文字"框中输入图片的类型"动物",单击"搜索"命令,窗格中便会显示这种类型的图片。如图 3-47 所示。

④ 在动物类图形中,单击某一图片,就把选定的剪贴画插入到文档中的插入点了。

【任务实例 36】　调整上例中图片的大小。

① 单击需调整的图片,可以看到图片的周围出现 8 个小方块,我们把这些点称为调整句柄,鼠标选择任意一个角的句柄时,指针变为呈对角线的双向箭头。

② 拖动鼠标,可以看到表示图片大小的虚线框增大或缩小,这种变化是等比例的变化;如果鼠标选择左右或上下边框的句柄,指针会变成水平或垂直的双向箭头,这时可以调节图片在水平或垂直方向的变化。

图 3-47 "剪贴画"任务窗格

【任务实例 37】 设置上例中图片与文字的环绕形式。

① 选中要调整的图片，单击绘图工具栏中的"绘图"按钮，打开图 3-48 所示的绘图菜单，选择"文字环绕"子菜单。

文字环绕方式有："四周型环绕"、"紧密型环绕"、"上下型环绕"和"穿越型环绕"，还有把图片衬于文字下方或浮于文字上方选项。选择一种环绕方式，比如四周型环绕，单击该选项，图片就放置在文字的中间。

② 调整图片位置，光标移动到选中的图片上，这时光标就变成一个十字型箭头，按住鼠标拖动图片，把它放到合适的位置，就会出现文字环绕图片的形式，如图 3-49 所示。

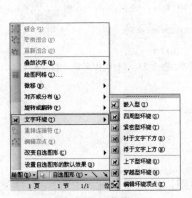

图 3-48　绘图菜单

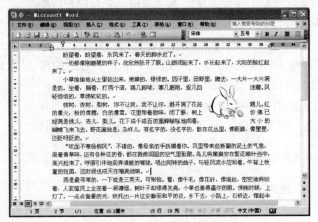

图 3-49　文字环绕图片的形式

2．在文档中插入来自其他文件的图片

【任务实例 38】 在文档中插入来自某个文件的图片。

① 光标定位在插入点。

② 选择菜单栏中"插入"|"图片"菜单命令，打开子菜单。

③ 选择"来自文件"命令，这时会打开"插入图片"对话框。

④ 找到要插入图片所在的文件路径及图片文件，选择并单击"插入"按钮，该图片就被插入到当前文档的插入点。

说明： 插入到文档中的图片对象有两种存在形式，一种是嵌入式对象，另一种是浮动式对象。选定图片后，嵌入式图片周围出现 8 个实心小方块，浮动式图片周围出现 8 个空心小圆圈和一个旋转钮。如图 3-50 和图 3-51 所示。嵌入式图片不能设置文字环绕效果。

图 3-50　嵌入式图片

图 3-51　浮动式图片

3．绘制图形并插入到文档中

【任务实例 39】 绘制图形并插入到文档中。

① 如果准备自己绘制图形，单击常用工具栏上的绘图按钮 ，或者选择菜单栏中的"视

图"|"工具栏"|"绘图"命令，便可以打开绘图工具栏，如图 3-52 所示。

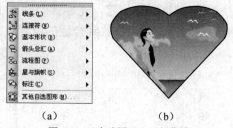

图 3-52　绘图工具栏

② 利用绘图工具栏所提供的命令按钮绘制图形。

③ 单击"自选图形"按钮，打开"自选图形"下拉菜单，如图 3-53（a）所示。每一个菜单选项都有级联菜单，选择级联菜单三角按钮，就会出现各种图形和线条。单击任意一个图形或线条，光标就会变成一个十字形，这时拖动鼠标，就会以相应的线条或图形在文档窗口中绘制图形。

④ 如图 3-53（b）所示，在图 3-53（a）中选择基本形状下的心形按钮并拖出一个大小合适的形状后，再右击，选择"设置自选图形格式"命令，在打开的对话框中选择"颜色和线条"选项卡，其"填充"的"颜色"的"填充效果"选择"来自图片"。

（a）　　　　（b）

图 3-53　"自选图形"下拉菜单

3.5.2　在文档中插入艺术字

1．插入艺术字

Word 2003 提供了"艺术字"功能，可以把文档的标题以及需要特别突出的地方用艺术字显示出来，从而使文章更生动、醒目。Word 2003 中的艺术字是一种图形的格式，所以可以像对待图形一样插入和编辑艺术字。

【任务实例 40】　在 Word 2003 中插入艺术字"春天的故事"，设置成华文行楷、加粗、斜体，60 磅。

① 首先把光标定位在准备插入艺术字的位置。

② 单击"绘图"工具栏中的"插入艺术字"按钮；也可以选择"插入"|"图片"|"艺术字"命令，打开"艺术字库"对话框，如图 3-54 所示。

③ 从对话框中选择一种你喜欢的艺术字，单击"确定"按钮，打开图 3-55 所示的"编辑'艺术字'文字"对话框，在该对话框中输入文字"春天的故事"，在"字体"框中选择"华文行楷"，再选择字号"60"，字形为加粗、斜体，设置完毕后，单击"确定"按钮，就会出现图 3-56 所示的效果。

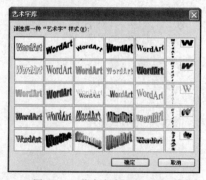

图 3-54　"艺术字库"对话框

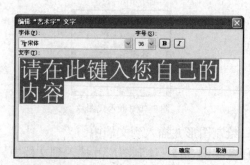

图 3-55　"编辑'艺术字'文字"对话框

2．调节艺术字的大小和形状

【任务实例41】　设置上例中艺术字的大小和形状。

① 大小：单击艺术字"春天的故事"，其周围出现 8 个叫做调节手柄的小方块，可以用来调节艺术字的大小，调节方法与调节图片的方法相同。

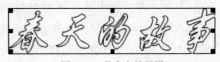

图 3-56　艺术字效果图

② 形状：将艺术字的版式设置为浮动式后，艺术字的下边有一个菱形的标记，用来调节艺术字的形状。鼠标选择菱形标记，光标就变成一个小三角，这时拖动鼠标，就会看到表示艺术字形状的虚线框在移动，当你觉得虚线框移动到合适位置时，释放鼠标左键，艺术字就变为你调节后的形状，单击艺术字外任意位置，手柄消失，艺术字调节完毕。

3．设置艺术字的颜色、阴影及三维效果

【任务实例42】　设置上例中艺术字的颜色与阴影及三维效果。

设置艺术字颜色的步骤如下。

① 选中艺术字，使其周围出现调节手柄。

② 单击绘图工具栏中的填充颜色按钮 ，打开"颜色"列表，单击想要填充的某一种颜色，艺术字便改变成该种颜色。

设置阴影及三维效果的步骤如下。

① 选中艺术字。

② 单击"绘图"工具栏中的阴影按钮 ，出现图 3-57 所示的"阴影"列表，选择某一阴影效果，艺术字出现该阴影效果，如图 3-58 所示。

③ 设置三维效果的操作方法同上：单击"绘图"工具栏中的三维效果按钮 ，出现"三维效果"列表，选择所需的三维效果即可。

此外，我们还可以对艺术字进行其他形式的设置，在选中艺术字的状态下，艺术字工具栏会自动打开，如图 3-59 所示，这些按钮的名称和功能如下。

图 3-57　"阴影"列表　　　　　图 3-58　阴影效果　　　　　图 3-59　"艺术字"工具栏

- 编辑文字：修改艺术字的文字、字体、字形。
- 艺术字库：提供各种形式的艺术字。
- 设置艺术字格式：单击该按钮，打开"设置艺术字格式"对话框，在该对话框中有"线条和颜色"、"大小"、"版式"、"网站"等标签按钮，按下某一按钮，可以设置艺术字相应的格式。
- 艺术字形状：单击该按钮，可以选择艺术字的形状。
- 文字环绕：该功能和图片与文字的环绕相同。
- 艺术字字母高度相同：单击该按钮，可以使艺术字每个字母的高度相同。
- 艺术字竖排文字：单击该按钮，可以把艺术字的文字竖排。
- 艺术字对齐方式：单击该按钮，出现"艺术字对齐方式"列表，在该列表中，除了左对齐、右对齐、居中外，还有"单词调整"、"字母调整"、"延伸调整"选项内容。

- 艺术字字符间距：单击该按钮，出现"字符间距"列表，其中有"很紧"、"紧密"、"常规"、"稀疏"、"很松"和"自定义"等选项供用户选择。

图 3-60 所示是经过上述有关设置后，我们将艺术字以紧密环绕方式置于文字中间的效果。

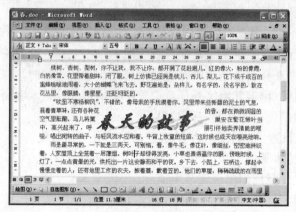

图 3-60　效果图

3.5.3　使用文本框

文本框是一个独立的对象，框中的文字和图片可以随文本框移动，它与给文字加边框是不同的概念。实际上，可以把文本框看作一个特殊的图形对象。文本框中的文字可以横排也可以竖排，还可以在文本框中插入图片，对文本框中的文字进行格式设置。利用文本框可以把文档编排得更加丰富多彩。

【任务实例 43】 在 Word 文档"春"中最后位置绘制文本框。效果如图 3-61 所示。

① 单击"绘图"工具栏中的"竖排文本框"按钮。

② 将指针移到文档中，指针变为十字形，拖动鼠标绘制文本框，调整文本框的大小，当大小适当后，释放左键，此时，插入点在文本框中。

③ 在文本框中输入文本及插入剪贴画。

④ 选中文本框后，选择"格式"菜单中的"文本框"命令，打开"设置文本框格式"对话框，如图 3-62 所示。

图 3-61　文本框效果图

图 3-62　"设置文本框格式"对话框

⑤ 在"颜色与线条"选项卡中，将填充色设为青绿，线条设为蓝色，0.75 磅细实线。

⑥ 在"大小"选项卡中，将文本框的高度设为 5.5 厘米，宽度设为 8.5 厘米。

⑦ 在"版式"选项卡中，将文本框的环绕方式设为"四周型"。

⑧ 在"文本框"选项卡中，将右边距设为 0.85 厘米，将上边距设为 0.33 厘米。

⑨ 单击"确定"按钮。

3.5.4　公式编辑器的使用

在进行科研工作或撰写科技论文的时候，常常需要编辑公式和特殊符号，这用一般的文字编辑方法难以实现。使用 Word 2003 字处理软件中的"Microsoft 公式 3.0"编辑器，能方便地排版编辑出标准、美观的公式和数学、化学等学科的特殊符号。公式编辑器能根据数字和排版的格式约定，自动调整公式中各元素的大小、间距和格式编排等。而且录入的公式，也可以像处理文字一样进行各种调整，简单易用。

公式编辑器的操作步骤如下。

1. 建立公式

① 在文档中将插入点定位于需要加入公式的位置。

② 用鼠标单击"插入"菜单，选择"对象"命令，打开"对象"对话框。

③ 在"对象"对话框中选择"新建"选项卡。

④ 在"对象类型"中选取"Microsoft 公式 3.0"，并双击之，打开"公式编辑"窗口，并显示"公式"工具栏，如图 3-63 所示。

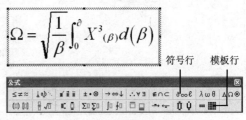

图 3-63　"公式编辑"窗口

其中，"公式"工具栏上一行是符号，几乎包括了所有的数学符号。例如：关系符号、间距和省略号、修饰符号、运算符号、箭头符号、逻辑符号、集合符号、希腊字母（大小写）符号。下一行有 9 个模板按钮，内含一百多种公式模板。模板除了提供现成的公式样式和符号外，还包含数量不等的空"插槽"，供用户插入字符和新的模板（即公式嵌套）。利用"公式"中的各种符号和模板能编排各式各样的公式。

2. 公式编辑

① 在公式建立结束后，单击公式外任何位置，"公式编辑器"自动关闭，回到文本编辑状态，建立的公式图形插入到插入点所在的位置。

② 双击该公式，即可启动"公式编辑器"，可重新对公式进行修改。

说明："Microsoft 公式 3.0"不是 Office 2003 默认安装的组件，如果用户要使用它，应在安装时选择"自定义安装"中 Office 工具里的公式编辑器"Microsoft 公式 3.0"。如果用户的计算机中没有安装"Microsoft 公式 3.0"，那么把安装盘插入光驱中，执行 SETUP 命令，在"添加/删除"选项中选定"Office 工具"下的"Microsoft 公式 3.0"，然后用鼠标单击"确定"即可自动安装。

3.6　样式与模板文件

在写文档时，我们可以使用系统提供的模板，也可以自己创建一个模板。可以应用 Word 提供的样式，也可以修改这些样式。

3.6.1 使用 Word 提供的模板

Word 中提供的模板功能常用在制作某类具有固定格式并重复使用的文档中。如个人简历、合同文档、传真文档等。

【任务实例 44】 在文档中使用"典雅型传真"模板。

① 选择菜单栏中的"文件"|"新建"命令，打开"新建文档"任务窗格。

② 在窗格中单击"本机上的模板"命令，打开"模板"对话框，如图 3-64 所示。

③ 选择"信函和传真"选项卡中的"典雅型传真"文档图标，单击"确定"按钮，即打开图 3-65 所示的"典雅型传真"模板。按照模板提供的传真格式输入内容即可。

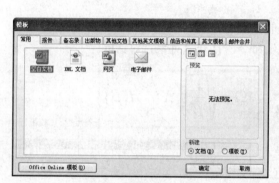

图 3-64 "模板"对话框

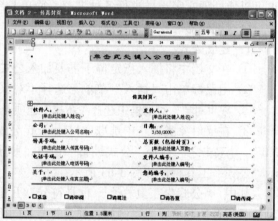

图 3-65 "典雅型传真"模板

3.6.2 创建自己的模板

如果使用 Word 提供的模板不能满足用户的要求，用户可根据需要来创建自己的模板。

【任务实例 45】 创建图 3-66 所示的荣誉证书模板。

① 选择常用工具栏中的"新建空白文档"按钮，即打开一个新文档。

② 按照图 3-66 所示，进行内容的输入及设置。

③ 插入一个来自文件的图片，衬于文字下方。

④ 选择菜单栏中的"文件"|"另存为"命令，进入"另存为"对话框中，在"保存类型"列表框中选择"文档模板"选项，并输入名称"mb"，单击"保存"按钮。

图 3-66 "荣誉证书"模板

3.6.3 创建和应用样式

样式常用在文档重复使用的固定格式中。如写一本书，共有 10 章内容，分别由 5 个人完成，通常是先制定出统一的格式，而后大家都按照此格式来编写，以达到全书具有统一格式的目的。

【任务实例 46】 设置下列文档的样式，并在文档中应用该样式。样式名分别为"一级标题"、"二级标题"、"三级标题"、"四级标题"。其中"一级标题"的格式为：字体二号、黑体，段前、段后间距为 1 行。"二级标题"的格式为：字体三号、黑体，段后间距为 0.5 行、左缩进 1.5 字符。"三级标题"的格式为：字体四号、黑体，段后间距为 0.5 行、左缩进 1.5 字符。
"四级标题"的格式为：字体五号、宋体，首行缩进为 2 字符。

第 3 章　中文 Word 的使用

3-1　Word 2003 简介

3-1-1　Word 2003 的功能

Word 2003 是微软公司 Office 2003 软件包中的一个重要组件，具有强大的文
字书写、编辑和排版功能，可以用来处理各种公文、信函、书稿和报刊等。

---

① 选择菜单栏中的"格式"|"样式和格式"命令，出现图 3-67 所示的"样式和格式"
任务窗格。

② 单击窗格中的"新样式"按钮，打开"新建样式"对话框，如图 3-68 所示。

图 3-67　"样式和格式"窗格

图 3-68　"新建样式"对话框

③ 在"名称"框中输入样式名称"一级标题"，在"样式类型"框中选择段落。

④ 单击"新建样式"对话框中的"格式"按钮，在下拉菜单中分别选择"字体"及"段
落格式"命令，分别设置相应的格式。单击"确定"按钮，关闭"新建样式"对话框，在任
务窗格中出现"一级标题"样式名称。

⑤ 在"任务窗格"中按照第 2～4 步分别设置"二级标题"、"三级标题"、"四级标题"。

⑥ 选择"第 3 章 中文 Word 的使用"字符串，单击格式工具栏中"样式"列表框的下
三角按钮，选择"一级标题"样式。

⑦ 选择"3-1　Word 2003 简介"字符
串，单击格式工具栏中"样式"列表框的
下三角按钮，选择"二级标题"样式。

⑧ 选择"3-1-1 Word 2003 的功能"字
符串，单击格式工具栏中"样式"列表框
的下三角按钮，选择"三级标题"样式。

⑨ 选择正文，单击"格式"工具栏中
"样式"列表框的下三角按钮，选择"四级
标题"样式。其应用效果如图 3-69 所示。

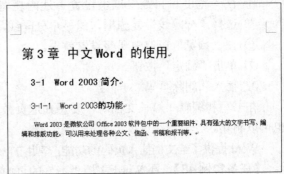

图 3-69　应用效果图

说明：右键单击窗格中的样式名，在快捷菜单中选择"修改样式"命令，可修改已有样式中的格式。

3.7 文档的页面设置与打印

3.7.1 页面设置

1. 分栏

分栏是按实际排版需求将文本分成若干个条块，从而使版面更美观，阅读更方便。这种格式在报刊中用得更多。分栏是通过单击"格式"菜单中的"分栏"命令来实现的。图 3-70 所示为分栏的效果图。

【任务实例 47】将 Word 文档"春"中的第二段～第五段分为两栏，栏宽相等并设置分隔线。

① 选中 Word 文档"春"中的第二段～第五段。

② 选择"格式" | "分栏"命令。打开图 3-71 所示的"分栏"对话框。

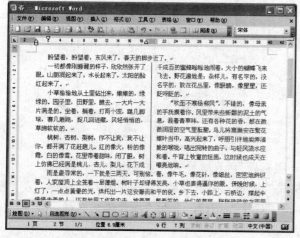

图 3-70 分栏的效果图

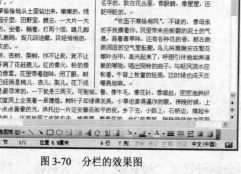

图 3-71 "分栏"对话框

③ 在"预设"栏中选择"两栏"，即分为两栏。

④ 在"宽度和间距"框里设置合适的栏宽和间距。

⑤ 选择"分隔线"复选框，即显示分隔线，选择"栏宽相等"复选框。

⑥ 在"预览"窗口中观察设置效果。

⑦ 单击"确定"按钮。

2. 插入和删除页码

在书写和编辑一篇长文档时，要想知道页数，就需要给文档设置页码。如果不需要页码也可以删除。

Word 提供了给文档插入页码的功能，常用的方法是通过单击"插入" | "页码"命令来实现。

【任务实例 48】在 Word 文档"春"的页面底端插入页码，样式为"甲、乙、丙……"，居中对齐，首页显示页码。

① 打开 Word 文档"春",选择"插入"|"页码"命令,打开"页码"对话框,如图 3-72(a)所示。

② 在"位置"列表框中选择"页面底端(页脚)"选项。

③ 在"对齐方式"列表框中选择"居中"选项。

④ 选择"首页显示页码"复选框。

⑤ 单击"格式"按钮,打开"页码格式"对话框,如图 3-72(b)所示,选择数字格式为"甲、乙、丙……",单击"确定"按钮,返回"页码"对话框。

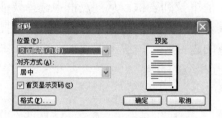

（a）"页码"对话框　　　　　　　　　　（b）"页码格式"对话框

图 3-72　设置页码对话框

⑥ 在"预览"窗口观察设置效果。

⑦ 单击"确定"按钮。

【任务实例 49】 删除 Word 文档"春"中已经插入的页码。

双击页码位置或选择菜单栏"视图"|"页眉和页脚"命令,进入"页眉和页脚"编辑区,将页码删除即可。

3．设置分页符

Word 2003 具有自动分页的功能,当文档满一页时系统会自动换一新页。除了自动分页外,也可以人工分页,插入人工分页符的方法如下。

① 将光标插入点移至要分页的位置。

② 选择"插入"菜单中的"分隔符"命令,打开"分隔符"对话框,如图 3-73 所示。

③ 单击"分页符"单选按钮,最后单击"确定"按钮,即可在当前插入点的位置开始新的一页。

4．设置页眉和页脚

页眉和页脚是指在文档页面的顶端和底端重复出现的文字或图片等信息。在普通视图方式下无法看到页眉和页脚。在页面视图中看到的页眉和页脚是浅灰色的,但这不会影响打印的效果。

图 3-73　"分隔符"对话框

前面我们介绍的是如何在文档中插入页码,实际上就是设置最简单的页眉和页脚。我们还可以编辑比页码更复杂的页眉和页脚格式,比如"日期"、"时间"、"文字"和"图形"等。

【任务实例 50】 在文档"春"的页面插入页眉,内容为"朱自清散文",楷体_GB2312、小五号字体。

① 打开文档"春"。

② 选择"视图"|"页眉和页脚"命令，进入"页眉和页脚"编辑状态，并显示"页眉和页脚"工具栏，如图 3-74 所示。在"页眉"编辑区中输入"朱自清散文"。

③ 选中"朱自清散文"，右击，选择快捷菜单中的"字体"选项，打开"字体"对话框，设置字体和字号，单击"确定"退出"字体"对话框。

④ 单击"关闭"按钮，退出页眉和页脚的编辑状态。

"页眉和页脚"工具栏按钮从左到右依次为：插入"自动图文集"、插入页码、插入页数、设置页码格式、插入日期、插入时间、页面设置、显示/隐藏文档文字、链接到前一个、在页眉和页脚间切换、显示前一项、显示下一项、关闭。

如果要插入页码、作者、文件名、日期或时间，就单击"页眉和页脚"工具栏上的"插入'自动图文集'"按钮，出现图 3-75 所示的下拉列表框。从列表框中选择要插入的图文集内容。也可以直接单击"页眉和页脚"工具栏中的其他按钮进行设置。有时需要把文档的首页设置成与其他页不同的形式，比如像文章的题目等，一般不需要加页眉和页脚。这需要在"页面设置"对话框的"版式"选项卡中进行相应的设置。

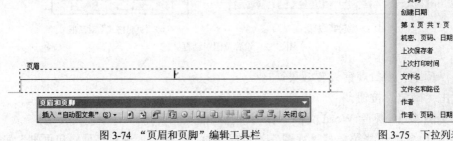

图 3-74　"页眉和页脚"编辑工具栏　　　　　　图 3-75　下拉列表框

5. 设置纸张大小和页边距

要把文档打印在不同大小的纸张上，需要进行不同的设置。Word 2003 默认的纸张是 A4 纸（宽 210mm、长 297mm）；上下边距为 2.54 厘米，左右边距为 3.17 厘米，无装订区；页面的方向是纵向，文字的方向是横向。我们也可以设置成其他格式或者自定义。通常是通过单击"文件"|"页面设置"命令来实现的。

【任务实例 51】 将 Word 文档"春"所在的页面设置为 B5 纸、纵向放置，左、右页边距各 3 厘米，上、下页边距各 2 厘米。

① 选择"文件"|"页面设置"命令，打开"页面设置"对话框，如图 3-76 所示。

② 在"页边距"选项卡的"上"、"下"、"左"、"右"栏中分别调整页边距为 2 厘米、2 厘米、3 厘米、3 厘米；在 "方向"栏中选择"纵向"。

③ 在"纸张"选项卡的"纸张大小"下拉列表框中选择需要的纸型为"B5"，如图 3-77 所示。

④ 观察"预览"窗口的设置效果。

⑤ 单击"确定"按钮。

在页面视图和打印预览视图方式下，可以使用标尺快速方便地设置页边距。操作步骤如下。

① 选择"视图"|"页面"命令，把当前的视图方式切换到页面视图方式；或者单击工具栏中的"打印预览"按钮，切换到打印预览视图方式下。

② 用鼠标指针选择水平标尺或者垂直标尺上的页边距线，这时指针将变为双箭头形状。按住鼠标左键并拖动页边距线，可以看到边界线随着鼠标移动，拖动到所需要的位置后释放鼠标左键即可完成页边距的设置。

图 3-76　"页面设置"对话框

图 3-77　"纸张"选项卡

3.7.2　文档的打印预览及打印

1．文档的打印预览

打印预览是指在正式打印之前，先看一下已经设置好的版面效果。

在"文件"菜单中，选择"打印预览"命令或者单击常用工具栏上的"打印预览"按钮就可以预览打印的效果，打印预览的窗口如图 3-78 所示。

图 3-78　打印预览窗口

打印预览工具栏如图 3-79 所示，各按钮的名称与功能如下。

● 打印机：单击该按钮，开始打印整篇文档。

● 放大镜：按下该按钮，再将鼠标移动到预览文档的上方，鼠标指针将变成放大镜形状，当放大镜带有加号

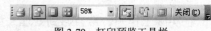

图 3-79　打印预览工具栏

时，单击文档，可以将文档放大预览；当放大镜带有减号时，单击文档，可以将文档缩小预览。如果"放大镜"按钮没有被按下，系统将允许用户对文档进行编辑。

- 单页：单击该按钮，窗口显示单页的预览。
- 多页：单击该按钮，打开多页选项框，用户最多可以选择 60 页即 5 行 12 列预览。
- 显示比例：单击该下拉列表框右边的下三角按钮，可以打开"显示比例"下拉列表框。从"显示比例"下拉列表框中可以选择预览文档的大小比例。
- 查看标尺：单击该按钮，可以使标尺在显示和隐藏之间切换。在打印预览的状态下，使用标尺可以很容易地调节页面边距等设置。
- 缩至整页：单击该按钮，可以将放大预览文档缩小至整页显示。
- 全屏显示：单击该按钮，预览文档将占据整个屏幕，同时屏幕上出现"关闭全屏显示"，单击"关闭全屏显示"按钮，又回到原显示状态。
- 关闭预览：单击该按钮，可以退出预览方式，回到正常的编辑状态。

2．打印

在打印文档之前，需要确认打印机的电源已经接通，并处于联机状态。

打印操作也有两种方法如下。

方法 1：单击常用工具栏中的"打印"按钮直接打印整篇文档。

方法 2：选择菜单栏中的"文件"|"打印"命令，打开图 3-80 所示的"打印"对话框。

【任务实例 52】 设置 Word 文档"春"的打印机型号、打印范围、打印方式和打印份数。

① 在"打印"对话框中我们可以看到"打印机"区域显示的打印机型号、连接端及当前状态。在"属性"按钮下方可以选择"打印到文件"和"手动双面打印"复选框。如果只打印当前文档且单面打印，这两项可以都不选。

② 在"页面范围"区域中，单击"全部"单选按钮，打印整篇文档；单击"当前页"单选按钮，只打印光标所在页；单击"页码范围"单选按钮可以设置要打印的页面范围。

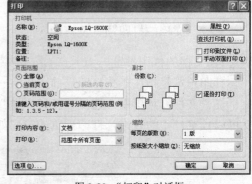

图 3-80 "打印"对话框

③ 在"副本"区域中可以设置打印份数及选择逐份打印还是逐页打印。

④ 单击"属性"按钮，打开"打印机文档属性"对话框，可以进行打印机高级设置。

⑤ 设置完毕后，单击"确定"按钮，打印机开始打印。

3.8 Word 2003 的其他功能

3.8.1 邮件合并

在实际工作中，常会遇到处理大量的报表和信件的情况。这些报表和信件主要内容基本相同，只是具体数据有些变化。例如某公司给客户发信件，这些客户有不同的邮政编码、通信地址和姓名，但寄信人地址是不变的。若每个信封都要单独编写，实在是麻烦。为此 Word 提供了邮件合并功能，可减少重复工作，大大提高了工作效率。

　　邮件合并涉及两个文档：一个文档是邮件的内容，这是所有邮件相同的部分，以下称为
"主文档"；另一个文档包含收件人的邮政编码、
通信地址和姓名等不同的内容，以下称为"数据
源"。进行邮件合并操作之前首先要创建这两个
文档，并把它们关联起来，也就是标志数据源中
的各部分信息在主文档的什么地方出现。合并时
将主文档中的信息分别与数据源中的每条记录
合并，形成合并文档。

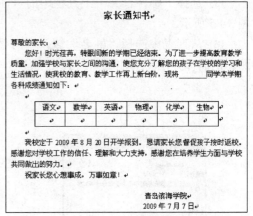
图 3-81　主文档

　　1．创建主文档
　　创建主文档的操作步骤如下。
　　① 新建一个文档或打开一个现有文档，
编辑好共有文本。如图 3-81 所示。
　　② 选择"工具"菜单中的"信函与邮件"
子菜单中"显示邮件合并工具栏"命令，出现"邮件合并"工具栏，如图 3-82 所示。

图 3-82　"邮件合并"工具栏

　　③ 单击"邮件合并"工具栏中的"设置文档类型"按钮，出现"主文档类型"对话
框，如图 3-83 所示。选择文档类型"信函"，点"确定"。则将当前活动文档设置为主文档。
　　2．选取数据源
　　主文档建立好后，接下来选取数据源。操作步骤如下。
　　① 单击"邮件合并"工具栏中的"打开数据源"按钮，出现"选取数据源"对话框。
　　② 找到作为数据源的文件，选中后，单击"打开"按钮。如图 3-84 所示。
　　说明：如果想从数据源中选取一部分收件人，可以单击"邮件合并"工具栏中的"收件人"
按钮，打开"邮件合并收件人"对话框，从列表中选择一部分收件人，单击"确定"按钮。

图 3-83　"主文档类型"对话框

图 3-84　"选取数据源"对话框

　　3．在主文档中插入合并域
　　完成主文档与数据源的连接后，就可以在主文档中插入合并域名，每个合并域名被"《》"
括起来。这是 Word 插入的特殊字符，用户不可以自己输入。

① 将光标定位到主文档中需要插入合并域的位置。

② 选择"邮件合并"工具栏中的"插入域"按钮 ，出现"插入合并域"对话框。如图 3-85 所示。

③ 从列表中选择"姓名"域，单击"插入"按钮，此时《姓名》域就插入到"同学"前面。用同样方法将其他域插入到相应位置。如图 3-86 所示。

图 3-85 "插入合并域"对话框

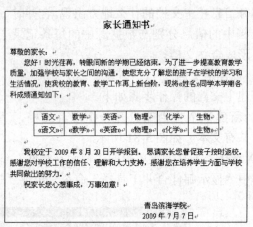

图 3-86 主文档内插入合并域

④ 然后单击"查看合并数据"按钮 ，可以预览合并效果。

说明：对主文档中的合并域也可以根据打印要求进行格式化。

4．将数据合并到主文档中

单击"邮件合并"工具栏上的"合并到新文档"按钮 ，出现"合并到新文档"对话框，单击"确定"按钮后，系统自动生成一个名为"字母 1"的新文档，把主文档内容与数据源中的数据合并，即可形成多个学生的家长通知书。

3.8.2 索引和目录

通常，长文档的正文内容完成之后，我们还需要制作目录和索引。

所谓"目录"，就是文档中各级标题的列表，它通常位于文章扉页之后。使用自动生成目录和索引的方法，是提高长文档制作效率的有效途径之一。

使用 Word 2003 为文档创建目录，最好的方法是根据标题样式。具体地说，就是先为文档的各级标题指定恰当的标题样式，然后 Word 会识别相应的标题样式，从而完成目录的制作。

1．制作目录

制作目录的操作步骤如下。

① 将光标定位到要插入目录的位置，然后插入一个类型为"下一页"的分节符（目录不属于正文，页码需要单独编排）。

② 选择菜单"插入"|"引用"|"索引和目录"命令，打开"索引和目录"对话框，选择"目录"选项卡。如图 3-87 所示。

图 3-87 "索引和目录"对话框

③ 在此对话框中进行相应的设置之后，单击"确定"按钮，即可自动生成目录。

2．更新目录

对文档进行了增删，或者将目录进行分栏等操作后，都需要对目录进行更新，更新目录的方法有两种。

方法 1：使用"大纲"工具栏中的"更新目录"按钮。

方法 2：用鼠标右键单击目录，选择快捷菜单中的"更新域"命令。

3.8.3　宏

Word 中的宏是指将一系列的 Word 命令和指令组合在一起，可以自动执行多个连续步骤的 Word 操作。创建并运行一个自定义宏，可使一系列复杂的、重复的操作变得非常简单，大大提高工作效率。

Word 内置了许多预定义的宏。实际上，Word 菜单中的每个命令都对应着一个宏。例如，【文件】中的【新建】命令便与一个名为"File New"的宏关联。用户可根据实际需要录制（创建）并运行自定义的宏。

Word 提供两种方法创建宏：一是使用宏录制器，二是使用 Visual Basic 编辑器。第二种方法要求用户熟悉 Visual Basic for Application（VBA）编程语言。这里只介绍第一种方法，即用宏录制器来录制宏。

1．宏的录制

下面以录制一个制作表格的宏为例，说明录制宏的操作步骤。

① 选择"工具"|"宏"|"录制新宏"命令，打开"录制宏"对话框，如图 3-88 所示。

② 在"宏名"文本框中输入"制作表格"。

③ 在"将宏保存在"列表中选"所有文档（Normal. dot）"或当前编辑的文档。选择前者，该宏将对所有基于 Normal. dot 模板的文档起作用，后者则只对当前文档起作用。

④ 单击"确定"按钮，则"录制宏"对话框关闭，文档窗口中出现"停止录制"工具栏。这时，鼠标指针变成，开始录制新宏。

⑤ 制作一个表格，并输入表格中的文字。

⑥ 单击"停止录制"工具栏上的"停止录制"按钮，结束宏的录制。

2．宏的运行

要运行上面录制的宏，首先将光标定位在要制作表格的位置，然后选择"工具"|"宏"|"宏"，打开"宏"对话框，如图 3-89 所示。选择宏名，单击"运行"即可。

图 3-88　"录制宏"对话框

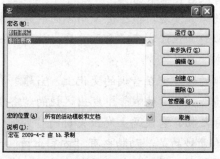

图 3-89　"宏"对话框

3．宏的删除

要删除用户录制的宏，可选择菜单"工具"|"宏"|"宏"，打开"宏"对话框，选中要删除的宏，单击"删除"按钮即可。

3.9　上机实验

3.9.1　文档的格式设置与版面设置

【实验目的】

1．掌握 Windows XP 环境下启动和退出 Word 2003 的常用方法。

2．熟悉 Word 窗口的组成以及如何在屏幕上显示或隐藏某些元素。

3．利用 Word 建立、打开、保存文档，并进行打开文件之间的切换。

4．掌握文本内容的输入、插入、删除、修改、恢复、查找、替换、复制及移动。

5．熟练掌握字体、字符间距、文字效果的设置方法。

6．熟练掌握段落的缩进、对齐、段间距、边框底纹等的设置方法。

7．掌握首字下沉、项目符号和编号的使用，以及分栏格式的设置。

8．熟练掌握在 Word 2003 文档中插入图片的方法，并进行图片格式设置。

9．掌握利用绘图工具栏绘制简单图形的方法。

10．掌握艺术字的绘制与编辑。

11．熟悉文本框的使用方法，掌握图文混排的方法。

12．掌握页码、页眉及页脚的设置方法。

【实验内容】

设置下面文档的格式和版面，最终要实现的效果如图 3-90 所示。

（1）启动 Word 2003：可用多种方法从 Windows 环境下启动 Word 2003，然后退出 Word。

（2）熟悉 Word 2003 窗口的各组成元素，并利用"视图"菜单中的"工具栏"命令或工具栏的快捷菜单使 Word 窗口中显示（或隐藏）常用、格式、绘图工具栏，使用视图菜单中的"标尺"命令显示（或隐藏）标尺。

（3）在 Word 的空文档中输入以下文本，并保存为 W1.doc。

生动有趣的动物语言

人有人言，兽有兽语。

动物学家发现，猴子会使用不同的声音来报告不同敌人的来临。如遇见豹子，它们会发出狗吠似的"汪汪"声；看见秃鹰，就发出一声低沉的喉音；见到逼近的毒蛇，则发出急促的"嘶嘶"声。

大雁的语言重在音调的变化上。当雁群在茫茫月光下沉睡时，担任哨兵的大雁却睁大警惕的眼睛，并不时从喉管中发出迟钝的"嗒嗒"声，这是说：平安无事，安心睡吧！要是发现了不祥之物，它便马上发出尖锐的"叽叽"声，唤醒群雁，准备撤退。

更为奇妙的是，动物也有"方言土语"。鸟类学者研究发现，美国密执安湖畔的乌鸦就不能与意大利佛罗伦萨郊区的乌鸦通话；城市的乌鸦与农村的乌鸦互不理解对方的"话语"。

动物语言学在科技的许多领域中都是大有可为的。前苏联的鸟类学家在森林中播送表示欢迎的鸟语，吸引了大批益鸟在林中定居；当成群结队禁捕的大海豚在渔轮周围嬉闹而影响作业时，一阵阵表示危险的"嘟嘟"语言传入水中，顷刻之间，捣蛋鬼们便统统逃之夭夭了！

人有人言，兽有兽语。

动物学家发现，猴子会使用不同的声音来报告不同敌人的来临。如遇见豹子，它们会发出狗吠似的"汪汪"声；看见秃鹰，就发出一声低沉的喉音；见到逼近的毒蛇，则发出急促的"嘶嘶"声。

大雁的语言重在音调的变化上。当雁群在茫茫月光下沉睡时，担任哨兵的大雁却睁大警惕的眼睛，并不时从喉管  的"嗒嗒"声，这是说：平安无事，安心睡吧！要是发现了不祥之物，它便马上发出尖锐的"叽叽"声，唤醒群雁，准备撤退。

更为奇妙的是，动物也有"方言土语"。鸟类学者研究发现，美国密执安湖畔的乌鸦就不能与意大利佛罗伦萨郊区的乌鸦通话；城市的乌鸦与农村的乌鸦互不理解对方的"话语"。

动物语言学在科技的许多领域中都是大有可为的。前苏联的鸟类学家在森林中播送表示欢迎的鸟语，吸引了大批益鸟在林中定居；当成群结队禁捕的大海豚在渔轮周围嬉闹而影响作业时，一阵阵表示危险的"嘟嘟"语言传入水中，顷刻之间，捣蛋鬼们便统统逃之夭夭了！

图 3-90   最终效果图

（4）打开文档 W1.doc，并设置页边距：上 2.8 厘米，下 3 厘米，左 3.2 厘米，右 2.7 厘米。

（5）设置字体与字号：第 1 段与第 4 段为楷体，小四；第 5 段为楷体、五号字；其他段落字体为宋体，五号。

（6）设置段落缩进：正文各段首行缩进 1 厘米，左右各缩进 0.5 厘米。

（7）设置行（段）间距：第 1 段为段前、段后各 6 磅；第 3 段段前、段后各 3 磅；最后一段段前 6 磅。

（8）设置分栏格式：将正文第 3 段文字设置为 2 栏，加分隔线。

（9）设置底纹：为第 5 段添加字符底纹；图案样式 15%，应用于文字。

（10）设置页眉/页码：给样文添加页眉文字，设置为楷体字，并插入页码等。

（11）设置艺术字：将标题中的“生动有趣的动物语言”设置为艺术字。艺术字式样：第 1 行第 1 列，字体：黑体；艺术字形状：细上弯弧；为该艺术字插入文本框，文本框填充色：黑色；按样文适当调整艺术字的大小和位置。

（12）插入文本框：宽度为 7.2 厘米，高度为 3.2 厘米，无线条颜色。

（13）插入图片：在文本框中插入一幅来自文件的图片。

3.9.2　表格的创建与设置

【实验目的】

1．掌握 Word 2003 表格的插入及编辑操作。

2．掌握 Word 2003 表格的对齐、边框、底纹等格式操作。

3．掌握 Word 2003 表格中单元格的拆分、合并及文本转换成表格等的操作。

【实验内容】

按图 3-91 所示效果建立课程表，并保存到文档“W2.doc”中。要求如下。

1．首先创建一个 7 × 5 的表格，表格列宽设为 2.4 厘米；表格第 1、2 行的行高设为 0.76 厘米；表格第 3 至 7 行的行高设为 0.5 厘米；整个表格居中。

2．合并第 1、2 行左端两单元格，将该单元格设置成斜线表头，行标题一为“时间”，行标题二为“节”，列标题为“星期”，七号字；第 1 行合并单元格“上午”、“下午”；拆分第 2 行单元格 1～8。

3．在各单元格中输入文字内容，所有单元格文字水平居中对齐、垂直居中对齐。

4．表格外框为 0.5 磅双线；第 1 列至第 5 列中间竖线为 1.5 磅实线；第 1 行、第 2 行的下框线为 1.5 磅实线；第 3 行至第 7 行各行中间横线为 0.5 磅虚线；其余表格线保留原来 0.5 磅单实线，最终效果如图 3-91 所示。

课 程 表

时间 节 星期	上午				下午			
	1	2	3	4	5	6	7	8
星期一	线性代数		体育		普通物理			
星期二	Java 语言				哲学原理			
星期三	线性代数		Java 语言					
星期四	普通物理		大学英语				艺术教育	
星期五	线性代数				大学英语			

图 3-91　最终效果图

3.9.3　公式编辑器的使用

【实验目的】

熟悉公式编辑器的使用，会输入一般的数学公式。

【实验内容】

使用公式编辑器在文本中输入下列公式。

$$P(a \leqslant x \leqslant b) = \int_a^b f(x)dx$$

$$\lambda^x = 1 + x + \frac{x^2}{2!} + \frac{x^3}{3!} + \cdots + \frac{x^n}{n!}$$

习　题

一、填空题

1．编辑文本时，如果要将光标移动到当前行的开始位置，可以按_____键。

2．Office 2003 剪贴板中最多可以保存_____个对象，能方便地从中选择需要的内容进行粘贴操作。

3．Word 2003 提供了一种定时自动保存文档的功能，可以根据设定的时间间隔定时自动地保存文档。我们可以选择"工具"菜单中的_____命令来设置它。

4．在 Word 2003 中，要选定一段文本，可把鼠标移至页面左侧选定栏处_____击鼠标左键。

5．在 Word 2003 中，段落中除了第一行之外，其余所有行缩进一定值的缩进方式是_____缩进。

6．_____用于显示当前窗体的状态，如当前的页号、节号、当前页及总页数、光标插入点位置、改写/插入状态、当前使用的语言等信息。

7．Word 2003 文档编辑的时候，设置字符间距的操作是在_____对话框中进行的。

8．Word 2003 文档的段落对齐方式有左对齐、居中对齐、右对齐、两端对齐和_____。

9．Word 2003 在编辑区中三击鼠标左键操作是用来选中一个_____。

10．Word 2003 中的文字边框和底纹应用范围包括_____和段落。

11．由 Word 2003 编辑的文档的扩展名是_____。

12．Word 把格式化分为_____、段落和页面格式化 3 类。

13．Word 在使用绘图工具绘制的图形中可以加入文字、英文和其他符号，方法是先右击图形，然后选择_____。

14．在 Word 2003 文档窗口中，若选定的文本块中包含有多种字号的汉字，则格式栏的字号框中显示_____。

15．按_____键可以求助 Office 助手。

16．在 Word 2003 中，拼写错误被系统用_____色波浪线标出。

17．Word 2003 的格式工具栏中的剪切和复制按钮呈灰色状态，表示文档中＿＿＿＿＿任何选定的内容。

18．启动 Word 2003 后，系统自动新建一个名为＿＿＿＿＿的空文档。

19．如果想把当前正在编辑的文档用另一个文件名保存，应该用"文件"菜单中的＿＿＿＿＿命令。

20．一个 Word 2003 文档编辑区中的闪烁的"I"型光标名称为＿＿＿＿＿。

21．在 Word 2003 中，将字符和段落的格式复制到其他文本上，最方便快捷的方式是使用＿＿＿＿＿。

22．分栏排版可以通过"格式"菜单下的＿＿＿＿＿命令来实现。

23．对 Word 表格平均分布各行，应使用＿＿＿＿＿工具栏中的相关命令。

24．选中一个图片后，按＿＿＿＿＿键可删除该图片。

25．页面设置对话框由若干个部分组成，设置纸张大小属于＿＿＿＿＿选项卡。

26．在表格里编辑文本时，选择整个一行或一列以后，按＿＿＿＿＿键就能删除选中的所有文本和表格。

27．艺术字默认的插入版式是＿＿＿＿＿式的。

28．Word 2003 中可使用＿＿＿＿＿菜单中的"页眉和页脚"命令来建立页眉和页脚。

29．插入 Word 文档中的图片对象有嵌入式和＿＿＿＿＿。

30．Word 2003 中的"样式和格式"菜单命令处于＿＿＿＿＿菜单中。

31．可以通过＿＿＿＿＿菜单来插入或删除行、列和单元格。

32．在 Word 2003 中，插入点移到前一个单元格，可用 Shift+＿＿＿＿＿。

33．在 Word 2003 中，可看到分栏效果的视图是＿＿＿＿＿。

34．＿＿＿＿＿对象不能与其他对象组合，可以与正文一起排版，但不能实现环绕。

35．如果要打印连续的多页，如 4 到 13，则在页码范围中输入＿＿＿＿＿。

36．在＿＿＿＿＿对话框中可以精确设定表格的行高和列宽值。

37．在 Word 2003 中，需要每一页的页码放在页底部右端，应使用"插入"菜单中的＿＿＿＿＿。

38．在 Word 2003 中选取一矩形文本的操作为按住＿＿＿＿＿键的同时，用鼠标拖动。

39．在 Word 中，可以使用＿＿＿＿＿键和方向键结合对插入的浮动式对象的位置进行微调。

40．在 Word 中，快速打开最近编辑过的文档的方法是点击"文件"菜单下方的相应文件名或输入文件名前面的＿＿＿＿＿。

二、判断题

1．在按下 Shift 键的同时单击"文件"菜单，选择"全部保存"命令就可将所有已经打开的 Word 文档逐一保存。

2．Word 的工具栏可以放置在窗口的任意位置。

3．滚动条分垂直滚动条和水平滚动条，但标尺就只有水平标尺。

4．在使用"字数统计"对话框时，可以任意选定部分内容进行字数统计。

5．在 Word 2003 中，用"格式"菜单中的"字体"命令不可以改变行间距。

6．Word 文档中，能看到的所有的一切都可以打印出来。

7．文本框的横排和竖排概念是相对文字方向来说的，其实它们可以互相转换。

8．在 Word 中，使用鼠标拖放的方法，可以复制文本，也可以移动文本。

9．在 Word 2003 中，文字的动态效果只能浏览不能打印。

10．在 Word 2003 中，项目符号只能从给定的项中选取，不能自定义。

11．在 Word 2003 中，用户可以使用标尺来调整页边距。

12．在 Word 2003 中，进行"分栏"设置时文本在填满第一栏后才移到下一栏。

13．Word 2003 中，在"打印"对话框里，可设置只打印光标插入点所在的页。

14．在 Word 2003 中可以插入图片，但不能绘制流程图、结构图等。

15．Word 2003 中，在打印预览窗口中，不可以对文档进行编辑。

16．在"常用"工具栏上的"插入表格"按钮这种方法适合创建规模较小的表格。

17．在页面设置的"文档网格"选项卡中可以设置分栏数。

18．嵌入式对象不能放置到页面的任意位置，只能放置到文档插入点的位置。

19．在 Word 中，只可以建立一空表格，再往表格里填入内容，不可以将现有的文本转换成表格。

20．Word 中的数学公式是通过单击"插入"菜单中的"公式"命令来实现的。

三、问答题

1．Word 2003 的窗口由哪几个部分组成？

2．在 Word 中如何插入一张图片？插入图片之后如何使它处于文本中的任意一个位置？

3．样式对于一个 Word 文档来说是非常重要的，那么样式的创建以及应用、修改等具体是如何操作的？

4．在 Word 中也可以直接选择纸张的类型，如 A4 等，那么是如何选择的？

5．图片的正文环绕方式有几种，它们的设置效果有何不同？

6．Word 2003 有哪几种视图方式，各有什么特点？

7．简述文本框的作用及其操作方法。

8．要对一个文档的各个段落进行多种分栏，应如何操作？

9．使用样式和模板的优点是什么？

10．在 Word 中插入表格之后，还可以对它进行拆分或合并等操作，用学到的知识自己制作一个成绩单。

第4章

Excel 2003 电子表格软件

Excel 2003 是目前世界上最流行的电子表格软件之一，是 Office 2003 的重要组成部分；除了具有一般表格处理软件能够处理各种二维表格的功能外，还可以进行多表处理或多工作簿处理，具有友好的界面、绘制图表功能、数据库管理功能和完善的动态分析功能；既可单独运行，也可以与 Office 2003 的其他软件相互传送数据，进行数据共享。本章的知识点包括 Excel 2003 基本操作、编辑工作表、单元格格式设置、数据管理、图表制作及打印等。

4.1 Excel 2003 的工作环境

Excel 2003 是处理电子表格的应用程序，主要用于数据的组织与管理，它具有以下主要功能。
- 简单、方便的表格处理功能：包括数据的输入、编辑、复制、移动、隐藏和格式化等。
- 强大的图表功能：用各种图表非常直观地表示和反映数据。
- 数据库管理功能：Excel 2003 把工作表中的数据作为一个数据库，提供了排序、分类汇总、筛选等数据管理功能。

4.1.1 Excel 2003 的窗口界面

启动 Excel 2003 后，出现图 4-1 所示的工作界面，对 Excel 的全部操作都将在这里实现。它由应用程序窗口和工作簿窗口组成，包括标题栏、菜单栏、工具栏、编辑栏、滚动条、状态栏等元素。其中一些元素会根据需要出现或隐藏。

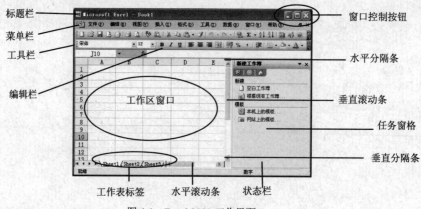

图 4-1 Excel 2003 工作界面

● 标题栏：用于显示当前窗口正在运行的应用程序及工作簿文档的名称，通过鼠标可以拖动标题栏来移动窗口以及进行最小化、最大化、还原、关闭窗口等操作。

● 菜单栏：是 Excel 2003 的命令集合，也是常用的人机交互方式，Excel 2003 的几乎所有功能都可以从菜单中执行。

● 工具栏：是常用的 Excel 2003 命令集合，用工具栏能实现的功能，用菜单栏均可实现，但使用工具栏更为简捷方便。

● 编辑栏：用于显示、编辑当前单元格中的数据和公式。编辑栏由单元格名称框、操作按钮、编辑区三部分组成。

● 工作表标签：每个工作表标签代表一个工作表。标签名就是工作表名称。单击所需工作表标签，可快速激活相应的工作表。

● 任务窗格：启动 Excel 2003 后，默认情况下系统自动打开"开始工作"任务窗格，利用此窗格可以进行各种信息的检索、打开工作簿和新建工作簿等操作。Excel 2003 共有 11 种窗格，可以根据需要选择不同的任务窗格。

4.1.2　Excel 2003 的基本元素

在使用 Excel 2003 之前，首先需要了解 Excel 2003 的一些基本元素，打开一个 Excel 文件后的工作界面如图 4-2 所示。

● 工作簿：在 Excel 2003 中，工作簿以文件的形式存放在计算机的外存储器中，其扩展名为".xls"。新创建的工作簿，Excel 将自动为其命名为：Book1，Book2……用户也可重新赋予工作簿有意义的名字，如"销售情况"。

● 工作表：工作表是用于输入、编辑、显示和分析数据的表格，它由行和列组成，存储在工作簿中。每一个工作表都用一个工作表标签来标志。

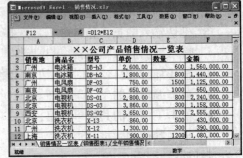

图 4-2　Excel 文件的工作界面

新建工作簿时，Excel 将自动为工作表命名为：Sheet1，Sheet2……用户也可重新命名，如"销售情况一览表"、"销售图表 1"、"全年销售情况"等。

● 单元格：单元格是 Excel 工作表的最小单位。每个矩形小方格就是一个单元格，用于输入、显示和计算数据，一个单元格内只能存放一个数据。如果输入的是文字或数字，则原样显示；如果输入的是公式或函数，则显示其结果。每个单元格内容长度的最大限制是 32 767 个字符，但是单元格中只能显示 1 024 个字符，编辑栏中才可以显示全部的 32 767 个字符。

● 单元格地址：单元格地址用来标志一个单元格的坐标，用列标和行号组合表示，列标在前、行号在后。其中行号用 1，2，3，4……65 536 表示，列标用 A，B，C……IV 表示。如第 5 列第 8 行的单元格的地址为 E8。

Excel 2003 启动后，系统默认打开的工作表数目是 3 个，用户也可以改变这个数目，方法是：单击"工具"菜单中的"选项"命令，打开"选项"对话框，再单击"常规"选项卡，改变"新工作簿内的工作表数"后面的数值（数字介于 1～255），这样就设置了以后每次新建工作簿同时打开的工作表数目。每次改变以后，需重新启动 Excel 2003 才能生效。

一个工作簿包含一张或多张工作表，每个工作表由 65 536 行、256 列单元格构成。工作簿相当于一本账簿，工作表相当于账簿中的一张账页，而每张账页中的表格栏就是单元格。

4.2　Excel 的基本操作

4.2.1　新建工作簿

新建工作簿有以下 3 种方法。

方法 1：启动 Excel 2003 自动创建。Excel 将自动建立一个名为 Book1（或 Book2、Book3……）的工作簿。

方法 2：单击常用工具栏的"新建"按钮，可以直接新建一个空白工作簿。

方法 3：单击"文件"菜单，选择"新建"命令，打开"新建工作簿"任务窗格，如图 4-1 所示。鼠标单击选择即可。

4.2.2　输入数据

Excel 的数据类型分为数值型、字符型和日期时间型 3 种。输入各种类型数据的方法如下。

① 单击目标单元格，选择为当前单元格。

② 在当前单元格中输入数据。

③ 确认输入数据。输入数据后选择以下方式之一，输入数据即被确定。

- 输入数据后按回车键，自动选择下一行单元格。
- 按【Tab】键自动选择右边单元格。
- 单击编辑框的"√"按钮。
- 单击工作表的其他单元格。

1．输入数值型数据

数值型数据由 0～9、E、e、$、%、小数点和千分位符号等组成。数值型数据在单元格中的默认对齐方式为"右对齐"。Excel 数值型数据的输入与显示有时会不一致。

① 当数值型数据的输入长度超过单元格的宽度时，Excel 将自动用科学计数法来表示，如 1.252 46E+11。

② 若单元格格式设置为两位小数，当输入 3 位以上小数时，显示在单元格中的数据的第三位小数将按照四舍五入进行取舍。

③ Excel 的数据精度为 15 位，若数字长度超出 15 位，则多余的数字舍入为零。

④ 输入分数时，应在分数前输入 0 及一个空格，如分数 3/4 应输入"0 3/4"。

⑤ 输入负数时，应在负数前输入负号，或将其置于括号中。如-5 应输入"-5"或"（5）"。

⑥ 当单元格中显示"#########"时，表示单元格的宽度不足以显示输入的数据，此时只需双击该单元格列标的右界，改变单元格的宽度即可。

2．输入字符型数据

字符型数据包括汉字、英文字母、数字、空格及键盘能输入的其他符号。字符型数据在单元格中的默认对齐方式为"左对齐"。对于由数码组成的数据，特别是有前置零（"0"）的数据，如邮政编码、电话号码等，当作字符处理时，则需要在输入的数字之前加一个西文单引号（'），Excel 将自动将它当作字符型数据处理。

当输入的字符长度超过单元格的宽度时，若单元格右边无数据，则扩展到右边单元格显示，否则，将按照单元格宽度截断显示。

3．输入日期时间型数据

Excel 常用的日期格式有"yy/mm/dd"、"yy-dd-mm"，年、月、日之间用斜线"／"或连字符"-"分隔。时间格式为"hh:mm [am/pm]"，如"10:30 AM"，其中 AM/PM 与时间之间应有空格。如果缺少空格，将当作字符型数据来处理。如果在单元格中既输入日期又输入时间，则中间也必须用空格隔开。

在默认状态下，日期和时间型数据在单元格中右对齐。如果 Excel 2003 不能识别输入的日期和时间格式，输入的内容将被视作文本，并在单元格中左对齐。

输入当前日期的快捷方式为【Ctrl+;】组合键；输入当前时间的快捷方式为【Ctrl+Shift+;】组合键。

【任务实例 1】 在 Excel 工作簿 Book1 的 Sheet1 工作表中输入图 4-3 所示的数据。

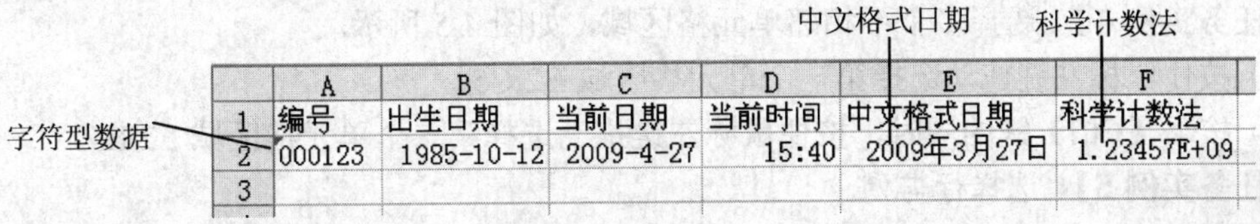

中文格式日期   科学计数法

	A	B	C	D	E	F
1	编号	出生日期	当前日期	当前时间	中文格式日期	科学计数法
2	000123	1985-10-12	2009-4-27	15:40	2009年3月27日	1.23457E+09
3						

字符型数据

图 4-3 数据输入

① 在单元格 A1、B1、C1、D1、E1、F1 中分别输入"编号"、"出生日期"、"当前日期"、"当前时间"、"中文格式日期"和"科学计数法"。

② 在单元格 A2 中输入"'000123"，在单元格 B2 中输入"1985/10/12"。

③ 选中单元格 C2，按【Ctrl+;】组合键；选中单元格 D2，按【Ctrl+Shift+;】组合键。

④ 输入中文格式日期：选中单元格 E2，输入日期后，选择"格式"|"单元格"命令，打开"单元格格式"对话框，在对话框"数字"选项卡中选择"日期"，再选择所需的日期类型，单击"确定"按钮即可。

⑤ 在单元格 F2 中输入"1234567890"。

4．输入批注

批注是在 Excel 2003 中根据实际需要对某些特殊单元格中的数据添加相应的注释，以便用户以后通过查看这些注释可以快速清楚地了解和掌握相应的单元格数据。

【任务实例 2】 在上例中的单元格 E2 中添加批注"中文格式日期"。

① 选中单元格 E2，在"插入"菜单中选择"批注"命令。

② 在弹出的批注框中输入批注"中文格式日期"。

③ 输完后，单击批注框外部的工作区域，这时，可以发现添加了批注的单元格的右上角出现了一个小红三角。

要编辑、删除、显示、隐藏批注，可以选定单元格单击右键，在弹出的快捷菜单中选择相应的命令。

4.2.3 单元格区域选择

1．选择单元格区域

单元格是 Excel 中最基本的工作单元，选择单元格区域是对 Excel 操作的第一步。相关的多个单元格组成单元格区域，表示单元格区域可用区域名。默认的区域名由该区域左上角单元格名和右下角单元格名，中间加冒号组成。例如，"B3:E8"表示从左上角为 B3 的单元格到右下角为 E8 的单元格所组成的一片矩形区域。单元格区域可分为相邻的单元格区域和不相邻的单元格区域。

【任务实例 3】 如图 4-4 所示，进行单元格区域的选择。

● 用鼠标单击目标单元格区域的左上角单元格（B2），按住鼠标左键并拖动至所选区域的右下角单元格（D5），然后释放鼠标，如图 4-4 所示。

● 先单击所选区域的左上角单元格（B2），按住【Shift】键不放，然后单击所选区域的右下角单元格（D5），如图 4-4 所示。

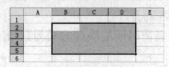 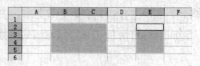

图 4-4　相邻单元格区域　　　　　　　　图 4-5　不相邻单元格区域

【任务实例 4】 选择多个不相邻单元格区域，如图 4-5 所示。

① 按住鼠标左键拖动选择第一个单元格区域 B2:C5。

② 按下【Ctrl】键的同时，按住鼠标左键拖动选择第二个单元格区域 E2:E5。

【任务实例 5】 选择行与列。

① 选择一行或一列：用鼠标单击某行号或某列标，即可选中该行或列。

② 选择相邻的整行或整列：按住鼠标左键在行号或列标上拖动。

③ 选择不相邻的整行或整列：按住【Ctrl】键不放，逐个单击欲选择的行号或列标。

2．工作表内快速定位

Excel 工作表最多可达 65 536 行、256 列，用【Ctrl+→】组合键直接定位到第 256 列，用【Ctrl+←】组合键直接返回第 1 列，用【Ctrl+↓】组合键直接定位到最后一行，用【Ctrl+↑】组合键直接返回首行。

4.2.4　工作簿的保存、关闭与打开

1．保存工作簿

为长期保存工作簿或防止因为机器故障、突然停电等原因造成数据丢失，必须执行"保存"操作。保存工作簿有多种方法。

【任务实例 6】 新建一个 Excel 工作簿，然后保存，设置文件名为"销售情况"。

① 单击常用工具栏的"保存"按钮（或选择"文件"|"保存"命令，也可以使用快捷键【Ctrl+S】保存），则 Excel 会打开"另存为"对话框，如图 4-6 所示。

② 在"保存位置"下拉列表框中选择工作簿存放的磁盘和文件夹。

③ 在"文件名"组合框中输入工作簿文件名（"销售情况"），单击"保存"按钮即可。

如果工作簿已经保存过，修改后需要再次保存，则只需执行第①步，工作簿将按第一次设置的保存位置和文件名自动保存。

【任务实例 7】 对工作簿设置"自动保存"功能。

Excel 2003 可以自动保存工作簿，以最大限度恢复因突然断电丢失的信息，方法如下。

① 单击"工具"菜单中的"选项"命令，弹出"选项"对话框。

② 选择"保存"选项卡，设置自动保存的时间间隔即可，如图 4-7 所示。

图 4-6　保存工作簿　　　　　　　　　　　　图 4-7　自动保存

2．工作簿的关闭与打开

【任务实例 8】　关闭工作簿。

① 选择"文件"|"关闭"命令。

② 若工作簿修改后未保存，则系统自动提示是否保存。单击"是"按钮，则在关闭前保存工作簿内容；单击"否"按钮，则不保存工作簿当前内容，直接关闭工作簿。

【任务实例 9】　打开工作簿。

打开工作簿的方法有如下 3 种。

方法 1：双击要打开的 Excel 文件可直接启动 Excel 并打开该文件。

方法 2：选择"文件"|"打开"命令，或单击常用工具栏中的"打开"按钮。

方法 3：单击"文件"菜单底部最近使用过的文件名。

4.3　编辑工作表

工作表的编辑包括工作表内数据的增加、删除、修改、复制、移动、数据填充、设置数据有效性以及工作表的插入、删除、重命名和工作表窗口的操作等。

4.3.1　编辑工作表数据

1．编辑单元格数据

编辑单元格数据有两种情况：一种是重新输入，另一种是对已有数据进行编辑。

【任务实例 10】　对已有数据的 A1 单元格，重新输入数据后，对其进行编辑修改。

① 单击 A1 单元格，输入新数据，则新数据覆盖了原有数据。

② 双击 A1 单元格，鼠标指针变为"Ｉ"后，将其指向修改处，输入修改数据。或单击 A1 单元格，将光标移到编辑栏上，对其数据进行修改。

③ 按【Enter】键或单击编辑栏中的"√"按钮确认，新数据将代替原数据，如图 4-8 所示。

图 4-8　编辑单元格数据

2．复制和移动数据

Excel 数据复制或移动的方法很多，常用鼠标拖动、剪贴板和快捷键 3 种方式。

【任务实例 11】 单元格中部分字符的复制。

① 选中单元格。

② 在编辑栏中选中要复制的字符。

③ 单击常用工具栏中的"复制"按钮，或选择"编辑"|"复制"命令，或使用快捷键【Ctrl+C】。

④ 选中目标单元格，将光标移到要插入字符的位置。

⑤ 单击常用工具栏中的"粘贴"命令，或选择"编辑"|"粘贴"命令，或使用快捷键【Ctrl+V】执行"粘贴"命令。

【任务实例 12】 单元格或单元格区域的复制和移动。

① 选中所要复制的单元格或单元格区域。

② 将鼠标指向所选单元格或单元格区域边框，当鼠标指针由空心十字形状变为空心箭头形状时，按住【Ctrl】键（若是移动，则不需按【Ctrl】键）。

③ 拖动鼠标至目标单元格或目标单元格区域，释放鼠标完成复制操作。

3．清除单元格

"清除"与"删除"单元格是有区别的，"清除"命令清除的是单元格内的内容、格式或批注，而不影响单元格的位置。

【任务实例 13】 清除单元格。

① 选中需要清除的单元格、行或列。

② 选择"编辑"|"清除"命令，如图 4-9 所示。根据清除需要，分别选择"全部"、"内容"、"格式"或"批注"命令即可。

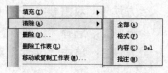

图 4-9 "清除"子菜单

4.3.2 行、列及单元格的插入和删除

Excel 允许对当前工作表插入或删除一个或多个单元格、整行或整列，甚至若干行、若干列或一个区域。

【任务实例 14】 插入、删除单元格。

① 选中要插入或删除的单元格。

② 按下鼠标右键，在图 4-10（a）所示的快捷菜单中选择"插入"或"删除"命令。

③ 在打开的图 4-10（b）或图 4-10（c）所示的对话框中选择单元格的移动方向。

④ 单击"确定"按钮，即可完成单元格的插入或删除操作。

（a）快捷菜单　　　　（b）"插入"对话框　　　（c）"删除"对话框

图 4-10 单元格及行、列的插入和删除

【任务实例 15】 插入、删除行或列。

选中要插入或删除的行号或列标，在快捷菜单中选择"插入"或"删除"命令。

4.3.3　快速输入数据

1．区域数据输入

利用单元格区域，可提高输入数据的速度。

【任务实例 16】　在选中的单元格区域内，输入不同数据。

① 选择单元格区域 A2:C5。

② 每输入一个数据后按回车键。当输入数据到达区域下界 A5 单元格时按回车键，此时，区域的第二列的第一行，即单元格 B2 自动成为当前单元格。若每输入一个数据后按【Tab】键，当输入数据到达区域右界时，则区域的第二行的第一列，即单元格 A3 自动成为当前单元格。

③ 依次输入其他数据，效果如图 4-11 所示。

由于采用这种方法输入，无需每次用鼠标去选择所输数据区域的行首或列首，因此可提高数据输入的速度。

【任务实例 17】　在选中的单元格区域内，输入同一个数据。

① 选择单元格区域 A1:B3。

② 单击编辑栏，在编辑栏中输入字符串"计算机"。

③ 按下【Ctrl】键的同时，按回车键，或按下【Ctrl】键的同时，单击编辑栏中的"√"按钮，此时区域内的所有单元格均已输入字符串"计算机"，效果如图 4-12 所示。

2．数据填充

对于有规律数据的输入，Excel 2003 提供了数据自动填充功能，不仅可以提高数据输入的速度，而且不易出错。

（1）使用填充句柄

【任务实例 18】　使用数据的自动填充功能，输入数字序列，如图 4-13（a）所示。

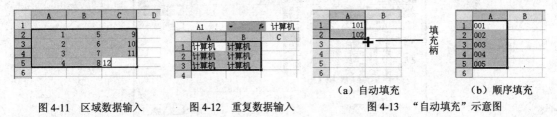

图 4-11　区域数据输入　　　　图 4-12　重复数据输入　　　　（a）自动填充　　　　（b）顺序填充

图 4-13　"自动填充"示意图

① 在 A1 和 A2 两个单元格中分别输入"101"和"102"。

② 选中这两个单元格，鼠标指向填充句柄，此时鼠标指针变为"+"号，向下拖动鼠标至 A6 单元格。

③ 释放鼠标左键，完成数字序列自动填充。

注意：若要输入图 4-13（b）所示的文本序列，只需输入一个数据，而且必须在起始序号前加西文单引号，即在单元格 A1 中输入"'001"，然后，按上面第②、③步操作即可。日期和时间数据序列的填充操作与此相同。

（2）使用菜单

【任务实例 19】　使用菜单，进行等差、等比序列的填充。

① 单击单元格 A1，输入学号"101"，按回车键后，再次单击该单元格。

② 选择"编辑"|"填充"|"序列"命令，弹出对话框，如图 4-14 所示。

③ 在对话框中选择"列"和"等差序列"单选按钮，输入步长值"1"，输入终止值"110"。

④ 单击"确定"按钮完成操作。

【任务实例20】 利用 Excel 2003 预设序列，完成图 4-15 所示的序列自动填充。

① 单击单元格 B1，输入起始月份"一月"。

② 鼠标指向填充句柄，当鼠标指针变为"+"号时，按住鼠标左键，向右拖动至 G1 单元格即可。

③ 星期序列的自动填充，与上面的操作相似。

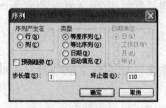

图 4-14 "序列"对话框

图 4-15 利用"预设序列"填充

（3）自定义填充序列

Excel 2003 预设了 11 组序列供自动填充使用。对于那些经常出现的有序数据，如学生名单、学号等，可以使用"自定义序列"功能，将它们添加到自动填充序列内。

【任务实例21】 设置由省、市名称组成的"自定义序列"。

① 选择"工具"|"选项"命令，打开"选项"对话框。

② 选择"自定义序列"选项卡，出现如图 4-16 所示的对话框。

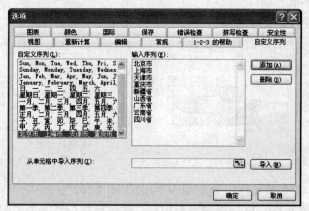

图 4-16 "自定义序列"选项卡

③ 在"输入序列"文本框中输入"北京市"、"上海市"……序列成员之间用【Enter】键或逗号分隔。

④ 输入完成后，单击"添加"按钮，输入的新序列将添加在"自定义序列"列表框中。

⑤ 单击"确定"按钮，完成自定义序列的设置。

若用户想将工作表中已经输入好的某行或某列数据，添加在"自定义序列"中，可在图 4-16 的"导入序列所在的单元格"文本框中，输入（或选择）要导入序列的单元格区域，单击"导入"按钮，即可快速建立符合自己要求的"自定义序列"。

4.3.4　查找与替换

使用查找与替换功能可以在工作表中快速定位要查找的信息，并且可以有选择地用其他值替换它们。查找与替换操作既可以在一个工作表中进行，也可以在多个工作表中进行。

在进行查找与替换操作之前，应该先选择一个搜索区域。如果只选定一个单元格，则在当前工作表内进行搜索；如果选定一个单元格区域，则在该区域内进行搜索；如果选定多个工作表，则在多个工作表中进行搜索。

【任务实例 22】　查找操作。

① 选择"编辑"|"查找"命令，弹出"查找和替换"对话框，如图 4-17 所示。

② 在"查找内容"文本框中输入要查找的信息。

③ 在"搜索方式"下拉列表框中选择是按行还是按列搜索。

④ 单击"查找下一个"按钮，查找下一个符合搜索条件的单元格。

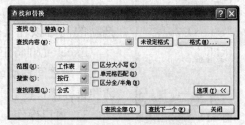

图 4-17　"查找和替换"对话框

替换操作与查找非常相似，只是除了要在"查找内容"文本框中输入要查找的内容之外，还需要在"替换为"文本框中输入要替换的数据。若要替换工作表内所有与查找内容相同的数据，可直接单击"全部替换"按钮。

4.3.5　工作表的操作

1. 插入、删除和重命名工作表

工作簿通常由多个工作表组成，要编辑工作表，必须先选定工作表。单击某工作表标签即可选中该工作表，使工作表的内容出现在工作簿窗口。若同时选择多个工作表，按住【Ctrl】键不放，单击工作表标签可选择多个不连续的工作表；按住【Shift】键不放，单击工作表标签可选择多个连续的工作表。多个选中的工作表组成一个工作表组，此时在标题栏中将出现"[工作组]"字样。

选定工作组的好处是，在工作组中一张工作表的任意单元格中编辑数据或设置格式以后，工作组内的其他工作表的相同单元格也将出现相同的数据和格式。对于在多个工作表中输入相同数据或设置相同格式，建立工作组无疑将大大提高工作效率。单击工作组外任意一个工作表标签便可取消工作组。

【任务实例 23】　工作表的插入和删除。

① 单击工作表标签（如 Sheet1），右击调出快捷菜单，如图 4-18 所示，选择"插入"命令。

② 在打开的"插入"对话框中，单击"常用"标签后选择"工作表"图标，单击"确定"按钮；或选择"插入"|"工作表"命令，则在当前工作表之前插入一个空白工作表。

③ 在快捷菜单中，选择"删除"命令，在给出的提示对话框中，单击"确定"按钮；或选择"编辑"|"删除工作表"命令，即可将当前工作表删除。

【任务实例 24】　将工作表 Sheet1 重命名为"成绩单"。

① 右击工作表 Sheet1 标签，在弹出的快捷菜单中选择"重命名"命令；或选择"格式"|"工作表"|"重命名"命令。

② 该工作表标签呈现反白显示，输入"成绩单"。

2．移动和复制工作表

【任务实例 25】 利用菜单或鼠标拖动方式，复制（移动）工作表。

① 右击工作表标签打开快捷菜单，选择"移动或复制工作表"命令，如图 4-18 所示。

② 在打开的对话框中，选择要移动或复制的目标工作簿和工作表的位置。

③ 选择"建立副本"复选框，进行复制操作，否则进行移动操作。

④ 单击"确定"按钮即可，如图 4-19 所示。

图 4-18　快捷菜单

图 4-19　"移动或复制
工作表"对话框

利用鼠标拖动进行操作时，单击要移动或复制的工作表标签，将其拖动到要移动的位置后释放左键，即完成工作表的移动。若在拖动的同时按住【Ctrl】键即可达到复制的目的。

Excel 允许将工作表在一个或多个工作簿中移动或复制。如果在两个工作簿之间移动或复制，则必须将两个工作簿都打开，并确定源工作簿和目标工作簿。

3．窗口操作

窗口操作分为拆分、冻结与重排窗口等。

（1）窗口拆分

窗口拆分是指把当前工作表的活动窗口拆分成窗格，并且在每个被拆分的窗格中都可以通过滚动条来显示工作表的各个部分，使用户可以在一个窗口中查看工作表不同部分的内容。工作表拆分一般分为水平拆分、垂直拆分和水平垂直拆分 3 种。

选择活动单元格的位置，该位置就将成为工作表拆分的分隔点；单击"窗口"|"拆分"命令，就在选定的单元格处将工作表分成 4 个独立的窗格。在其中任意一个窗格内输入或编辑数据，在其他的窗格中会同时显示相应的内容，如图 4-20 所示。

也可利用鼠标拖动分隔条的方式随心所欲地拆分工作表。当鼠标移到分隔条上时，鼠标箭头会变成带有双箭头的双竖线。拖动垂直分隔条，可将窗口分成上下两个窗格；拖动水平分隔条，可将窗口分成左右两个窗格；分别拖动两个分隔条，可将窗口分成 4 个窗格。

选择"窗口"|"取消拆分"命令（或双击分隔条）可以撤销工作表拆分。

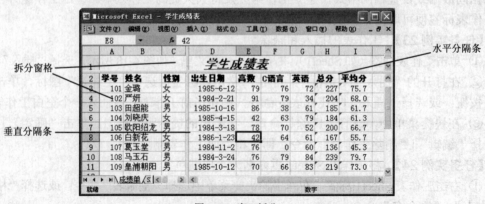

图 4-20　窗口拆分

（2）冻结窗格

通常工作表都将第 1 行或第 1 列作为标题行或标题列。对于数据项较多的工作表，查看后面的数据时，由于无法看到标题，往往无法分清单元格中数据的含义。"冻结窗格"命令可以将工作表中所选单元格上边的行或左边的列冻结在屏幕上，使得滚动工作表时在屏幕上一直显示它们。窗格冻结与窗口拆分类似，分为水平冻结、垂直冻结和水平垂直同时冻结。

首先选定一个基准单元格，选择"窗口"|"冻结窗格"命令。窗格冻结后，在基准单元格的上面和左面将各有一条黑色细线显示。此时，无论怎样上下滚屏，工作表上面和左面的内容始终保持不变。

选择"窗口"|"取消冻结窗格"命令，即可撤销窗格冻结。

（3）窗口重排

如果已打开多个工作簿，想将它们同时显示在一个屏幕上，可以使用"重排窗口"命令。打开需要同时显示的多个工作簿，选择"窗口"|"重排窗口"命令，打开"重排窗口"对话框。选择一种重排方式后单击"确定"按钮即可。

图 4-21　"保护工作表"对话框

4．数据保护

Excel 提供了对工作簿及工作表的保护方法，以避免重要工作簿或工作表中的数据被他人存取和修改。

【任务实例 26】　保护工作表。

① 选择要保护的工作表。

② 选择"工具"|"保护"|"保护工作表"命令。

③ 打开"保护工作表"对话框，如图 4-21 所示，选择要保护的项目。

④ 在"密码"文本框中输入密码，检查无误后单击"确定"按钮。

⑤ 进行密码确认，在图 4-22 所示的对话框中再次输入密码后，单击"确定"按钮，完成对工作表的保护。

⑥ 用户要取消"保护工作表"设置时，可选择"工具"|"保护"|"撤销工作表保护"命令，输入正确的保护密码即可。

⑦ 使用相同的方法对工作簿设置"保护工作簿"和"保护共享工作簿"功能，可以实现对工作簿和网络环境下共享工作簿的保护。

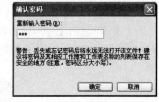

图 4-22　"确认密码"对话框

4.4　单元格的格式设置

4.4.1　改变行高和列宽

Excel 提供默认的行高和列宽，如果输入的实际数据所占的宽度和高度超出默认的行高和列宽，文本型数据超长的部分将被隐藏，数字型数据则用"#######"表示。此时，完整的数据仍在单元格中，只需要对行高和列宽进行相应的调整，即可显示单元格中的完整数据。

【任务实例 27】 工作表数据区域列宽与行高的调整与隐藏（下面以调整列宽为例，行高的调整与列宽的调整方法相同）。

① 拖动调整：移动鼠标指针到所要设置列的右界时（即相邻两列列标的中间），鼠标指针的形状变成 ↔，向左或向右拖动鼠标，列宽将随之改变；或选择"格式"|"列"|"列宽"命令，如图 4-23 所示，打开"列宽"对话框，在文本框中输入合适的列宽，可实现列宽的精确调整。

② 自动调整：移动鼠标指针到列标的右界，鼠标指针的形状变成 ↔ 时，双击鼠标左键，则列宽自动调整为"最适合的列宽"；或在图 4-23 所示的菜单中选择"最适合的列宽"命令，将列的宽度自动地调整为所选定的列中数据的最大宽度。

图 4-23 "格式"菜单下的"列"级联菜单

4.4.2 行、列的隐藏和取消隐藏

选择"格式"菜单中的"隐藏"命令，可将被选择的行或列隐藏起来不予显示。选择"取消隐藏"命令。即可取消那些隐藏的行或列，使之重新显示。

4.4.3 自动套用格式

自动套用格式是 Excel 提供的应用于单元格区域的格式集。利用这些格式，用户可以很方便地将所选定的单元格区域格式化为自己所需要的形式，而不用对单元格进行单独设置。

【任务实例 28】 利用"自动套用格式"命令格式化单元格区域。

① 选中要套用格式的区域。

② 选择"格式"|"自动套用格式"命令，打开"自动套用格式"对话框，如图 4-24 所示。

③ 选择相应的格式。

④ 单击"确定"按钮，即可得到所需要的表格格式。

如果表格中的内容只是部分地使用格式，可单击图 4-24 所示的"选项"按钮，在"自动套用格式"对话框的下面会出现"要应用的格式"选项组。默认状态为全选，也可根据需要选择。

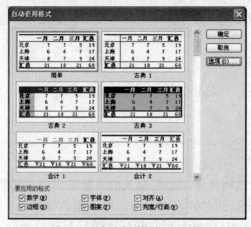

图 4-24 "自动套用格式"对话框

4.4.4　数据格式的设置

Excel 2003 的主要功能之一就是对数据进行处理，因此，正确设置数据的格式是非常重要的。Excel 2003 提供了多种数据格式，如数值、货币、日期、时间等。可用【格式】菜单中的"单元格"命令，在"数字"选项卡中设置数据格式。

【任务实例 29】　设置数据格式。

① 选择需要设置数据格式的单元格（或区域）。

② 选择"格式"菜单中的"单元格"命令，出现图 4-25 所示的对话框。

③ 在该对话框中，默认显示"数字"选项卡，在该选项卡中，首先设置数据的"分类"，然后对数字进行相应的设置。

④ 单击对话框中的"确定"按钮，完成设置。

图 4-25　设置单元格格式

4.4.5　单元格边框线的设置

Excel 工作表中，上面的单元格边框在打印时不会显示出来。所以创建工作表时需要设置单元格边框线。添加边框线不但可以区分工作表的范围，还可以使工作表更加清晰美观。

【任务实例 30】　设置单元格边框。

① 选择要添加边框的单元格区域。

② 如果只设置简单的边框，可以直接单击图 4-26 所示的工具栏中的"边框"按钮右侧的小三角按钮，打开"边框"下拉列表，选择需要的边框即可。

③ 如果需要设置比较复杂的边框，可单击"格式"菜单，在弹出的下拉菜单中选择"单元格"命令。在弹出的"单元格格式"对话框中单击"边框"标签，打开"边框"选项卡，如图 4-27 所示。

图 4-26　设置单元格边框　　　　　　　图 4-27　"边框"选项卡

④ 在"线条"区域设置外边框线条；在"颜色"下拉列表框中选择外边框的颜色后，在"预置"区域，单击"外边框"按钮。

⑤ 在预览窗口中预览设置效果，完成后单击"确定"按钮。

4.4.6 条件格式

Excel 2003 提供的"条件格式"功能,对选定区域中满足条件的单元格可以用醒目的方式表示。

【**任务实例 31**】 在学生成绩表中,将不及格成绩设置成红色、加粗显示。

① 选择要设置格式的区域。

② 单击"格式"菜单,选择"条件格式"命令,打开"条件格式"对话框,如图 4-28 所示。

③ 在第 2 个下拉列表框中选择"小于";在第 3 个文本框中输入"60"。

图 4-28 "条件格式"对话框

④ 单击"格式"按钮,在打开的"单元格格式"对话框中选择"字体"选项卡,"颜色"选择"红色","字形"选择"加粗",单击"确定"按钮,返回"条件格式"对话框。

⑤ 单击"确定"按钮,完成条件格式的设置。

4.5 公式和函数

公式和函数是 Excel 中非常重要的内容之一,灵活正确地运用公式和函数,可以简化数据计算,实现数据处理的自动化。

4.5.1 公式的使用

Excel 中的公式是以等号"="开头,由运算符和运算对象组合而成的。运算符包括算术运算符、比较运算符、文本运算符;运算对象可以是常量数值、函数、单元格引用及单元格或区域名称。

1. 公式中的运算符

Excel 公式中的运算符及公式的应用示例如表 4-1 所示。

表 4-1   Excel 公式中的运算符

类 型	运 算 符	含 义	示 例
算术运算符	+	加	5+2.3
	−	减	B2-C2
	*	乘	3*A1
	/	除	A1/5
	%	百分比	30%
	^	乘方	5^2
比较运算符	=	等于	(A1 + B1) = C1
	>	大于	A1>B1
	<	小于	A1<B1
	>=	大于等于	A1> = B1
	<=	小于等于	A1< = B1

类　　型	运　算　符	含　　义	示　　例
文本运算符	&	连接两个或多个字符串	"中国" & "长城" = "中国长城"
引用运算符	:	单元格区域	A1:C3
	，（逗号）	并集运算	A1:C3,B2:D4
	空格	交集运算	A1:C3 B2:D4

公式中的运算符运算优先级为：

:（冒号）、空格、，（逗号）→%（百分比）→^（乘幂）→*（乘）、/（除）→+（加）、−（减）→&（连接符）→=、<、>、>=、<=、<>（比较运算符）

2．输入公式

输入公式时必须以"="开头，数值型数据只能进行+、−、*、/和^等算术运算；日期时间型数据只能进行加减运算；字符串连接运算符（&），可以连接字符串，也可以连接数字。连接字符串时，字符串两边必须加双引号（""）；连接数字时，数字两边的双引号可有可无。

【任务实例 32】　计算 A1、B1、C1 单元格中数据的平均值。

① 在 A1、B1、C1 单元格中分别输入 100、200 和 300。

② 选择要输入公式的单元格 D1，单击编辑栏，输入"=(A1 + B1 + C1)/3"（也可直接在单元格中输入）。

③ 单击编辑栏的"√"按钮或按【Enter】键，结果如图 4-29 所示。

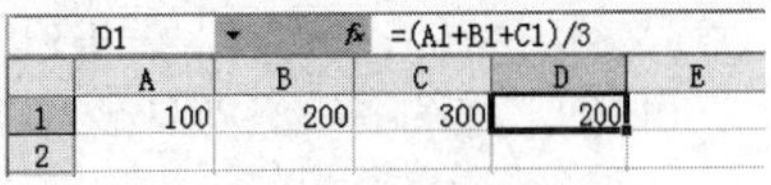

图 4-29　公式计算

3．公式的复制与移动

利用公式的复制和移动功能，可以很方便地实现公式的复制和移动，而且不容易出错。公式的复制与移动和数据的复制与移动类似。

复制公式有以下两种方法。

方法 1：使用常用工具栏中的"复制"（或【Ctrl+C】）、"粘贴"（或【Ctrl+V】）按钮复制公式。

方法 2：使用"填充句柄"可以快速地将一个公式复制到多个单元格中。

移动公式有以下两种方法。

方法 1：使用常用工具栏中的"剪切"（或【Ctrl+X】）、"粘贴"（或【Ctrl+V】）按钮移动公式。

方法 2：将鼠标指向某个包含公式的单元格边框，当鼠标指针由空心十字形状变为空心箭头形状时，拖动鼠标至目标单元格，释放鼠标完成公式移动的操作。

4.5.2　函数的使用

Excel 提供了多种功能强大的函数，共有财务、日期与时间、数学与三角函数、统计、查找与引用、数据库、文本、逻辑、信息 9 类共几百种函数。利用这些函数，可以提高数据处理能力和计算速度。

函数的语法形式为"函数名称(参数 1,参数 2,…)"。其中参数可以是数字常量、文本、单元格引用、区域、区域名称或其他函数等。

【任务实例 33】 使用"插入函数",计算单元格区域 A4:C4 的平均值。

① 选择要输入函数的单元格,单击"编辑栏"中的"f_x"按钮,或选择"插入"|"函数"命令。

② 打开"插入函数"对话框,如图 4-30 所示。在"选择类别"列表框中选择"常用函数"。

③ 在"选择函数"列表框中选择"AVERAGE"函数,单击"确定"按钮。

④ 在出现的函数参数对话框中输入参数,为输入方便,可单击参数框右侧折叠按钮,折叠起对话框,显露出工作表以便于数据区的选择。

⑤ 选择单元格区域,被选定的区域 A4:C4 用滚动虚线框表示,再单击对话框的展开按钮,如图 4-31 所示,恢复函数参数对话框。

⑥ 单击"确定"按钮完成函数输入,在单元格中显示计算结果,在编辑栏中同时显示出函数和公式。

图 4-30 "插入函数"对话框

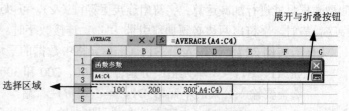

图 4-31 函数参数

4.5.3 单元格的引用

在公式中引用单元格时,有相对引用、绝对引用、混合引用和外部引用 4 种方式。当对公式进行复制时,相对引用的单元格会发生变化,而绝对引用的单元格将保持不变。通过单元格引用,可以在公式和函数中使用不同工作簿和不同工作表中的数据,或者在多个公式中使用同一个单元格的数据。

1.相对引用

"相对引用"是指在公式复制时,该地址相对于目标单元格在不断地发生变化,这种类型的地址由列标和行号表示。例如,单元格 E2 中的公式为"=SUM(B2:D2)",当该公式被复制到 E3、E4 单元格时,目标单元格中的公式会相应变化为"=SUM(B3:D3)"、"=SUM(B4:D4)"。这是由于目标单元格的位置相对于源位置分别下移了一行和两行,导致参加运算的区域分别做了下移一行和两行的调整。

2.绝对引用

"绝对引用"是指在公式复制时,该地址不随目标单元格的变化而变化。绝对引用地址的表示方法是在引用地址的列标和行号前分别加上一个"$"符号。如$B$6、$C$6、$B$1:$B$9。这里的"$"符号就像是一把"锁",锁定了引用地址,使它们在移动或复制时,不随目标单元格的变化而变化。

3.混合引用

"混合引用"是指在引用单元格地址时,一部分为相对引用地址,另一部分为绝对引用地址,例如$A1 或 A$1。如果"$"符号放在列标前,如$A1,则表示列的位置是"绝对不变"

的，而行的位置将随目标单元格的变化而变化。反之，如果"$"符号放在行号前，如 A$1，则表示行的位置是"绝对不变"的，而列的位置将随目标单元格的变化而变化。

　4．外部引用（链接）

同一工作表中的单元格之间的引用被称做"内部引用"，而在 Excel 中引用同一工作簿中不同工作表中的单元格，或引用不同工作簿中的工作表的单元格被称做"外部引用"，也称为"链接"。

引用同一工作簿内不同工作表中的单元格格式为"=工作表名!单元格地址"。例如"=Sheet2!A1+Sheet1!A4"表示将 Sheet2 中的 A1 单元格的数据与 Sheet1 中的 A4 单元格的数据相加，放入目标单元格中。

引用不同工作簿中工作表的单元格格式为"=[工作簿名]工作表名!单元格地址"。例如"=[Book1]Sheet1!$A$1-[Book2]Sheet2!B1"表示将 Book1 工作簿的 Sheet1 工作表中的 A1 单元格的数据与 Book2 工作簿的 Sheet2 工作表中的 B1 单元格的数据相减，放入目标单元格中。

4.6　数据的管理与统计

Excel 2003 除了上述介绍的功能外，还具有强大的数据管理功能。Excel 2003 工作表相当于一个数据库，利用它提供的类似于数据库管理的功能，可以在工作表中建立一个数据清单，并对数据清单中的数据进行排序、筛选、分类汇总等各种数据管理和统计操作。

4.6.1　数据清单的概念

在 Excel 2003 中数据清单可视作"数据库"，数据清单中的每一行数据被称为一条记录，每一列被称为一个字段，每一列的标题则称为该字段的字段名。

若要使用 Excel 的数据管理功能，首先必须将工作表创建为数据清单。数据清单是一种特殊的表格，此表格至少由两个必备的部分组成，即表结构和纯数据。

表结构为数据清单中的第一行的列标题，Excel 将利用这些标题对数据进行查找、排序以及筛选等；纯数据部分则是 Excel 实现管理功能的对象，不允许出现非法数据内容。因此，要正确创建数据清单，应遵循以下规则。

① 避免在一张工作表中建立多个数据清单，如果工作表中还有其他数据，工作表中的数据清单与其他数据间要至少留出一个空白列和一个空白行。

② 数据清单的第一行应有列标题，列标题使用的格式应与清单中其他数据有所区别。

③ 数据清单中的同一列数据类型和格式必须完全相同。

④ 单元格内容不要以空格开头。

4.6.2　记录单的使用

创建数据清单可以在工作表中直接输入数据，也可以先在工作表中输入数据清单的各个字段名，然后利用"记录单"命令在对话框中输入数据清单的记录。使用记录单对话框，如图 4-32 所示，可以方便地实现对记录的查找、修改、添加及删除等操作。

【任务实例 34】 用记录单编辑数据清单中的记录。

① 选择"数据"|"记录单"命令，弹出记录单对话框，对话框中显示当前工作表的名称、数据清单中当前记录的信息、总记录数及当前记录为第几条记录。

② 单击对话框中的"新建"按钮，可在数据清单尾部追加一条空记录，在对应项中输入数据可添加一条记录。重复同样的操作，即可连续追加多条记录，最后单击"关闭"按钮。

③ 在对话框中单击"上一条"或"下一条"按钮，选择要删除的记录，单击"删除"按钮，可删除指定的记录。

④ 在对话框中单击"条件"按钮，在设定查询条件的字段名右侧的文本框中输入查询条件，如图 4-33 所示，单击"上一条"或"下一条"按钮。此时记录单对话框中仅显示满足查询条件的记录，并显示该记录在数据清单中的位置。同时，可对指定记录的内容进行修改。

图 4-32　记录单对话框

图 4-33　设置查询条件

说明： 记录单主要用于编辑修改数据，对于由公式或函数计算得来的字段，在记录单中不能进行编辑。

4.6.3　数据排序

排序是数据管理中的一项重要工作。对数据清单中的不同字段进行排序，可以满足不同数据分析的要求。Excel 排序的方法有两种：一是利用工具栏中的排序按钮，二是利用排序命令。

1. 简单排序

如果只需要对数据清单中的某一列数据进行排序，可以利用工具栏中的排序按钮，简化排序的过程，操作步骤如下。

① 单击需要排序的字段名或该字段列中的任意一个单元格。

② 单击常用工具栏上的"升序"或"降序"按钮 ，即可完成指定字段内的数据从小到大或从大到小的排序。

2. 多重排序

如果需要对数据清单中的多个字段进行排序，就要使用排序命令。

【**任务实例 35**】 以"学生成绩表"为例，对"学生成绩表"，按"性别"和"平均分"进行双重排序。首先要确定主关键字、次关键字。

① 选择数据清单中某个单元格或某个区域（前者对整个数据清单排序，后者只对选定的区域进行排序）。

② 选择"数据"|"排序"命令，弹出图 4-34 所示的"排序"对话框，同时系统自动选中整个数据清单。

③ 选择主要关键字为"性别"，排序方式为"升序"；选择次要关键字为"平均分"，排序方式为"降序"。

④ 为了避免数据清单标题参加排序，可单击对话框底部的"有标题行"单选按钮。

⑤ 如果还需进一步设置排序规则，可在"排序"对话框中单击"选项"按钮，则会出

现图 4-35 所示的"排序选项"对话框，从中选择设置排序的"方向"和"方法"。

⑥ 单击"确定"按钮，完成数据清单的排序。

图 4-34 "排序"对话框

图 4-35 "排序选项"对话框

4.6.4 数据的筛选

用户使用数据清单时，有时并不关心所有的数据，而只对其中的一部分数据感兴趣，这就需要使用 Excel 提供的筛选功能。数据筛选是将符合某种条件的记录显示出来，而那些不满足筛选条件的记录将被暂时隐藏起来。一旦筛选条件撤销，这些记录将重新显示。

1．自动筛选指定的记录

自动筛选将筛选的结果显示在原数据区中，不符合条件的记录被隐藏起来。若只关心筛选结果，而不进行与原数据的比较，则可使用自动筛选。

【任务实例 36】以"学生成绩表"为例，利用自动筛选的"自定义筛选方式"选项，筛选出"总分"在 200～230 的学生记录。

① 单击数据清单中的任意单元格，选择"数据"|"筛选"|"自动筛选"命令。

② 在每个列标题旁边将出现一个向下的筛选下三角按钮，如图 4-36 所示。

③ 单击"总分"字段名右边的筛选下三角按钮，在下拉列表的筛选项中，选择"自定义"命令，如图 4-37 所示，弹出"自定义自动筛选方式"对话框，如图 4-38 所示。在"总分"的第一个下拉列表框中，

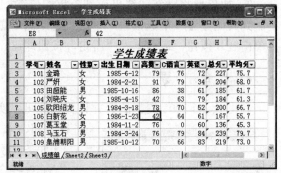

图 4-36 自动筛选示意图

选择"大于"，第二个下拉列表框中，选择"小于或等于"，分别在右边组合框中输入筛选条件的下限 200 和上限 230。

图 4-37 "自动筛选"下拉列表框

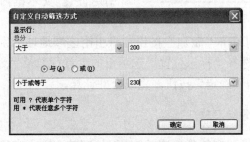

图 4-38 "自定义自动筛选方式"对话框

④ 单击"确定"按钮，此时数据清单中将显示被筛选出的符合条件的记录。若要恢复被隐藏的记录，只需在筛选列的下拉列表中选择"全部"命令即可。

⑤ 若撤销筛选操作，选择"数据"|"筛选"|"自动筛选"命令，结束筛选操作，列标题的筛选下三角按钮也随之消失。

2．高级筛选

自动筛选方便、灵活，但功能非常有限，筛选时不符合条件的记录会被隐藏。如果在查看筛选记录的同时还想看到原有数据区域的记录，则需要使用高级筛选来实现。

【任务实例37】 以"学生成绩表"为例，使用高级筛选，筛选出"学生成绩表"中所有平均分不及格的男学生记录。

① 建立条件区域是高级筛选的首要步骤。将数据清单中要建立筛选条件的列标题"性别"、"平均分"复制到工作表中的某个空白位置，并在新标题下至少留出一行的空单元格用于输入筛选条件。

② 在新复制的标题行下方输入筛选条件。在"性别"下面的单元格内输入"男"，在"平均分"下面的单元格内输入"<60"。

③ 单击数据区域中的任意一个单元格，选择"数据"|"筛选"|"高级筛选"命令，打开"高级筛选"对话框，如图4-39所示。

④ "高级筛选"对话框中的数据区域已经自动选择好了，单击条件区域右侧的折叠按钮。选择条件区域，包括标题行与下方的条件，单击"确定"按钮。

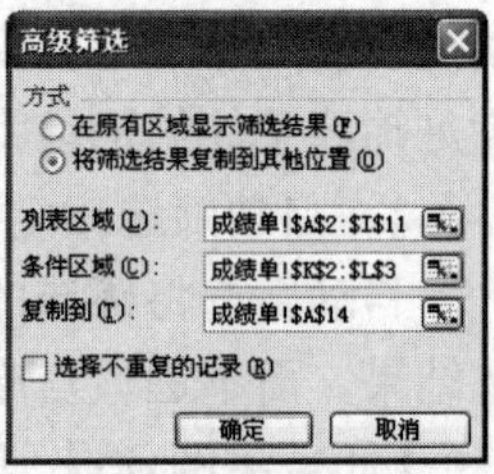

⑤ 如果要将筛选的结果放到指定的位置，选择"将筛选结果复制到其他位置"单选按钮，单击"复制到"选项右侧的折叠按钮，选择存放结果的位置，再单击展开按钮，最后单击"确定"按钮即可。

图 4-39 "高级筛选"对话框

4.6.5 合并计算

利用 Excel 2003 提供的合并计算功能可以实现对两个以上工作表中的指定数据一一对应进行求和、求平均值等计算。

图 4-40 "合并计算"对话框

【任务实例38】 合并计算。

① 选择合并后目标数据所存放的位置。

② 选择"数据"|"合并计算"命令，弹出"合并计算"对话框，如图4-40所示。

③ 选择函数下拉列表框中的相应函数（"求和"），在"引用位置"文本框内依次输入或选中每个数据清单的引用区域。

④ 分别单击"添加"按钮，将引用区域地址分别添加到"所有引用位置"文本框中，根据需要可选择"标志位置"选项组的"首行"及"最左列"复选框。

⑤ 单击"确定"按钮，完成合并计算。

4.6.6 分类汇总

对已经排好序的数据清单，可以按照某个文本字段的值，将字段值相同的记录归为一类，并对各数据类型的字段进行统计汇总，如求平均值、求和、统计个数等。

【任务实例 39】 以“学生成绩表”为例，按“性别”分别计算各门课程的总成绩。

① 创建分类汇总的首要步骤是对数据清单中指定的分类汇总字段“性别”进行排序。

② 选择“数据”|“分类汇总”命令，弹出图 4-41 所示的“分类汇总”对话框。

③ 在“分类字段”下拉列表框中选择“性别”复选框；在“汇总方式”下拉列表框中选择“平均值”选项；在“选定汇总项（可有多个）”列表框中选择“总成绩”复选框。

④ 单击“确定”按钮，完成分类汇总。

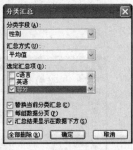

图 4-41 “分类汇总”对话框

在图 4-41 所示的“分类汇总”对话框中，选择“替换当前分类汇总”复选框，表示用此次分类汇总的结果替换已存在的分类汇总的结果。选择“每组数据分页”复选框，表示如果数据较多，可分页显示。

4.7 图 表 制 作

用图表来描述电子表格中的数据是 Excel 的一大特色。Excel 能够将电子表格中的数据转换为各种类型的统计图表，使得数据的表现更加清楚、直观和生动。图表和工作表中的数据是密切相关的，工作表中的数据变化时，图表会自动随之更新。

4.7.1 创建图表

Excel 中的图表分为两种：一种是嵌入式图表，它与创建图表所使用的数据放置在同一个工作表中，可同时显示和打印；另一种是独立图表，它放置在一张独立的图表工作表中，与创建图表的工作表只能分别显示和打印。

【任务实例 40】 利用图表向导创建图 4-42 所示工作表的图表。

① 选定创建图表的数据区域 A2:D7。正确地选定数据区域是能否创建图表的关键。选定的数据区域可以是相邻区域，也可以是不相邻区域。

② 单击常用工具栏中的“图表向导”按钮，或者选择“插入”|“图表”命令，显示“图表向导-4 步骤之 1-图表类型”对话框，如图 4-43 所示。在对话框中选择图表的类型和子图表类型：从“图表类型”列表中选择“柱形图”选项；从“子图表类型”列表中选择“三维簇状柱形图”选项。

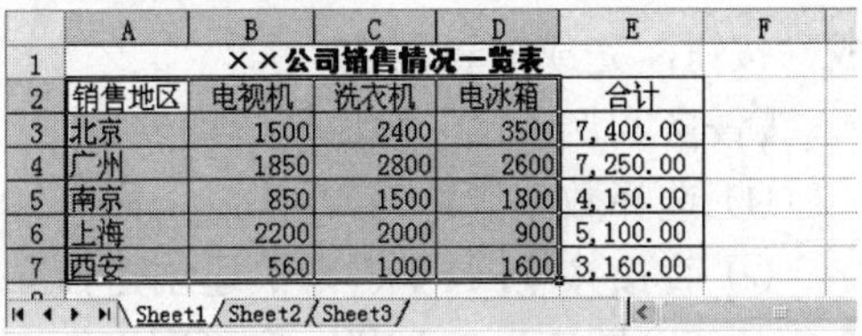

	A	B	C	D	E	F
1	××公司销售情况一览表					
2	销售地区	电视机	洗衣机	电冰箱	合计	
3	北京	1500	2400	3500	7,400.00	
4	广州	1850	2800	2600	7,250.00	
5	南京	850	1500	1800	4,150.00	
6	上海	2200	2000	900	5,100.00	
7	西安	560	1000	1600	3,160.00	

图 4-42 选定的数据区域

③ 单击“下一步”按钮，显示图 4-44 所示的“图表向导-4 步骤之 2-图表源数据”对话框，检查“数据区域”选项卡中显示的数据区域是否正确，若不正确可在“数据区域”文本框中输入正确的数据区域地址；选择“列”单选按钮，表示数据系列产生在列；“系列”选项卡用于修改数据系列的名称和数值以及分类轴标志。

④ 单击“下一步”按钮，显示图 4-45 所示的“图表向导-4 步骤之 3-图表选项”对话框，

在"图表标题"、"分类轴"、"数值轴"文本框中分别输入"销售量统计"、"销售地区"、"销售量"。

⑤ 单击"下一步"按钮，打开图4-46所示的"图表向导-4步骤之4-图表位置"对话框。

图4-43　"图表向导-4步骤之1-图表类型"对话框

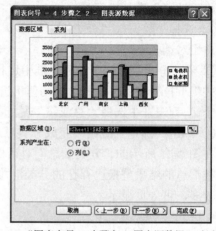

图4-44　"图表向导-4步骤之2-图表源数据"对话框

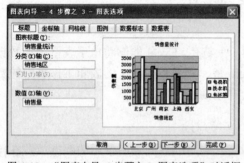

图4-45　"图表向导-4步骤之3-图表选项"对话框

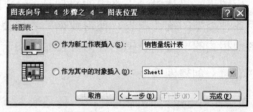

图4-46　"图表向导-4步骤之4-图表位置"对话框

在此对话框中可确定图表的存放位置。选择"作为新工作表插入"单选按钮，将建立一个独立的图表；选择"作为其中的对象插入"单选按钮，将建立一个嵌入式图表。单击"完成"按钮，完成图表创建。

【任务实例41】　快速创建图表。

① 选择数据源区域。

② 直接按【F11】键，快速创建独立图表。或者，选择"视图"|"工具栏"|"图表"命令，显示"图表"工具栏，在"图表"工具栏中的"图表类型"下拉列表框里选中某一图表类型，即可快速创建嵌入图表。

4.7.2　图表的编辑

Excel中的一个图表由若干个图表项组成，只要单击图表中的任何一个图表项，该项即被选中。指向任何一个图表选项，即可显示该图表选项的名称。图表编辑是指对图表及图表中的各个图表项的编辑，包括向图表中增加数据、删除数据、更改图表类型、图表的格式化等。

在Excel中对图表进行编辑，首先单击图表的空白区域选中图表，图表选中后四周将出现 8 个黑色小方块。此时，因图表的选中，菜单栏中的"数据"菜单自动改变为"图表"菜单，同时"插入"菜单、"格式"菜单中的内容也随之发生了改变。

1．图表的移动、复制、缩放和删除

① 移动嵌入图表的位置。单击图表将其选中，按住鼠标左键拖动，将其拖动到指定的位置，释放鼠标左键即可。

② 对嵌入图表进行复制。单击图表将其选中，若复制到其他工作表中，单击常用工具栏上的"复制"按钮；选择目标工作表，单击"粘贴"按钮，即可将图表复制到目标处。如在同一张工作表中复制，用上述方法或按下【Ctrl】键拖动也可实现对图表的复制。

③ 图表的缩放。单击图表将其选中，用鼠标指针指向该图表四周上的任何一个句柄，拖动鼠标即可实现图表在任何方向的缩放。

④ 删除嵌入图表。单击图表将其选中，按【Delete】键。若要删除独立图表，右击该图表工作表标签，在弹出的快捷菜单中，选择"删除"命令，然后单击"确定"按钮。

2．图表类型的改变

对已创建的图表要想改变其类型，可先选中该图表；选择"图表"|"图表类型"命令，在弹出的对话框中选择所需的图表类型和子类型即可。也可单击"图表"工具栏上的"图表类型"按钮，来改变类型。

3．编辑图表数据

创建图表时，图表就与工作表数据区域之间建立了联系。工作表数据区域中的数据发生变化时，图表中对应的数据将会自动更新。

① 删除图表中的数据系列。首先在图表中选中要删除的数据系列，然后，按【Delete】键即可把选中的数据系列从图表中删除，但不影响工作表中的数据。但若删除了工作表中的数据，则图表中对应的数据系列会自动被删除。

② 向图表添加数据系列。对嵌入式图表添加数据系列时，先选中要添加的数据区域，将数据拖动到图表中。对独立图表添加数据系列时，可单击独立图表工作表标签；选择"图表"|"数据源"命令，打开"数据源"对话框，单击添加数据的工作表标签，并重新选择数据源区域，然后单击"确定"按钮。

③ 调整图表中数据系列的次序。为了数据系列之间的对比和分析，需要对图表中的数据系列重新排列。此时，右击图表中要改变的某个数据系列，选择快捷菜单中的"数据系列格式"命令，打开"数据系列格式"对话框，如图 4-47 所示。选择"系列次序"选项卡，在"系列次序"列表框中，单击"上移"或"下移"按钮，选择要改变次序的系列名称，单击"确定"按钮。

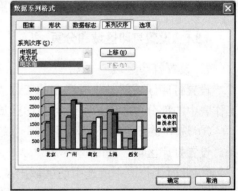

图 4-47　"数据系列格式"对话框

4．编辑图表中的文字

为了更好地说明图表中的有关内容，需要增加、删除或修改图表中的一些说明性文字。

① 增加图表标题和坐标轴标题。选中图表，选择"图表"|"图表选项"命令，弹出"图表选项"对话框，选择"标题"选项卡，根据需要增加图表标题、分类轴标题、数值标题等。

② 修改和删除图表中的文字。对图表中文字的修改，单击要修改的文字，直接修改其中的内容即可。若要删除文字，选中文字后，按【Delete】键就可以删除该文字了。

5．设置显示效果

设置显示效果包括：图例、网格线、三维图表视角的改变等。

① 修改图例。创建图表时图例默认的位置在图表的右边，用户可对图例进行移动和删除等操作。改变图例的位置，最简单的方法是选中图例，直接拖动到所需的位置。删除图例，选中图例后，直接按【Delete】键即可。

② 在图表上增加网格线。选择"图表选项"对话框中的"网格线"选项卡，可以根据需要在其对话框中选择或取消选择"分类轴"和"数值轴"的复选框，即可增加或删除网格线。

③ 设置图表的三维视图格式。若要改变三维图表的视角，右击绘图区，在弹出的快捷菜单中选择"设置三维视图格式"命令，或者直接在"图表"菜单中选择"设置三维视图格式"命令，打开"设置三维视图格式"对话框。在"设置三维视图格式"对话框中输入设置三维图表的上下仰视或俯视角度以及左右旋转角度的值，即可改变三维图表的视角。

6．图表的格式化

图表的格式化是指对图表中的各个对象进行格式设置，包括文字和数值的格式、颜色、外观以及坐标轴的格式等。

图表格式设置可以用多种方式来实现。最简便的方法是：右击图表中的任意一个对象，弹出针对该对象进行的各种操作的快捷菜单，选择相应的设置命令（如坐标轴格式、坐标轴标题格式、图例格式等），或者直接双击要进行格式化设置的图表对象。

4.8　工作表的页面设置和打印

工作表创建、编辑和格式化后，就可以进行打印了。与 Word 类似，为保证有较好的打印效果，在打印之前，应先进行页面设置和打印预览。

4.8.1　设置打印区域和分页

1．设置打印区域

设置打印区域就是将所选定的工作表区域定义为打印区域。当用户只需要有选择地打印工作表中的部分内容时，可进行打印区域的设置，操作步骤如下。

① 选中要打印的区域，再选择"文件"菜单中的"打印区域"命令，在其子菜单中选择"设置打印区域"命令。

② 此时工作表中所选中的区域出现虚线框，选择打印命令时即可将此部分打印出来。

③ 若想取消所设置的打印区域，只需选择"文件"菜单中的"打印区域"命令，在其子菜单中选择"取消打印区域"命令即可。

2．分页

分页是指在选定的位置人工设置分页符。当工作表较大、记录较多时，一般 Excel 会自动分页。但有时用户需要在自己需要的位置分页，就要人为地设置分页符。下面介绍插入、删除分页符和分页预览的操作方法。

（1）插入分页符

选定要插入分页符的位置，选择"插入"菜单中的"分页符"命令，在工作表中所选定的位置出现虚线，表示已在此处分页。

（2）删除分页符

选中分页符（虚线）的下一行，选择"插入"菜单中的"删除分页符"命令，即可将分页符从工作表中删除。

（3）分页预览

选择"视图"菜单中的"分页预览"命令，可预览分页的情况。图中蓝色粗实线表示分页的情况，每一页区域中都显示暗淡的页码。

选择"视图"菜单中的"普通"命令，可结束分页预览，恢复到普通视图。

4.8.2 页面设置

如果用户不想采用 Excel 提供的默认页面设置，或有特殊的需要，如改变纸张大小、页边距、打印方向、缩放比例等，可通过"页面设置"对话框来完成。

选择"文件"菜单中的"页面设置"命令，弹出"页面设置"对话框，该对话框包含"页面"、"页边距"、"页眉/页脚"和"工作表"4 个选项卡。下面介绍"页面设置"对话框中的各项设置。

1．页面

"页面"选项卡，如图 4-48 所示，"页面"是默认的选项卡。

●　方向：可按需要设置打印的方向为"纵向"或"横向"。

●　缩放：设置工作表的放大或缩小比例。

●　纸张大小：设置打印纸张的大小。

●　打印质量：表示每英寸所打印的点数，数字越大，打印的质量越好。

●　起始页码：首页页码可以按需要设置。当输入打印的首页页码后，后续页码可自动递增。

图 4-48　"页面设置"对话框

2．页边距

"页边距"选项卡，如图 4-49 所示。此对话框的布局与 Word 不一样，但功能是类似的。

●　上、下、左、右：用于设置打印内容在纸张的上、下、左、右留出的空白尺寸。

●　"页眉"和"页脚"：是指设置页眉和页脚距纸张上、下两边的距离，在此数值框中输入的数据应小于上、下页边距的尺寸，否则将会与正文重叠。

●　居中方式：设置打印方式在纸张上的位置是水平居中还是垂直居中。默认为靠上、靠左对齐。

3．页眉/页脚

"页眉/页脚"选项卡如图 4-50 所示。Excel 提供了许多预定义的页眉和页脚的格式，如果需要重新设置格式，可以在此对话框中进行。

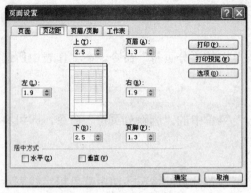
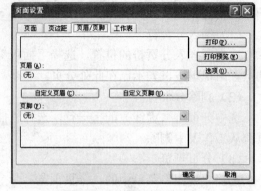

图 4-49　"页边距"选项卡　　　　　　　　图 4-50　"页眉/页脚"选项卡

● "页眉和页脚"：单击此下拉列表框右侧的下三角按钮，可在下拉列表框中选择所需的选项作为页眉或页脚的内容。

● "自定义页眉"和"自定义页脚"：单击按钮可进行页眉/页脚内容位置的设置，可在左、中、右 3 个位置中输入不同的内容。如图 4-51 所示，其中有 10 个小按钮，自左至右分别为：字体、插入页码、总页数、日期、时间、文件路径、工作簿名称、工作表名称、插入图片和设置图片格式，可按需要进行选择。

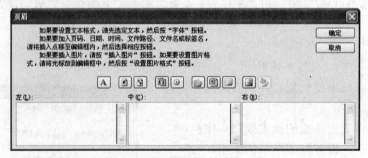

图 4-51　"页眉"对话框

4．工作表

选择"页面设置"对话框中的"工作表"选项卡，可在此选项卡中进行打印区域、打印标题的输入，以及网格线、行号列标和打印顺序等的设置，如图 4-52 所示。

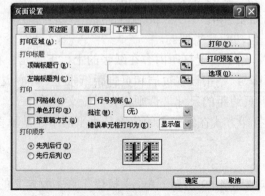

图 4-52　"工作表"选项卡

4.8.3　打印预览和打印输出

在正式打印工作表之前，应先使用打印预览的功能在显示器上查看页面设置的效果，并进行必要的调整，若对预览的结果感到满意，则可打印输出。

1．打印预览

选择"文件"菜单中的"打印预览"命令，或单击工具栏中的"打印预览"按钮，即可在屏幕上出现打印预览窗口。如图 4-53 所示，其窗口顶部有一排按钮，用于显示工作表在总体状态下的预览效果（如缩放、页边距、分页预览等）或进行设置操作（如打印、设置、关闭等）。

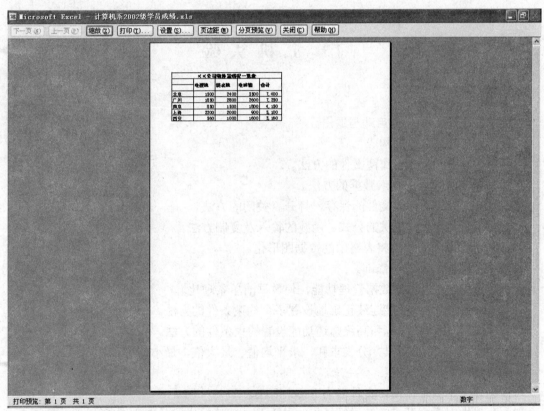

图 4-53　打印预览窗口

2．打印输出

如果对打印预览的效果感到满意，就可将工作表正式打印输出。操作步骤如下。

选择"文件"菜单中的"打印"命令，或单击工具栏上的"打印"按钮，打开"打印内容"对话框，如图 4-54 所示。在此对话框中进行所需的各项设置，操作方法与 Word 类似，不同之处是对话框中的"打印"区域内设有"选定区域"、"整个工作簿"、"选定工作表"和"列表"4 个单选按钮，操作时可按实际需要进行选择。

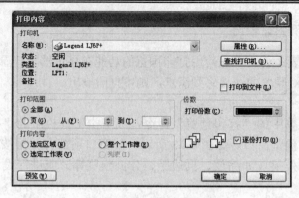

图 4-54 "打印内容"对话框

4.9 上机实验

【实验目的】

1. 掌握 Excel 2003 的启动与退出。
2. 了解 Excel 窗口的构成。
3. 掌握建立 Excel 工作簿文件的方法。
4. 掌握在工作表中输入数据的方法。
5. 掌握 Excel 工作簿文件的保存、打开、关闭的方法。
6. 学习使用 Excel 提供的公式、函数的输入及复制方法。
7. 利用"图表向导"将表格中的数据图形化。
8. 掌握图表的创建与修饰。
9. 利用 Excel 提供的数据管理功能，使数据清单条理化。
10. 掌握使用排序功能连续正确地设置多个约束条件的方法。
11. 掌握使用自动筛选和高级筛选功能设置约束条件的方法。
12. 使用分类汇总工具，分类求和，求平均值、最大值、最小值等。

【实验内容】

1. 创建一个新工作簿，文件名为 Excel_1.xls。
2. 正确地对数据及字符等进行录入。录入及处理后的样式如图 4-55 所示。

	A	B	C	D	E	F	G	H	I	J
1	学生成绩统计表									
2	学号	姓名	性别	英语	体育	数学	物理	总分	平均分	名次
3	01	陈小峰	男	92	93	85	98			
4	02	沈时辰	男	89	82	84	90			
5	03	李光良	男	86	93	90	94			
6	04	孙寺江	男	95	91	89	87			
7	05	李兵	男	78	86	92	60			
8	06	王朝猛	男	99	83	96	82			
9	07	王小芳	女	96	82	86	88			
10	08	张慧	女	99	88	93	92			
11	09	郭峰	男	88	92	94	93			
12	10	任春花	女	96	93	64	77			
13	11	方子薄	女	85	90	76	82			

图 4-55 学生情况统计表

提示：学号列字符的录入是通过在 01 前加前导符"'"（注意输入单引号时应采用半角方式），然后用填充柄拖曳复制的方法来实现。

3．使用公式与函数。

实现"总分"及"平均分"的数据用到了两个函数 SUM 与 AVERAGE，然后用填充柄拖动复制的方法，自动填写正确的结果。

4．名次列录入的实现方法。提示：先选择"数据"中的"排序"命令，按"平均分"列的"降序"对数据区的数据排序，然后在 I3 中填入"1"，I4 中填入"2"，根据这两个单元格做填充复制，最后按"学号"列的升序再次排序即可。

5．将"学生情况统计表"作为表格的标题水平居中，垂直居中，楷体，加粗，18 号。

6．为单元格区域 A2:J13 加边框线。

7．将 Sheet1 重命名为"学生成绩表"。

8．给第一名的学生姓名上添加批注"继续努力！"。

9．将学生成绩中不及格的分数设为红色粗体。

10．将平均分设为 2 位小数。

11．将成绩为最后一名的同学的所有数据填充为紫色。

12．将第二行列标题设为黑体并加粗。

13．将图 4-55 中的数据复制到 Sheet2 中并进行自动筛选。如筛选出平均分大于 80 的学生。

14．将图 4-55 中的数据复制到 Sheet3 中并进行分类汇总。以"结论"为分类字段，汇总方式为"求和"，选择的汇总项为"语文"、"数字"、"英语"和"总分"。

15．以图 4-55 中的学号为"01"～"04"的"姓名"～"总分"字段的数据创建数据图表，并对图表进行修饰。图表的类型为簇状柱形图，图表的标题为"学生成绩比较图"。"数值轴"不要网格线。完成后要分别对"图表区"、"绘图区"及坐标轴等进行修饰设置，例如"图表区"的填充色为"编织物"，"绘图区"无"边框"、无"填充色"等。

习　题

一、填空题

1．在 Excel 2003 中，列标的最大标志是＿＿＿＿＿＿。

2．在 Excel 2003 中，如果在 Excel 单元格中输入数据后按回车键，则活动单元格是＿＿＿＿＿＿。

3．在 Excel 2003 中，要复制一个单元格的数据到另一个单元格，则在拖动鼠标的过程中需要按住＿＿＿＿＿＿键。

4．在 Excel 2003 表格单元格中出现一连串的"####"符号，则表示＿＿＿＿＿＿。

5．在 Excel 2003 中，要在某单元格内输入当天的日期可按＿＿＿＿＿＿。

6．在 Excel 2003 中，要在某单元格内显示字符型数据 250 014，应输入＿＿＿＿＿＿。

7．Excel 2003 工作表最多可由 256 列和＿＿＿＿＿＿行构成。

8．Excel 2003 启动后，系统默认打开的工作表数目是＿＿＿＿＿＿个。

9．Excel 2003 中，在第 5 行和第 6 列交叉处单元格的地址应表示为＿＿＿＿＿＿。

10．在单元格中修改数据时，可_____击单元格后，再进行修改，或者在编辑栏中修改。

11．在 Excel 2003 中，按住_____键分别单击工作表标签，可同时选择多个不连续的工作表。

12．在 Excel 2003 中，若给所选表格应用自动套用格式，可单击_____菜单中的"自动套用格式"命令。

13．在 Excel 2003 中，要在某单元格内显示分数 2/7，应输入_____。

14．选取 Excel 2003 当前工作表中的所有单元格的方法是_____。

15．Excel 2003 中，在默认状态下_____型数据在单元格中的对齐方式是左对齐。

16．在 Excel 2003 中，_____击工作表标签，输入新名称，即可修改相应的工作表名称。

17．如果想改变在 Excel 2003 文件菜单底部显示的最近打开过的文件数目，可通过工具菜单中的选项命令，打开对话框，然后在_____选项卡中修改。

18．在 Excel 2003 中，如果将某一单元格内容做为表格标题居中，可选择"格式"工具栏中的_____按钮。

19．在 Excel 2003 中，如果要同时显示所有批注的内容，应选择_____菜单下的"批注"命令。

20．在 Excel 2003 中，选定单元格后，直接敲 Delete 键，可以清除单元格的_____（全部、格式、内容、批注）。

21．在 Excel 2003 中，数据清单的第一行必须是_____类型。

22．在 Excel2003 中，选择_____菜单下的打印预览，可看到模拟显示。

23．在 Excel 2003 中，在垂直滚动条的顶端或水平滚动条的右端，拖动分割条可进行窗口的_____。

24．在 Excel 2003 中，能使数据清单中的列表出现下拉箭头的是_____。

25．在 Excel 2003 中，如果要对某一区域中符合条件数值大于 60 的单元格以某种格式显示，最好采用格式菜单中的_____命令实现。

26．在 Excel 2003 中，建立图表可单击_____工具栏中的"图表向导"按钮。

27．_____是根据给定的条件，从数据清单中找出并显示满足条件的记录。

28．若要删除图表上的数据系列，选定所要删除的数据系列，再按_____键。

29．在 Excel 2003 中，对数据进行筛选应选择_____菜单中的"筛选"选项。

30．在 Excel 2003 中，只有处于_____视图状态才能移动分页符。

31．Excel 2003 中要删除分页符应选择_____菜单中的"删除分页符"命令。

32．在 Excel 2003 的"排序"对话框中，最多可以设置_____个关键字。

33．在 Excel 2003 中，在单元格 F3 中，求 A3、B3 和 C3 三个单元格数值的和，正确的输入是_____。

34．Excel 2003 中，提供了两种筛选清单的命令，自动筛选和_____筛选。

35．Excel 2003 中，输入公式必须以_____开头。

36．如果在 Excel 2003 某单元格内输入"＝3+2^4/2"，则得到的结果为_____。

37．Excel2003 的单元格在进行绝对引用时，需在列标和行号前各加_____符号。

38．在 Excel 2003 中，如果在一个工作表中绝对引用 Sheet2 中的单元格 B3 中的数据，则引用式子为_____。

39．在 Excel 2003 中，"A1:B2，C2:E5"包含_____个单元格。

40．在 Excel 2003 中，SUM（B2:E5，C3:F6）表示的是求_____个数的和。

二、判断题

1．在 Excel 2003 中，不允许同时在一个工作簿的多个工作表上输入并编辑数据。

2．在 Excel 2003 中，混合引用的单元格，如果被复制到其他的单元格，其值可能发生变化，也可能不发生变化。

3．在 Excel 2003 中，如果要按某一列进行分类汇总，则必须对该列进行排序。

4．在 Excel 2003 中，数据记录单命令中，不可以编辑公式单元格中的数据。

5．在 Excel 2003 中，在单元格格式对话框中，不可以进行单元格的保护设置。

6．Excel 2003 中，分类汇总后的数据清单不能再恢复原工作表的记录。

7．Excel 2003 中的公式输入到单元格中后，单元格中会显示出计算结果。

8．单元格地址是由行号和列标来标志的，行号在前，列标在后。

9．在 Excel 2003 中，单元格引用时，单元格地址不会随位移方向和大小而改变的称为相对引用。

10．在 Excel 中，可用【F4】键在各种引用之间相互转换。

11．在 Excel 中进行排序时，只能针对列进行排序，而且最多能依据 3 个关键字段进行排序。

12．在 Excel 2003 中，每个单元格都能显示和编辑 32 767 个字符。

13．Excel 2003 给每个打开的工作表提供了缺省名：book1、book2……

14．Excel 2003 中，筛选会重排数据清单并删除不必显示的行。

15．Excel 2003 中只有分页预览，没有打印预览功能。

16．在 Excel 2003 中，清除和删除是一回事。

17．在 Excel 2003 中，用户只能在一个工作表中进行查找和替换操作，不可以在多个工作表中进行查找和替换。

18．Excel 2003 都只保留 11 位的数字精度。如果超出了 11 位，则多余的数字位将转换为零。

19．在 Excel 2003 中，不可以按行进行排序。

20．在 Excel 2003 中，可以输入"小时"数大于 24 的时间数据。

三、问答题

1．简述 Excel 2003 的主要功能。

2．Excel 中的行高和列宽都可以调整，而且有两种方法，分别是哪两种？哪一种可以调整精确的行高和列宽？

3．如何将一个工作表隐藏？之后如何再显示出来？

4．如何将另一个工作簿中的工作表复制到当前工作簿中？

5．图表有很多类型，分别是什么类型？它们各有什么特点？

6．如何修改图表的数据源、图表类型和图例位置？

7．当报表较长或较宽时，应如何进行页面设置？

8．"数据"菜单中的"分类汇总"命令的功能是什么？应如何进行操作？举例说明。

第 5 章

电子演示文稿 PowerPoint 2003

PowerPoint 2003 是 Office 2003 的一个组件。它是一个专门制作演示文稿的应用程序。它把艺术文字、图形图像、声音和视频剪辑等技术融为一体，可轻松地将演讲人的构思与精美的艺术相结合，可以快速创建出具有专业水准的电子演示文稿，是进行学术交流、产品展示、工作汇报的重要工具。

5.1 PowerPoint 2003 电子演示文稿概述

PowerPoint 2003 的主要功能是将各种文字、图形、图表和声音等多媒体信息以图片的方式展示出来。在 PowerPoint 2003 中将这种制作出的图片叫做幻灯片，一张张幻灯片组成一个演示文稿文件，其默认的文件扩展名为 ".ppt"。PowerPoint 2003 提供的多媒体技术使得展示效果声形俱佳、图文并茂，它还可以通过多种途径展示创作的内容。

5.1.1 PowerPoint 2003 电子演示文稿设计简介

设计 PowerPoint 2003 演示文稿要掌握总体设计和幻灯片设计两个基本层次。总体设计适用于整套幻灯片的共同属性，包括模板、母版、页眉页脚、幻灯片配色方案、背景、放映方式和幻灯片切换等；幻灯片设计适用于单张幻灯片的属性，包括幻灯片版式、文字、图片、动画效果、录制声音等。具体设计时往往遵循从总体到局部，再从局部到细节的原则。

用 PowerPoint 2003 制作的演示文稿通常包括幻灯片、演示文稿大纲、观众讲义、演讲者备注四部分。幻灯片是演示文稿的基本单元，能够具体地说明演示的内容。演示文稿大纲分层次地列出演示文稿的层次关系和内容，可以帮助作者把握演示文稿的总体和主题。观众讲义是演讲者自备或发放给观众的，它可以将多张幻灯片按不同方式缩略到一张稿纸上，供观众观看演示文稿时参考，加深对演示文稿的理解。演讲者备注只是为演讲者本人准备的，通常不能在幻灯片上显示。每张幻灯片都可以有一个备注页，它是演讲者对这张幻灯片的详细注释，供演讲时做提示用。

5.1.2 PowerPoint 2003 电子演示文稿的启动和退出

1. 启动 PowerPoint 2003

① 单击"开始"按钮，在"程序"子菜单中选择"Microsoft Office PowerPoint 2003"命令，启动 PowerPoint 2003。

② 单击"开始"菜单中的"运行"命令，用命令方式启动 PowerPoint 2003。

③ 若桌面上有 PowerPoint 2003 的快捷图标，则双击该图标即可启动 PowerPoint 2003。

④ 打开任意一个 PowerPoint 2003 文档即可同时启动 PowerPoint 2003。

启动 PowerPoint 2003 后，窗口组成如图 5-1 所示。右侧的任务窗格可以设置为在启动 PowerPoint 2003 时不显示，通过 "工具" 菜单中的 "选项" 命令，在弹出的对话框中选择 "视图" 选项卡，通过 "启动任务窗格" 来设置。

2．退出 PowerPoint 2003

退出 PowerPoint 2003 与退出 Word 2003 和 Excel 2003 相似，经常用到下面几种方法。

① 单击 PowerPoint 2003 标题栏右上角的 "关闭" 按钮。

② 单击 "文件" 菜单中的 "退出" 命令。

③ 双击 PowerPoint 2003 标题栏左上角的控制菜单图标。

④ 按【Alt+F4】组合键。

⑤ 右击任务栏上相应的图标，单击 "关闭" 按钮。

5.1.3　PowerPoint 2003 的窗口组成

PowerPoint 2003 的窗口组成同 Office 其他应用程序相似，由 "标题栏"、"菜单栏"、"工具栏"、"状态栏"、"标尺"、"水平滚动条" 与 "垂直滚动条"、"翻页按钮" 和 "视图切换按钮" 等组成。如图 5-1 所示。

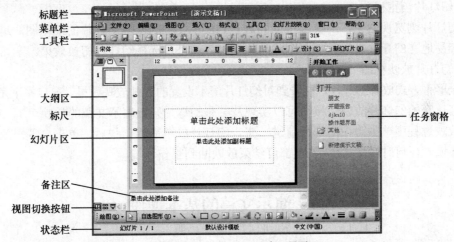

图 5-1　PowerPoint 2003 窗口界面

5.1.4　PowerPoint 2003 视图

PowerPoint 2003 有普通视图、幻灯片浏览视图、幻灯片放映视图等 3 种视图。其中最常用的是普通视图和幻灯片浏览视图。可通过视图菜单进行各视图的切换，也可单击 PowerPoint 2003 窗口左下角的视图切换按钮在视图之间轻松地进行切换。不论使用哪一种视图方式，系统都会根据显示器的分辨率和主窗口的大小选取一个最优比例来显示演示文稿，并允许用户根据需要进行放大或缩小。

1．普通视图

普通视图包含 3 个区：左侧是大纲区或幻灯片缩略图区，右侧上部是幻灯片区、下部是备注区。用户可以在同一位置使用演示文稿的各种特征。拖动边框可调整各区的大小。

- 大纲区或幻灯片缩略图区：单击"大纲"选项卡进入大纲区，该区只显示演示文稿的文本部分，不显示图形对象和色彩。可以看到每张幻灯片中的标题和文字内容，并会依照文字的层次缩排，产生整个演示文稿的纲要、大标题、小标题等。使用大纲区是整理、组织和扩充文字最有效的途径。也可以使用"大纲"工具栏上的"降级"和"升级"等按钮来产生不同级别的标题和正文，从而使文稿具有层次结构。在大纲视图中用鼠标左键拖动幻灯片的图标可改变幻灯片的顺序，另外，利用左侧的工具按钮还可使某张幻灯片的条目在不同的幻灯片间移动。单击"幻灯片"选项卡进入幻灯片缩略图区，演示文稿的所有幻灯片都以缩略图的形式显示在左窗口中，方便于掌握演示文稿的整体设计效果，并可以方便地进行添加、删除、复制、移动幻灯片等操作。

- 幻灯片区：只显示一张幻灯片，可以逐张为幻灯片添加标题、正文，使用绘图工具画出各种图形，增加各种艺术图片，选择颜色模式，制作图表、组织结构图，对幻灯片的内容进行编排与格式化等，在幻灯片中添加图形、影片和声音，创建超链接及添加动画，还可以改变幻灯片的显示比例，放大幻灯片的某部分以便做细致的修改。

- 备注区：使用户可以添加与观众共享的演说者备注或信息。可在每张幻灯片下面的备注栏内输入文字，这些文字不会出现在幻灯片上，但可以打印出来，作为讲演者的讲稿使用。

2．幻灯片浏览视图

在幻灯片浏览视图中，屏幕上可以同时看到演示文稿的多幅幻灯片的缩略图。这样，就可以很容易地在幻灯片之间添加、删除和移动幻灯片以及选择幻灯片切换效果。

3．幻灯片放映视图

以全屏幕方式放映幻灯片，能看到对幻灯片演示设置的各种放映效果。窗口左下角的"从当前幻灯片开始幻灯片放映"按钮可以实现从某张幻灯片开始演示文稿的放映。

在放映过程中单击可使幻灯片前进一张，幻灯片放至最后一张后，单击会退出放映，回到工作环境。任何时候按【Esc】键都可结束放映回到工作环境。

5.2 演示文稿的基本操作

5.2.1 新建演示文稿

1．用"内容提示向导"创建演示文稿

"内容提示向导"帮助初学者自动建立演示文稿，提示用户输入标题等信息，完成演示文稿的建立。

【任务实例1】 使用"内容提示向导"，新建企业的"公司财政状况总览幻灯演示"演示文稿，并保存为"D:\公司财政状况总览幻灯演示.ppt"。

① 启动 PowerPoint 2003 应用程序，如图 5-1 所示。在右侧的"开始工作"任务窗格中单击"新建演示文稿"，进入"新建演示文稿"任务窗格，如图 5-2 所示。单击"新建演示文稿"窗格中"根据内容提示向导"选项，弹出"内容提示向导"对话框，如图 5-3 所示。

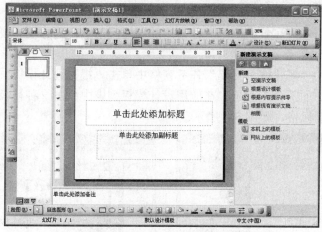

图 5-2　"新建演示文稿"任务窗格

② 单击"下一步"按钮，出现众多对演示文稿分类的选项，每个选项都有固定的主题和背景。选择"企业"选项的"财政状况总览"选项，如图 5-4 所示。此对话框列出了 10 种演示文稿类型，单击"下一步"按钮。

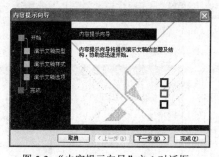

图 5-3　"内容提示向导"之 1 对话框

图 5-4　"内容提示向导"之 2 对话框

③ 选择默认的输出类型"屏幕演示文稿"单选按钮，如图 5-5 所示。PowerPoint 2003 允许创建适合多种场合的幻灯片演示文稿，包括普通文稿和用于 Internet 的 Web 文稿。

④ 单击"下一步"按钮，为演示文稿输入标题"公司财政状况总览幻灯演示"，如图 5-6 所示。

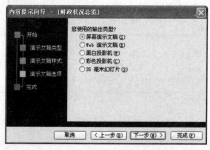

图 5-5　"内容提示向导"之 3 对话框

图 5-6　"内容提示向导"之 4 对话框

⑤ 单击"下一步"按钮，单击"完成"按钮结束向导，一个演示文稿就完成了。

⑥ 选择"文件"菜单中的"保存"命令，在"另存为"对话框中的"保存位置"处选择"本地磁盘(D:)"，文件名处直接默认"公司财政状况总览幻灯演示"，单击"保存"按钮。

2．用"设计模板"创建演示文稿

用"设计模板"创建演示文稿是一种常用的创建演示文稿的方法。模板决定了演示文稿的设计风格但不包含内容。

在图 5-2 所示的"新建演示文稿"任务窗格中单击"根据设计模板"选项，进入"幻灯片设计"任务窗格，如图 5-7 所示。在应用设计模板列表中单击一种模板图标，演示文稿就使用了该模板的设计风格，如图 5-8 所示。

图 5-7　设置"应用设计模板"　　　　　　　图 5-8　"应用设计模板"窗口

3．用"空演示文稿"创建演示文稿

用"空演示文稿"可以自己进行设计，进行精确控制，并可以随时掌握演示文稿的样式、外形、内容等对象，还可以自己确定一份演示文稿中幻灯片的数量，在一张幻灯片中放置可多可少的内容，创造出独具个人风格的演示文稿。

在图 5-2 所示的"新建演示文稿"任务窗格中选择"空演示文稿"选项，进入图 5-9 所示的"幻灯片版式"任务窗格中。在该任务窗格中有 4 类版式，每类版式又包含多种版式，第一种版式是"标题幻灯片"，常用于文稿的首页，刚创建一个空演示文稿时，第一张幻灯片的默认版式就是"标题幻灯片"版式。

图 5-9　设置"幻灯片版式"

5.2.2　保存演示文稿

"保存"和"另存为"同 Office 的其他应用程序的操作相似，此处不再详细叙述。演示文稿文件的扩展名为".ppt"。

5.2.3　打开演示文稿

保存的演示文稿常常需要打开进行放映或编辑等操作，打开演示文稿常用以下方法。

1．在 PowerPoint 2003 中打开

方法 1：启动 PowerPoint 2003，单击"开始工作"任务窗格的"打开"演示文稿列表或"文件"菜单底部最近打开过的演示文稿列表中的演示文稿名。

方法 2：单击"其它"选项，进行打开。

方法 3：单击"文件"菜单中的"打开"命令。

方法 4：单击常用工具栏上的"打开"按钮。

方法 5：按【Ctrl+O】组合键。

后四种方法都会弹出"打开"对话框，在"查找范围"下拉列表框找到演示文稿所在的文件夹，双击文件名，或单击选中文件名后再单击"打开"命令即可。

2．直接打开

在文件夹窗口中找到文件直接双击打开或右单击选择"打开"命令。

5.2.4　添加和组织幻灯片

演示文稿就是幻灯片的有序集合，演示文稿就是对每张幻灯片操作的结果。

1．添加幻灯片

给演示文稿添加新幻灯片常用下面几种方法。

方法 1：选择"插入"菜单中的"新幻灯片"命令。

方法 2：单击格式工具栏上的"新幻灯片"按钮。

方法 3：按【Ctrl+M】组合键。

上述方法都将进入"幻灯片版式"任务窗格，单击选择需要的版式，就会在当前幻灯片之后插入一张新幻灯片。

2．插入已有的演示文稿中的幻灯片

单击"插入"菜单中的"幻灯片（从文件…）"命令，弹出"幻灯片搜索器"对话框，如图 5-10 所示。可以将已有文稿的所有或部分幻灯片复制到当前文稿中当前幻灯片的后面。

【任务实例 2】　在当前演示文稿的第 3 张幻灯片后插入外部幻灯片"D:\公司财政状况总览幻灯演示.ppt"的第 6、7 张幻灯片。

① 在当前演示文稿的"幻灯片"缩略图区单击第 3 张幻灯片，单击"插入"菜单中的"幻灯片（从文件…）"命令，弹出"幻灯片搜索器"对话框，如图 5-10 所示。

② 选择"搜索演示文稿"选项卡，单击"浏览"按钮，找到并双击"公司财政状况总览幻灯演示.ppt"。

③ 在"选定幻灯片"项中逐个单击第 6、7 张

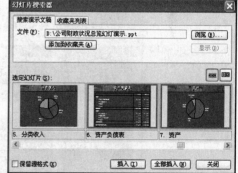

图 5-10　"幻灯片搜索器"对话框

幻灯片，单击"插入"按钮（如果单击"全部插入"按钮，会把外部幻灯片中所有的幻灯片插入到当前演示文稿中），单击"关闭"按钮。

注意：在"幻灯片浏览视图"中观察，插入的幻灯片成为当前演示文稿的第 4、5 张幻灯片，并自动套用当前幻灯片的背景、模板等格式。

3．组织幻灯片

（1）选择幻灯片

单击可选择单张幻灯片；若要选择多张幻灯片，则在窗口左侧的"幻灯片"缩略图区或"幻灯片浏览视图"中按住【Shift】键或【Ctrl】键再单击选择连续的或不连续的幻灯片。

（2）删除幻灯片

选中幻灯片，单击"编辑"菜单中的"删除幻灯片"命令即可。

注意：在左侧"大纲"区或"幻灯片"缩略图区、"幻灯片浏览视图"中选中幻灯片，直接单击【Delete】键也可删除选中的幻灯片。若误删除了，则可用常用工具栏中的"撤消"按钮，或"编辑"菜单中的"撤消删除幻灯片"命令进行恢复。

（3）复制和移动幻灯片

复制幻灯片可以使用下列几种方法。

方法1：单击"插入"菜单中的"幻灯片副本"命令。

方法2：使用"复制"和"粘贴"命令。

方法3：在"大纲"区按住【Ctrl】键的同时用鼠标左键拖动；在"幻灯片"缩略图区用右键拖动。

方法4：在"幻灯片浏览视图"中按住【Ctrl】键的同时用鼠标左键拖动或用右键拖动。

移动幻灯片可以使用下列几种方法。

方法1：使用"剪切"和"粘贴"命令。

方法2：在"大纲"区、"幻灯片"缩略图区或"幻灯片浏览视图"中用左键拖动。

【任务实例3】 在"幻灯片浏览视图"中把"D:\ 公司财政状况总览幻灯演示.ppt"的第2张幻灯片复制到第5张幻灯片后。

① 打开"D:\ 公司财政状况总览幻灯演示.ppt"，单击"视图"菜单中的"幻灯片浏览"命令，切换到"幻灯片浏览视图"。

② 右键按住第2张幻灯片拖动到第5张幻灯片后面，释放鼠标，在弹出的快捷菜单中单击"复制"命令，即可产生一张与第2幻灯片同样的新幻灯片，如图5-11所示。

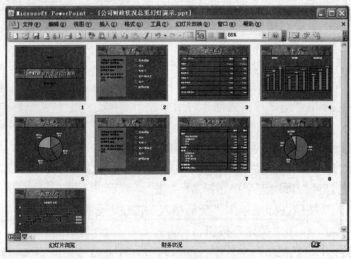

图5-11 "幻灯片浏览视图"窗口

4. 隐藏幻灯片

选择要隐藏的幻灯片，然后单击"幻灯片放映"菜单中的"隐藏幻灯片"命令。

隐藏的幻灯片在放映时不会出现。如果要取消隐藏，在幻灯片浏览视图中，选择需要取消隐藏的幻灯片，单击"幻灯片放映"菜单中的"隐藏幻灯片"命令即可。

注意: 也可使用右击弹出的快捷菜单中的"隐藏幻灯片"命令。

5．利用大纲工具栏调整幻灯片

在普通视图左侧的"大纲区"可用大纲工具栏对幻灯片进行调整。

【**任务实例 4**】　通过"大纲"调整幻灯片的等级。

① 在普通视图中，选择"视图"|"工具栏"|"大纲"命令，打开"大纲"工具栏，如图 5-12 所示。

② 单击大纲窗格中的第 5 张幻灯片，选中该幻灯片，单击"大纲"工具栏的"上移"、"下移"按钮来改变幻灯片的排列顺序。

图 5-12　"大纲"工具栏

③ 在大纲区选中第 5 张幻灯片标题，单击"大纲"工具栏的"降级"按钮，当此张幻灯片有备注时，系统将提示"此操作将删除一张幻灯片及其注释页和图形。是否继续？"（无备注时，不出现提示对话框），单击"确定"按钮，该幻灯片成为上一张幻灯片的子标题。

④ 选中第 4 张幻灯片的子标题，单击大纲工具栏的"升级"按钮，该子标题被提升为一张新幻灯片。

5.3　制作幻灯片

要制作出符合一定要求和效果的演示文稿，就要从各个细节入手进行设置，制作出声情并茂，包含图、文、声、像等内容的幻灯片。

5.3.1　编辑幻灯片

为了方便幻灯片设计，PowerPoint 2003 系统在"幻灯片版式"任务空格中提供了 31 种预设了各种文本框或图形等占位符的版式，用户可以根据自己的需要选择不同版式。而根据向导建立的幻灯片上不仅存在占位符，还有其特定主题的内容。占位符不是固有的，可以对其进行修改和删除。

1．制作标题幻灯片

标题幻灯片常用于演示文稿的首页，即第一张幻灯片。在创建一个新演示文稿时，第一张幻灯片的默认版式是"标题幻灯片"版式，标题幻灯片中含两个占位符，其中有文字提示，用户可先单击占位符，然后键入演示文稿的标题和副标题，完成"标题幻灯片"的添加。

【**任务实例 5**】　创建新演示文稿，标题是"演示文稿的制作"，副标题是"2009 年 5 月"，并保存为"D:\ 演示文稿的制作.ppt"。

① 单击常用工具栏上的"新建"按钮，自动创建一个空演示文稿。

② 单击幻灯片中的"单击此处添加标题"占位符，此时虚线方框消失，一个灰色方框环绕了占位符，插入点出现在灰色方框中，输入"演示文稿的制作"。

③ 单击幻灯片中的"单击此处添加副标题"占位符，输入"2009 年 5 月"。单击占位符外的任意位置，可看到整个标题幻灯片。

④ 单击常用工具栏上的"保存"按钮，在弹出的"另存为"对话框中的保存位置选择"本地磁盘(D:)"，文件名处默认为"演示文稿的制作.ppt"，单击"保存"按钮。

2．建立标题和文本版式幻灯片

演示文稿中用得最多的是标题和文本版式幻灯片。要增加一张标题和文本版式的新幻灯片，可在"幻灯片版式"任务窗格中"文字版式"列表中选择"标题和文本"版式或"标题和两栏文本"版式。这类版式中一般有一个标题占位符，还有一个或多个文本占位符。

【任务实例6】 在"D:\演示文稿的制作.ppt"中添加一张"标题和文本"版式的幻灯片，并输入标题"演示文稿的基础"。

① 打开"D:\演示文稿的制作.ppt"，单击"插入"菜单中的"新幻灯片"命令，默认的是插入一张"标题和文本"版式的幻灯片。

② 单击"单击此处添加标题"占位符，输入"演示文稿的基础"。

③ 单击"单击此处添加文本"占位符，
输入内容，如图 5-13 所示。

3．建立空白版式幻灯片

如果想制作自己特有的幻灯片，可以在"幻灯片版式"任务窗格的"内容版式"列表中选择"空白"版式，插入空白幻灯片，然后利用文本框等制作自己特有的幻灯片。

4．复制和移动幻灯片中的文本

复制和移动幻灯片中的文本与在 Word 中的操作基本相似，只是需要区分移动和复制的文本是整个文本框还是其中的一部分。如果移动或复制整个文本框，在选择时要单击文本框的边框，选中整个文本框，否则需要在文本框内选择文本，这与 Word 中在正文区选择文本

图 5-13 "标题和文本"版式的幻灯片

的操作相同。在大纲区的文本编辑操作与 Word 大纲视图下的操作相同。

5.3.2 格式化幻灯片

1．设置字体格式

首先，选中要设置格式的文本，单击"格式"菜单中的"字体"命令，弹出 "字体"对话框，如图 5-14 所示。

PowerPoint 2003 中字体的设置与 Word 相比，中文字体、英文字体、字形等基本项目是相同的，只是字体的修饰少了，并且不能够调整字符的间距等。需要特殊说明的是"新对象默认值"复选框，如果选中该选项，则此后添加文本框时，其中字体的格式就采用该对话框中的设置。

2．设置文本的段落格式

（1）设置段落的缩进格式

在 PowerPoint 2003 的幻灯片区中，可以通过标尺来设置段落的缩进格式。如果窗口没有显示标尺，可以通过选择"视图"菜单中的"标尺"命令显示标尺。在幻灯片区中选中要设置缩进格式的文本后，水平标尺上就会出现设置缩进格式的缩进符号，缩进符号的意义和操作方法与 Word 相同，分别用来设置首行缩进、悬挂缩进和左缩进。

（2）设置行距和段前段后的空间

在 PowerPoint 2003 中没有"段落"命令，设置段落的行距和段前段后的间距可使用"行距"命令。首先选中欲设置格式的段落，然后单击"格式"菜单中的"行距"命令，弹出"行距"对话框，如图 5-15 所示。将行距、段前和段后数值框设置好后，单击"确定"按钮即可。

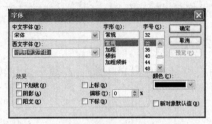

图 5-14　"字体"对话框

图 5-15　"行距"对话框

（3）设置段落的对齐格式

段落对齐格式指的是段落在文本占位符中的对齐位置。在 PowerPoint 2003 中，段落的对齐格式有五种：左对齐、居中对齐、右对齐、两端对齐、分散对齐。段落对齐格式设置的操作与 Word 中的操作相同：首先选中欲设置格式的段落，然后单击"格式"菜单"对齐方式"子菜单中的对齐命令，或单击"格式"工具栏上对齐方式的命令按钮。

3．使用项目符号和编号

在演示文稿幻灯片中，为了使文本层次结构清晰，常使用"项目符号和编号"命令来实现。其步骤如下。

① 在幻灯片区中选择文本或文本占位符。

② 单击"格式"菜单中的"项目符号和编号"命令，弹出"项目符号和编号"对话框。

③ 单击"项目符号"或"编号"选项卡，选择要使用的项目符号或编号的外观，单击"确定"按钮。

另外，选中文本或文本占位符后，直接单击格式工具栏的"项目符号"或"编号"按钮，可按默认项目符号或编号设置选定文本，再次单击按钮，即可取消项目符号或编号的设置。

5.3.3　使用对象

与 Word、Excel 一样，在 PowerPoint 2003 中也可以使用图片、公式、图表、艺术字、表格、组织结构图等对象，并可以使用影片和声音等对象。

1．使用图片、公式、图表、艺术字

使用图片、公式、图表、艺术字等可以美化幻灯片并增强演示效果。首先在幻灯片区中显示欲插入对象的幻灯片，使其成为当前幻灯片，然后单击"插入"菜单中的相应命令。与在 Word 中插入和编辑这些对象基本相同。

2．使用表格

PowerPoint 2003 与以前的版本相比改进了表格功能，使得在幻灯片中插入表格像在 Word 中插入表格一样方便。

插入表格的方如下。

方法 1：单击"插入"菜单中的"表格"命令。

方法 2：使用常用工具栏上的"插入表格"按钮，拖动出所需行、列数的表格。

方法 3：在"幻灯片版式"任务窗格中的"其他版式"列表中选择"标题和表格"版式，插入新幻灯片，双击幻灯片的表格占位符。

方法 1 和方法 3 都会弹出"插入表格"对话框，如图 5-16 所示。在对话框中设置表格的列数和行数，单击"确定"按钮，即可在当前幻灯片中插入指定列数和行数的表格。表格的设置和 Word 一样。

图 5-16 "插入表格"对话框

3．插入声音和影片对象

PowerPoint 2003 提供了在幻灯片放映时播放声音和影片的功能。在演示文稿中插入声音和影片对象，可使演示文稿更富有感染力。

（1）插入声音文件

在 PowerPoint 2003 中，可以插入和播放多种格式的声音文件，如声音波形文件（.WAV 文件）、CD 音乐以及自己录制的旁白等。播放声音文件需要声卡等硬件的支持。插入声音文件的步骤如下。

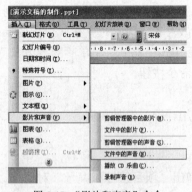

图 5-17 "影片和声音"命令

选择要添加声音或音乐的幻灯片，单击"插入"菜单"影片和声音"子菜单中的相应命令，如图 5-17 所示。

● 单击"剪辑管理器中的声音"命令，可以插入"剪辑库"中的声音或音乐。

● 将 CD 放入光驱，单击"播放 CD 乐曲"命令，可以插入 CD 音乐。

● 单击"文件中的声音"命令，在"插入声音"对话框中选取需要的声音文件，完成已有声音的插入。

● 单击"录制声音"命令，弹出"录音"对话框。单击"录音"按钮可以录制自己的声音。

在系统提示"你希望在幻灯片放映时如何开始播放声音？"时，根据需要选择是"自动"还是"在单击时"播放。

若在幻灯片中插入的是剪辑库、文件或自己录制的声音，幻灯片中将出现一个小"喇叭"声音图标；若在幻灯片中插入的是 CD 乐曲，将出现一个小"光盘"乐曲图标。

右击幻灯片上的小"喇叭"或小"光盘"图标，可对插入的声音对象进行编辑。

注意：在播放带有声音的幻灯片时，若未设置自动播放，则可单击幻灯片上的小"喇叭"或小"光盘"图标，播放插入的声音。

（2）插入影片文件

在 PowerPoint 2003 中，可以插入和播放多种格式的视频文件，如 Video for Windows 格式（.AVI 格式）视频文件、MPEG 格式的视频文件等。其步骤如下。

选择幻灯片，单击"插入"菜单"影片和声音"子菜单中相应的命令，如图 5-17 所示。

● 单击"剪辑管理器中的影片"命令，可以插入"剪辑库"中的影片。

● 单击"文件中的影片"命令，在"插入影片"对话框中选取需要的影片文件。

在系统提示"你希望在幻灯片放映时如何开始播放影片？"时，根据需要选择是"自动"还是"在单击时"播放。

在幻灯片中插入视频文件后，将会出现相应的影片播放区域。右单击幻灯片上的视频对象，可对插入的视频对象进行编辑。

注意：在播放带有视频的幻灯片时，若未设置自动播放，则可单击幻灯片上的影片，播放插入的视频。

4．组织结构图

在演示文稿的幻灯片中，组织结构图也较为常用，尤其是在表示人事组织关系时。

具体操作如下。

① 首先显示欲插入组织结构图的幻灯片。

② 单击"插入"菜单"图片"子菜单中的"组织结构图"命令，同时弹出"组织结构图"工具栏，如图 5-18 所示。

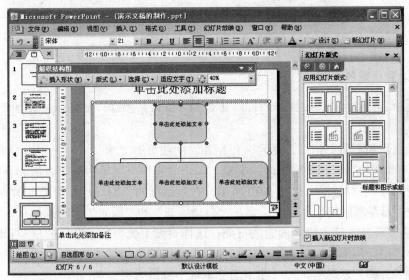

图 5-18　"组织结构图"窗口

③ 利用"组织结构图"工具栏进行人事组织关系设置。

注意：在"幻灯片版式"任务窗格中，单击"其他版式"列表中的"标题和图示或组织结构图"版式也可以制作组织结构图。

【任务实例 7】将"D:\公司财政状况总览幻灯演示.ppt"的第 2 张幻灯片改为"公司结构图"。

① 打开"公司财政状况总览幻灯演示.ppt"，单击第 2 张幻灯片，将其标题内容改为"公司结构图"，并删除下面的文本。

② 单击"格式"菜单中的"幻灯片版式"命令，进入"幻灯片版式"任务窗格中，在"其他版式"列表中单击"标题和图示或组织结构图"版式。

③ 双击中间的组织结构图占位符，在弹出的"图示库"对话框中单击"选择图示类型"列表中的第一个图示"组织结构图"，单击"确定"按钮，进入到组织结构图的编辑状态，并弹出"组织结构图"工具栏。单击顶级图框，输入"董事长"，单击"组织结构图"工具栏上"插入形状"下拉列表中的"下属"，输入"总经理"，单击"组织结构图"工具栏上"插入形状"下拉列表中的"助手"，输入"总经理助理"，在其下级图框中分别输入"软件部"、"销售部"、"财务部"和 "培训部"，效果如图 5-19 所示。

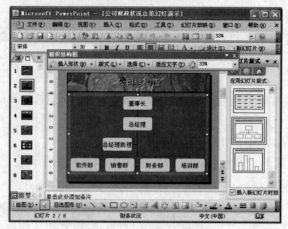

图 5-19　第 2 张幻灯片效果图

5.3.4　设置页眉和页脚

在 PowerPoint 2003 中，幻灯片的页眉和页脚信息包括幻灯片编号、日期和时间及页脚文本等相关信息。

1．添加页眉和页脚、幻灯片编号、日期和时间或页脚文本

首先打开欲添加页眉和页脚的演示文稿，单击"视图"菜单中的"页眉和页脚"命令，弹出"页眉和页脚"对话框，如图 5-20 所示，在对话框的"幻灯片"选项卡中有四个项目。

* 选中"日期和时间"复选框，要在"自动更新"和"固定"之间选其一，在选择固定日期时，还需要在文本框中输入固定的日期，这样页脚上就会显示选择的日期和时间；
* 选中"幻灯片编号"复选框，幻灯片的页脚将显示幻灯片的编号；
* 选中"页脚"复选框，可以在下面文本框中编辑页脚文本；
* 选中"标题幻灯片中不显示"复选框，则标题幻灯片不显示页眉和页脚。

注：在预览区域中，可浏览设置效果，单击"全部应用"按钮可把设置应用到演示文稿的所有幻灯片上，单击"应用"仅把设置应用到演示文稿的当前幻灯片上。

2．更改页眉和页脚的位置和外观

在 PowerPoint 2003 中更改页眉和页脚的位置和外观是通过修改母版来完成的。关于母版将在下一节介绍。

单击"视图"菜单"母版"子菜单中的"幻灯片母版"命令，进入幻灯片母版编辑窗口，如图 5-21 所示。在幻灯片母版中按住鼠标左键拖动"日期区"、"页脚区"、"数字区"等占位符，可以改变这些占位符的位置。修改完毕，单击"幻灯片母版视图"工具栏上的"关闭母版视图"按钮，切换到普通视图，PowerPoint 2003 即可将所做的改变反映到幻灯片中。

3．更改幻灯片的起始编号和大小

当演示文稿是一个更大的演示文稿的一部分时，幻灯片可能不需要从 1 开始编号，这时就要对起始编号进行修改。

单击"文件"菜单中的"页面设置"命令，弹出"页面设置"对话框，在"幻灯片编号起始值"数值框中指定一个数值，即可改变幻灯片的编号，同时也可设置幻灯片的大小和方向。

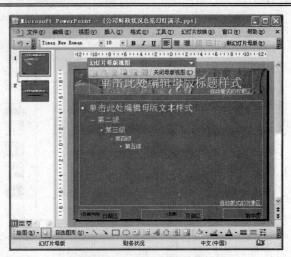

图 5-20　"页眉和页脚"对话框　　　　　图 5-21　"幻灯片母版"窗口

5.4　设置演示文稿

5.4.1　设置演示文稿的外观

PowerPoint 2003 的基本特点是，演示文稿的所有幻灯片具有一致的外观。控制幻灯片外观的方法有三种：应用设计模板、母版和配色方案。

1．应用设计模板

在设计模板中，包含了配色方案、具有自定义格式的幻灯片母版以及字体样式。通过使用设计模板中的这些内容，用户可以创建幻灯片的特殊外观。向演示文稿应用设计模板时，新设计模板的幻灯片母版和配色方案将取代演示文稿原来的母版和配色方案。并且在应用了设计模板之后，用户在演示文稿中所添加的每张新幻灯片都会拥有相同的自定义外观。

PowerPoint 2003 提供了大量经过专业设计的模板，用户也可以创建自己的设计模板。

PowerPoint 2003 提供设计模板和内容模板两种模板，本质上都是对"母版"进行重新设置。设计模板包含已经定义好的格式和配色方案，为演示文稿创建统一的主题。内容模板除了具有设计模板已有的统一风格外，还针对特定主题提供建议内容。

（1）应用设计模板

单击"格式"菜单中的"幻灯片设计"命令，进入"幻灯片设计"任务窗格，单击一个合适的模板，则整个演示文稿的幻灯片都将按照选择的模板进行改变。如果只想对选定的幻灯片应用设计模板，则单击某个模板右侧的下拉按钮，选择"应用于选定幻灯片"命令即可。

【任务实例8】　为"D:\ 公司财政状况总览幻灯演示.ppt"应用设计模板。

① 打开"D:\ 公司财政状况总览幻灯演示.ppt"，单击"格式"菜单中的"幻灯片设计"命令，进入"幻灯片设计"任务窗格。

② 在"应用设计模板"列表中单击自己喜欢的模板，演示文稿中的所有幻灯片的背景图案等都将应用此模板的相关设置，如图 5-22 所示。

③ 单击"文件"菜单中的"保存"命令。

（2）创建设计模板

用户可以创建个人独特的设计模板。首先打开现有的演示文稿，或使用设计模板创建作为新设计模板的演示文稿。对演示文稿进行必要的修改使其符合需要，然后单击"文件"菜单中的"另存为"命令，弹出"另存为"对话框。在该对话框的"文件名"文本框中，输入所创建的设计模板的名字，在"保存类型"下拉列表框中选择"演示文稿设计模板（*.pot）"选项，单击"保存"按钮，即可完成设计模板的创建工作。

图 5-22 "应用设计模板"后的窗口

（3）创建内容模板

创建内容模板的方法与创建设计模板的方法基本相同。所不同的是在创建内容模板时，只能打开已有的演示文稿或模板作为新模板的基础。

2．使用幻灯片母版

母版用于设置演示文稿中每张幻灯片的预设格式，包括每张幻灯片标题及正文文字的位置、大小、项目符号的样式和背景图案等。其实母版就是某一类幻灯片的样式，如果用户更改了演示文稿中的幻灯片母版，则会影响所有的基于该母版的演示文稿中幻灯片的格式。PowerPoint 2003 母版分为"幻灯片母版"、"讲义母版"、"备注母版"三类。

（1）幻灯片母版

最常用的母版就是幻灯片母版，可以控制所有幻灯片的标题和文本的格式和类型。如图 5-21 所示，在左侧的缩略图区显示两个幻灯片，即标题版式的幻灯片母版和其他版式的幻灯片母版，幻灯片母版上有五个"占位符"，用来确定幻灯片母版的版式。

① 更改文本格式：在幻灯片母版中选择对应的占位符，如标题样式或文本样式等，可以设置字符格式、段落格式等。修改母版中某一对象的格式，就可以同时修改除标题幻灯片外的所有幻灯片对应对象的格式。

② 设置页眉、页脚、日期及幻灯片编号：这些内容在 5.3.4 节已经进行了详细讲述，在此不再讲述。

③ 向母版中插入对象：要想使每张幻灯片都出现某个对象，可向母版中插入对象。例如在母版的左上角插入一个"符号"类剪贴画，在关闭"幻灯片母版"后，此剪贴画将在除标题幻灯片外的所有幻灯片上都显示。设置效果将在【任务实例 9】中实现。

（2）讲义母版

讲义母版用于控制幻灯片以讲义形式打印的格式，可以设置每张纸打印的幻灯片个数，如图 5-23 所示。

（3）备注母版

备注母版是供演讲者做备注打印的格式，上半部分是缩小的幻灯片，下半部分注释栏是演讲者备注，如图 5-24 所示。备注信息在演示时不会出现。

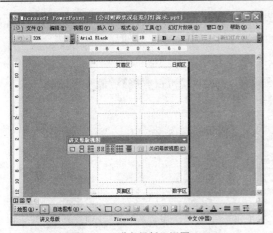

图 5-23 "讲义母版"视图

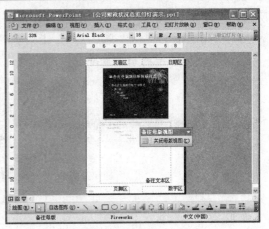

图 5-24 "备注母版"视图

【任务实例 9】 为"D:\ 公司财政状况总览幻灯演示.ppt"设置幻灯片母版格式。

① 打开"D:\ 公司财政状况总览幻灯演示.ppt",单击"视图"菜单"母版"子菜单中的"幻灯片母版"命令,进入"幻灯片母版"视图,如图 5-25 所示。

② 单击标题幻灯片的"日期/时间"占位符的边框,将其拖动到幻灯片的右上角。

③ 在左上角插入一个"符号"类剪贴画,并设置标题的字体为黑体,居中对齐。

④ 单击"幻灯片母版视图"工具栏上的"关闭母版视图"按钮,退出母版设计状态,效果如图 5-26 所示。

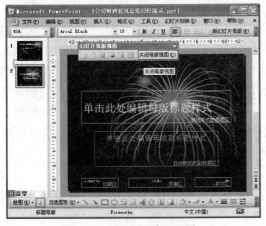

图 5-25 "幻灯片母版"视图

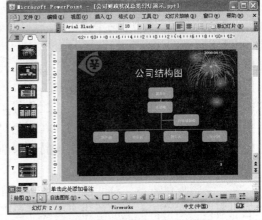

图 5-26 "幻灯片母版"使用效果图

注意: 按【PageDown】、【PageUp】键观察两张幻灯片,它们的页脚字体格式均发生了变化。这是因为母版设计对该演示文稿中的每张幻灯片都有效。

【任务实例 10】 使用母版为上例每张幻灯片添加一致的背景图片。

① 打开"D:\ 公司财政状况总览幻灯演示.ppt",单击"视图"菜单"母版"子菜单中的"幻灯片母版"命令,进入"幻灯片母版"视图,如图 5-25 所示。

② 单击"插入"菜单"图片"子菜单中的"剪贴画"命令,选择"商业"类的剪贴画,调整图片大小以适合自己的要求。

③ 右击该图片,单击"设置图片格式"命令,弹出"设置图片格式"对话框,如图 5-27

所示。选择"图片"选项卡中"图像控制"区域的"颜色"为"冲蚀",单击"确定"按钮。

④ 右击图片,单击"叠放次序"子菜单中的"置于底层"命令,以便显示出文字。

⑤ 关闭母版,观察设置冲蚀后的幻灯片效果,如图 5-28 所示。

图 5-27 "设置图片格式"对话框

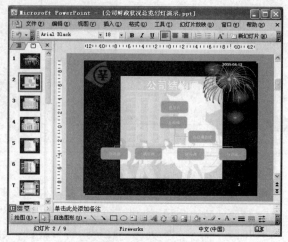

图 5-28 设置冲蚀后的幻灯片效果图

3. 应用和更改配色方案

用户可以对幻灯片的文本、背景、填充以及强调文字等进行重新配色。在 PowerPoint 2003 中,配色方案由 8 种颜色组成,用户可以挑选一种配色方案来应用,也可以更改并保存配色方案。

（1）应用配色方案

在向演示文稿应用设计模板时,可以从模板预定义的一组配色方案中选择一种配色方案。用户也可以在"幻灯片设计"任务窗格中,单击"配色方案",在其列表中选择某一配色方案;也可以单击"编辑配色方案"选项,弹出"编辑配色方案"对话框,在"标准"选项卡中,如图 5-29 所示,选择某一配色方案,所有幻灯片将使用新的配色方案。如果只想对选定的幻灯片应用配色方案,单击某种配色方案右侧的下拉按钮,单击"应用于所选幻灯片"命令即可。应用了一种配色方案后,其颜色对演示文稿中的所有对象都是有效的。您所创建的所有对象的颜色均自动与演示文稿的其余部分相协调。

（2）更改配色方案的颜色

在"编辑配色方案"对话框中,单击"自定义"选项卡,如图 5-30 所示。在"配色方案颜色"列表中选中某一项,单击"更改颜色"按钮,弹出"背景色"对话框,然后选择"标

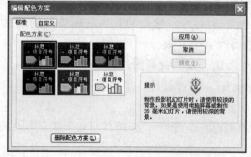

图 5-29 "编辑配色方案"标准选项卡

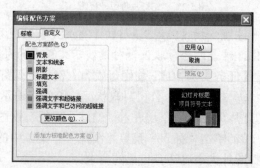

图 5-30 "编辑配色方案"自定义选项卡

准"选项卡,直接从调色板中选择喜欢的颜色,或在"自定义"选项卡中调配自己的颜色,更改完毕后单击"应用"按钮。

- 如果要将新的配色方案连同演示文稿一起存盘,请单击"添加为标准配色方案"按钮。
- 如果要将新的配色方案应用到幻灯片,单击"应用"按钮。

【任务实例 11】 为"D:\ 公司财政状况总览幻灯演示.ppt"应用配色方案。

① 打开"D:\ 公司财政状况总览幻灯演示.ppt",单击"格式"菜单中的"幻灯片设计"命令。

② 在"幻灯片设计"任务窗格中,单击"配色方案",在其列表中单击某一配色方案。

4．设置幻灯片背景

用户还可以对幻灯片的背景进行设置。

【任务实例 12】 为"D:\ 公司财政状况总览幻灯演示.ppt"标题幻灯片设置背景为绿色大理石。

① 按【Ctrl+Home】组合键回到首张幻灯片,单击"格式"菜单中的"背景"命令,弹出"背景"对话框,如图 5-31 所示。

② 在下拉列表框中选择"填充效果",弹出"填充效果"对话框。

③ 单击"纹理"选项卡,如图 5-32 所示,单击"绿色大理石"纹理,单击"确定"按钮,回到"背景"对话框,再单击"应用"按钮,观察标题幻灯片,有了一个别致的背景。

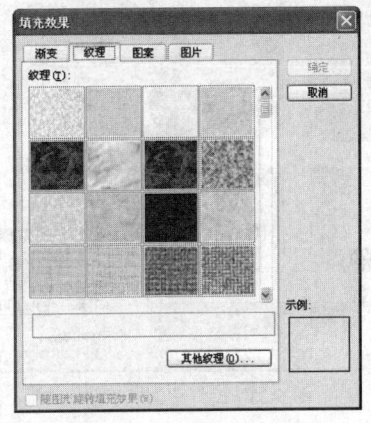

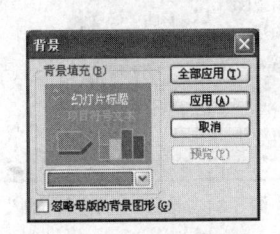

图 5-31 "背景"对话框　　　　　　图 5-32 "背景"对话框

注意： 如果单击"全部应用"按钮,则所有幻灯片的背景都将改变。

5.4.2 幻灯片的动画效果和动作设置

PowerPoint 2003 可以为幻灯片上的文本、图像和其他对象设置动画效果。动画是可以添加到文本或其他对象(如图表或图片)的特殊视听效果。

幻灯片的动画效果包含两种:一种是幻灯片间的动画,通过"幻灯片切换"命令进行设置;另一种就是幻灯片内的动画,即每张幻灯片中对象的动画效果。设置幻灯片内动画效果可以用下面几种方法。

1．使用预设动画

预设动画是指系统自带的动画方案。选择要进行设置动画的幻灯片,可以通过以下几种方法进行预设动画的设置。

① 单击"幻灯片放映"菜单中的"动画方案"命令。

② 单击"格式"工具栏上的"设计"按钮。

③ 在"幻灯片浏览视图"中的"幻灯片浏览"工具栏上单击"设计"按钮。

这三种方法都会进入"幻灯片设计"任务窗格。单击"动画方案"选项，在动画列表中选择一种动画效果，应用于当前幻灯片。如果想应用于所有幻灯片，单击"应用于所有幻灯片"按钮。"幻灯片浏览视图"中幻灯片缩略图的左下角，或"普通视图"的左侧"幻灯片"缩略图区的幻灯片的左上角，会出现动画的标志，单击该标志就可预览预设动画的播放效果。如图 5-33 所示。

2．自定义动画

在预设动画中提供的动画效果只有几种，若需要设置更多的动画效果，可以单击"幻灯片放映"菜单中的"自定义动画"命令。"自定义动画"适合于幻灯片内插入了图片、表格、艺术字等难以区别层次的情况，可以方便地调整对象的显示顺序，设置并预览对象的动画效果。设置自定义动画的操作步骤如下。

① 在"普通视图"下，显示要设置动画的幻灯片。

② 单击"幻灯片放映"菜单中的"自定义动画"命令，进入"自定义动画"任务窗格，如图 5-34 所示。

图 5-33　幻灯片浏览视图

图 5-34　设置"自定义动画"前的窗口

③ 选中幻灯片中的对象，单击任务窗格中的"添加效果"按钮，在弹出的下拉菜单中单击一种动画效果，同时幻灯片中出现一个数字小图标，如图 5-35 所示。单击右侧任务窗格中设置了动画的对象名，在右侧出现下拉按钮，单击此按钮，可以进行进一步的设置，如单击"效果选项"，在弹出的对话框中做细节设置。

④ 在"自定义动画"任务窗格中还可以进行"开始"、"方向"、"速度"等选项的设置，也可以为对象"重新排序"来改变动画的播放顺序，不想应用动画可以使用"删除"按钮来删除设置的动画效果。

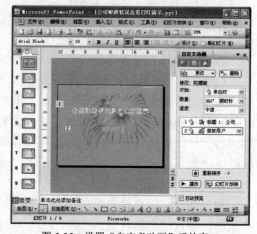

图 5-35　设置"自定义动画"后的窗口

5.4.3 设置幻灯片切换效果

幻灯片的切换效果是指前后两张幻灯片进行切换的方式。切换效果可以使用多种不同的技巧（如"水平百叶窗"、"垂直百叶窗"等方式），将下一张幻灯片显示到屏幕上。设置幻灯片切换效果的步骤如下。

① 在"普通视图"或"幻灯片浏览视图"中，选择一张或多张幻灯片。

② 单击"幻灯片放映"菜单中的"幻灯片切换"命令，如果在"幻灯片浏览视图"中，也可单击"幻灯片浏览"工具栏中的"切换"按钮，弹出"幻灯片切换"任务窗格，如图 5-36 所示。

③ 在"应用于所选幻灯片"列表中，选择切换效果，应用于所选的幻灯片中；在"速度"选项中选择切换速度；在"换片方式"中选择换页方式；在"声音"列表中选择换页时所需的声音。

④ 如果要将切换效果应用到所有的幻灯片上，可单击"应用于所有幻灯片"按钮。

【任务实例 13】 为"D:\ 公司财政状况总览幻灯演示.ppt"的所有幻灯片设置幻灯片切换效果为"溶解"效果，速度为中速，换片方式为每隔 5 秒换页。

① 打开"D:\ 公司财政状况总览幻灯演示.ppt"，单击"幻灯片放映"菜单中的"幻灯片切换"命令，弹出"幻灯片切换"任务窗格，如图 5-36 所示。在"应用于所选幻灯片"列表中，移动滚动条，选择溶解；在"速度"选项中选择"中速"；在"换片方式"处选中"每隔"设为"00:05"。

② 单击"应用于所有幻灯片"按钮。

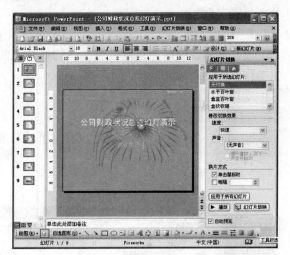

图 5-36 设置"幻灯片切换"

5.4.4 超链接和动作设置

利用"超链接"命令和"动作设置"命令，可以制作具有交互功能的演示文稿，以便于各张幻灯片或各文件间的切换。

1. 超链接

超链接是实现从一个文件快速跳转到其他文件的捷径，通过它可以在自己的计算机上、局域网上乃至 Internet 上进行快速切换。给演示文稿中的各种对象设置超链接，可以链接到本演示文稿的一张幻灯片，或到其他文件（包括 Web 页），还可以到电子邮件地址。在幻灯片放映时，点击该对象，将打开它所链接的对象、文件或应用程序。创建超链接的操作步骤如下。

① 选中用作超链接标志的文本、图形等对象。

② 单击"常用"工具栏上的"插入超链接"按钮，或右击选中的对象，在弹出的快捷菜单中单击"超链接"命令，或单击"插入"菜单中的"超链接"命令，均可弹出"插入超链接"对话框，如图 5-37 所示。

③ 在"链接到"选择区单击链接指向的类型，然后选择链接对象，设置好后单击"确定"按钮。

注意：若要编辑或删除已建立的超链接，可以右击用作超链接的文本或对象，在弹出的快捷菜单中单击"编辑超链接"或"删除超链接"等命令。

在文稿演示过程中，把鼠标指针移到链接标志上时，指针就会变成手形，此时单击鼠标就可以实现跳转或者打开文档或网页。

【任务实例14】 为"D:\ 公司财政状况总览幻灯演示.ppt"的第二张幻灯片标题设置超链接，使其链接到"D:\演示文稿的制作.ppt"。

① 打开"D:\ 公司财政状况总览幻灯演示.ppt"，切换到第二张幻灯片，选中第二张幻灯片的标题。

② 单击"插入"菜单中的"超链接"命令，弹出"插入超链接"对话框，如图5-37所示。

③ 在"查找范围"处选择"本地磁盘（D:)"，在文件列表区选中"演示文稿的制作.ppt"，单击"确定"按钮。

2．动作设置

演示文稿放映时，由演讲者操作幻灯片上的对象去完成下一步某项既定工作，这项既定的工作称为该对象的动作。

动作设置的操作步骤如下。

① 选中要设置动作的对象。

② 单击"幻灯片放映"菜单中的"动作设置"命令，弹出"动作设置"对话框，如图5-38所示。

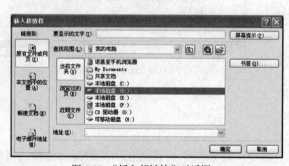

图5-37 "插入超链接"对话框

图5-38 "动作设置"对话框

③ 在"单击鼠标"选项卡中单击"超链接到"单选按钮，再单击下拉按钮，展开"超链接"列表，从中选择超级链接的对象。

注意：

① "运行程序"单选按钮，表示放映时单击对象，会自动运行所选的应用程序，用户可在文本框中输入所要运行的应用程序及其路径，也可以单击"浏览"按钮选择所要运行的应用程序。

② "鼠标移过"选项卡，表示放映时当鼠标指针移过对象时发生的动作，其动作设置的内容与"单击鼠标"选项卡完全一样。

【任务实例15】 为"D:\ 公司财政状况总览幻灯演示.ppt"的第三张幻灯片插入一个"箭头"类剪贴画，为该剪贴画设置动作，使单击箭头时切换到第四张幻灯片。

① 打开"D:\ 公司财政状况总览幻灯演示.ppt"，切换到第三张幻灯片。

② 单击"插入"菜单"图片"子菜单中的"剪贴画"命令，在弹出的"剪贴画"任务

窗格中的"搜索文字"处输入"箭头",单击"搜索"按钮,在搜索结果中单击某个箭头。

　　③ 选中箭头,单击"幻灯片放映"菜单中的"动作设置"命令,弹出"动作设置"对话框,如图 5-38 所示,在"超链接到"处选择"下一张幻灯片",单击"确定"按钮。

5.5　幻灯片放映及打印

5.5.1　设置放映方式

　　在幻灯片放映前,可以设置放映的方式,以根据具体的情况满足相应的需求。要设置放映方式,单击"幻灯片放映"菜单中的"设置放映方式"命令,弹出"设置放映方式"对话框,如图 5-39 所示。

PowerPoint 2003 提供了三种播放演示文稿的方式:"演讲者放映"、"观众自行浏览"、"在展台浏览"。用户可根据需要进行选择。

　　1．演讲者放映

　　"演讲者放映"是 PowerPoint 2003 默认的放映方式。此选项可将演示文稿全屏显示,这是最常用的方式,通常用于演讲者播放演示文稿。在这种方式下,演讲者对演示文稿的播放具有完整的控制权。可以采

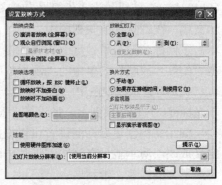

图 5-39　"设置放映方式"对话框

用自动或人工方式进行放映。演讲者在播放演示文稿时可以随时将演示文稿暂停进行解说。

　　2．观众自行浏览

　　"观众自行浏览"一般用于小规模的演示。选择这种方式播放演示文稿,幻灯片会出现在计算机屏幕窗口内,并提供命令在放映时移动、编辑、复制和打印幻灯片。在此方式中,可以使用滚动条从一张幻灯片移动到另一张幻灯片,同时打开其他程序。

　　3．在展台浏览

　　"在展台浏览"是指自动运行演示文稿,不需要专人来控制幻灯片播放,是沟通信息的最好方式。自动运行的演示文稿结束时,或某张人工操作的幻灯片已经闲置 5min 以上时,演示文稿都将自动重新开始播放。选定此选项后,"循环放映,按 Esc 键终止"会自动被选中,即最后一张幻灯片放映结束后,会自动返回第一张幻灯片继续播放。

　　用户除了可利用"设置放映方式"对话框设置放映类型外,还可以进行一些其他设置。这些设置的说明如下。

　　① 放映幻灯片:提供了演示文稿中幻灯片的三种播放方式,即播放全部幻灯片、播放指定范围的幻灯片或播放制作的自定义放映。

　　② 换片方式:在"换片方式"区域中,若选择"手动"选项,则在幻灯片放映时,必须有人为的干预才能切换幻灯片;若选择"如果存在排练时间,则使用它"选项,且设置了自动换页时间,幻灯片在播放时便能自动切换。另外,这两种情况下手动方式优先级均高于自动换页方式。

　　③ 放映选项:

　　● 如果选中了"循环放映,按 Esc 键终止"复选框,在最后一张幻灯片放映结束后,会

自动返回到第一张幻灯片继续放映。

- 如果选中了"放映时不加动画"复选框，则在播放幻灯片时，原来设定的动画效果将不起作用，但动画效果设置参数依然有效。一旦取消选择"放映时不加动画"复选框，则动画效果又会出现。

- 如果选中了"放映时不加旁白"复选框，则幻灯片播放时不播放任何旁白。

5.5.2 幻灯片放映

设置好放映方式后，就可以放映演示文稿了，本节以"演讲者放映"方式为例进行讲解。

1．直接放映

在任何一种视图中，单击 PowerPoint 2003 左下角的"从当前幻灯片开始幻灯片放映（Shift+F5）"按钮，进入幻灯片放映视图，并根据设置的放映方式从当前幻灯片开始播放演示文稿。在幻灯片放映视图中，幻灯片以全屏幕方式显示，且一直保持在屏幕上，直到用户单击了鼠标或敲击了键盘上相应的键为止。若想从第一张幻灯片开始幻灯片的放映，可以单击"幻灯片放映"菜单中的"观看放映"命令，或直接按 F5 键。

在幻灯片放映视图中，单击鼠标，使用键盘上的【Enter】、【PageUp】、【PageDown】键或上下光标键，可以切换到上一张或下一张幻灯片演示。演示文稿播放完后，返回到原来的视图中。

演示文稿创建后，演讲者可以根据不同的听众需求，将部分幻灯片组合起来，设置为自定义放映，演示就只在这些幻灯片中跳转，也可以将演示文稿以各种方式打印出来，还可以对演示文稿打包，带到展台上演示。

2．自定义放映

【任务实例 16】自定义放映"D:\ 公司财政状况总览幻灯演示.ppt"的第 1、3、4、5、7、8 张幻灯片。

① 打开"D:\ 公司财政状况总览幻灯演示.ppt"，单击"幻灯片放映"菜单中的"自定义放映"命令，弹出"自定义放映"对话框，如图 5-40 所示。

② 单击"新建"按钮，弹出"定义自定义放映"对话框，如图 5-41 所示。在"在演示文稿中的幻灯片"列表中按下【Ctrl】键（选择连续幻灯片时按下【Shift】键）选中第 1、3、4、5、7、8 张幻灯片，单击"添加"按钮，添加到"在自定义放映中的幻灯片"列表框中。如果要改变播放时幻灯片的放映次序，选择"在自定义放映中的幻灯片"列表框中的幻灯片，通过右边的上下箭头键在列表内上下移动。

图 5-40 "自定义放映"对话框

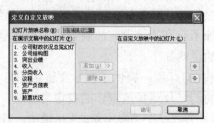

图 5-41 "定义自定义放映"对话框

③ 在"幻灯片放映名称"文本框中输入自定义放映的名称，单击"确定"按钮，关闭"定义自定义放映"对话框，返回"自定义放映"对话框。

④ 若想立即放映，单击"放映"按钮。若以后再放映，则单击"关闭"按钮。

3．控制放映过程的快捷菜单

在"幻灯片放映视图"下右击幻灯片，可弹出控制放映过程的快捷菜单，各命令如下。

- 下一张：单击此命令可以切换到演示文稿的下一张幻灯片。
- 上一张：单击此命令可以切换到演示文稿的上一张幻灯片。
- 定位至幻灯片：通过单击该子菜单的命令可以切换到指定的幻灯片。
- 指针选项：用来设置关于鼠标指针的选项。其中，"箭头"命令用来将鼠标指针设置为箭头形状；"圆珠笔"、"毡尖笔"和"荧光笔"命令用来将鼠标指针设置为笔形状，可以在演示过程中对某些内容作标注；"墨迹颜色"命令则用于设置绘图笔的颜色；"橡皮擦"和"擦除幻灯片上的所有墨迹"命令则用于擦除幻灯片上的墨迹；"箭头选项"命令用于设置箭头是否可见。
- 屏幕：单击"黑屏"或"白屏"命令使整个屏幕变为黑色或白色，直到单击鼠标为止；单击"显示/隐藏墨迹标记"命令，可将墨迹显示或隐藏；单击"演讲者备注"，显示当前幻灯片的备注内容；单击"切换程序"命令，可在放映时通过任务栏切换程序。
- 结束放映：单击该命令可结束幻灯片放映。

注意：在任何时候，用户都可按下【Esc】键退出幻灯片放映视图。

另外，如果给每张幻灯片播放设置同样的时间间隔，可以在"幻灯片切换"任务窗格中设置"换片方式"为"每隔"多长时间，并且单击"应用于所有幻灯片"按钮。若要为每张幻灯片设置不同的放映时间，则 PowerPoint 2003 提供了"排练记时"功能。单击"幻灯片放映"菜单中的"排练计时"命令，开始实际放映，屏幕上出现"预演"工具栏，显示当前幻灯片已播放的时间，如图 5-42 所示。当进入下一张幻灯片时上一张幻灯片的排练

图 5-42　排练计时的"预演"工具栏

计时就停止了，开始当前幻灯片的计时，当结束放映时，弹出对话框询问"是否保留新的幻灯片排练时间？"，根据需要单击"是"或"否"按钮。

5.5.3　打印演示文稿

1．打印透明胶片

通过将幻灯片打印为黑白或彩色透明胶片，可以创建使用于投影机幻灯片的演示文稿。

【任务实例 17】　为"D:\ 公司财政状况总览幻灯演示.ppt"进行页面设置。

① 打开"D:\ 公司财政状况总览幻灯演示.ppt"，单击"文件"菜单中的"页面设置"命令，弹出"页面设置"对话框。如图 5-43 所示。

② 单击"幻灯片大小"框右侧的下三角按钮，从下拉列表中选择"投影机"命令，单击"确定"按钮。

注意：在"页面设置"对话框中还可用"宽度"和"高度"调整幻灯片尺寸，用方向调整幻灯片、备注、讲义和大纲的幻灯片方向，用"幻灯片编号起始值"设置幻灯片的起始编号。

【任务实例 18】　幻灯片的打印。

① 单击"文件"菜单中的"打印"命令，弹出"打印"对话框，如图 5-44 所示。

② 在对话框的"颜色/灰度"列表中选择"纯黑白"复选框（如果打印机能够处理灰色阴影，选择"灰度"选项），PowerPoint 2003 将为演示文稿中所有选中的幻灯片打印一个透明胶片。

在"打印"对话框中，还有一些内容可以设置，现解释如下。

- 在"打印范围"区域中选择要打印的范围。其中"自定义放映"选项是指按"自定义

放映"中选择的幻灯片进行打印。

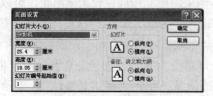

图 5-43 "页面设置"对话框

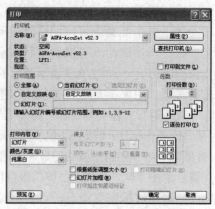

图 5-44 "打印"对话框

- 在"打印内容"下拉列表框中可以选择幻灯片、讲义、备注页、大纲视图等。选择幻灯片，打印时按照幻灯片浏览视图的顺序打印；若以教材或资料的形式打印，选择"讲义"区域，选择每页打印的幻灯片张数；如果选择大纲视图，可以打印演示文稿的大纲；选择备注页，可以打印指定范围中的幻灯片备注。
- 在"份数"区域中设置打印的份数。
- 选择"打印到文件"复选框，则当前不打印演示文稿，而是将演示文稿的打印保存到打印文件中。执行打印文件，该演示文稿就开始打印。
- 设置完后，单击"确定"按钮，就可以进行打印了。

2．纸张打印输出

为进一步阐述演示文稿，演讲者可向观众提供讲义。讲义是指在一页纸上打印 1、2、3、4、6、9 张幻灯片的缩图。还可以为观众打印演讲者备注。方法是在"打印"对话框中，选择"打印内容"中的"讲义"或"备注页"。

打印演示文稿时，也可以只打印大纲（包括幻灯片标题和主要观点）。此外，还可使用"文件"菜单"发送"子菜单下的"Microsoft Office Word"命令，将幻灯片图像和备注发送到 Microsoft Office Word 中，然后使用 Word 功能增强其外观效果。

5.6 演示文稿的打包及网上发布

5.6.1 演示文稿的打包

要把做好的演示文稿拿到展台上播放，可以对演示文稿进行打包，在刻录机逐渐普及的今天，可以将演示文稿、播放器及相关文件打包成 CD，以方便随身携带。

1．打包演示文稿

【任务实例 19】把"D:\ 公司财政状况总览幻灯演示.ppt"演示文稿打包到 D 盘下。

① 打开"D:\ 公司财政状况总览幻灯演示.ppt"，单击"文件"菜单中的"打包成 CD"命令，弹出"打包成 CD"对话框，如图 5-45 所示。

② 在 "将 CD 命名为:" 文本框中输入生成的 CD 名 "公司情况演示"。

③ 单击 "复制到文件夹" 按钮,弹出 "复制到文件夹" 对话框。

④ 在对话框中单击 "浏览" 按钮,选择 D 盘,单击 "选择" 按钮,返回 "复制到文件夹" 对话框,再单击 "确定" 按钮,则在 D 盘自动创建一个名为 "公司情况演示" 的文件夹,并且将打包文件存放到该文件夹中。

⑤ 在 "打包成 CD" 对话框中,单击 "关闭" 按钮。

图 5-45　"打包成 CD" 对话框

2. 播放打包的演示文稿

① 在 D 盘找到 "公司情况演示" 文件夹并打开。

② 双击 "pptview.exe" 文件,在弹出的 "Microsoft Office PowerPoint Viewer" 对话框中选择 "公司财政状况总览幻灯演示.ppt",单击 "打开" 按钮即开始幻灯片的播放。

5.6.2　演示文稿的网上发布

要想在网上发布演示文稿,可以将演示文稿文件转换为 Web 页文件,然后用浏览器来查看演示文稿的内容。

【任务实例 20】 把 "D:\ 公司财政状况总览幻灯演示.ppt" 演示文稿发布到网上。

① 打开 "D:\ 公司财政状况总览幻灯演示.ppt" 演示文稿,单击 "文件" 菜单中的 "另存为网页" 命令,打开 "另存为" 对话框,如图 5-46 所示。

② 单击 "发布" 按钮,弹出 "发布为网页" 对话框,如图 5-47 所示,进行设置,单击 "发布" 按钮完成。

图 5-46　"另存为" 对话框

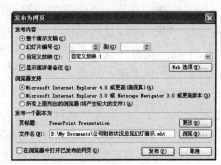

图 5-47　"发布为网页" 对话框

5.7　上 机 实 验

5.7.1　建立 PowerPoint 2003 演示文稿

【实验目的】

掌握利用提示向导快速建立幻灯片,利用母版、模板更改幻灯片的统一主题的方法,学习幻灯片配色方案等一系列美化加工方法，保存并修改幻灯片。

【实验样例】

利用提示向导制作一个"推销策略"的演示文稿，对其应用模板、设计母版、设置配色方案和背景，并将演示文稿保存为"D:\推销策略.ppt"。

【实验内容和步骤】

1．利用提示向导制作一个"推销策略"的演示文稿。

（1）启动 PowerPoint 2003 应用程序，在右侧的"开始工作"任务窗格中单击"新建演示文稿"选项，进入"新建演示文稿"任务窗格，单击"根据内容提示向导"选项，弹出"内容提示向导"对话框。

（2）单击"下一步"按钮，选择"常规"选项组的"推销策略"选项。

（3）单击"下一步"按钮，对输出类型不做任何改动。

（4）单击"下一步"按钮，为演示文稿输入标题"推销策略"。

（5）单击"下一步"按钮，单击"完成"按钮结束向导。

（6）单击"文件"菜单中如"保存"命令，在弹出的"另存为"对话框中的"保存位置"选"本地磁盘(D:)"，默认文件名"推销策略"，单击"保存"按钮。

2．利用大纲调整幻灯片等级，改变幻灯片顺序。

（1）单击"视图"菜单"工具栏"子菜单中的"大纲"命令，弹出"大纲"工具栏。

（2）利用大纲工具栏上的"上移"和"下移"按钮，调整幻灯片或子标题的排列顺序，或直接用鼠标上下拖动。

（3）选择幻灯片标题或子标题，利用"大纲"工具栏的"上移"和"下移"按钮，调整幻灯片张数或子标题个数，也可以通过鼠标左右拖动来进行调整。

3．应用设计模板并改变配色方案和背景。

（1）右击幻灯片，从弹出的快捷菜单中单击"幻灯片设计"命令，进入"幻灯片设计"任务窗格，在"应用设计模板"列表中单击某种模板即可。

（2）在"幻灯片设计"任务窗格中单击"配色方案"选项，单击某种配色方案即可。如果对已有的配色方案不满意，可以单击"编辑配色方案"选项，弹出"编辑配色方案"对话框，在"标准"选项卡中单击已经存在的配色方案，单击"应用"按钮即可。若想设计自己的配色方案，在"自定义"选项卡中选中某项，单击"更改颜色"按钮，设置好后，单击"应用"按钮，在应用的同时，新的配色方案添加到标准配色方案中。选中某种配色方案，单击"删除"按钮，即可删除该配色方案。

（3）按【Ctrl+Home】组合键回到首张幻灯片，单击"格式"菜单中的"背景"命令，弹出"背景"对话框。

（4）在下拉框中选择"填充效果"选项，弹出"填充效果"对话框，在"渐变"选项卡的"颜色"区域点击"预设"按钮，在"预设颜色"下拉框中选择"金乌坠地"，底纹样式为"从标题"，变形为内暗外亮。单击"确定"按钮，回到"背景"对话框。

（5）单击"应用"按钮，为标题幻灯片设置背景。

4．设计幻灯片母版。

（1）单击"视图"菜单"母版"子菜单中的"幻灯片母版"命令，进入幻灯片母版视图。

（2）在页脚处输入内容"好的开端是成功的一半"。

（3）按住【Shift】键选择日期区、页脚区、数字区，单击"格式"菜单中的"字体"命令，设置字体为隶书，字号为 20。

（4）单击"插入"菜单"图片"子菜单中的"剪贴画"命令，插入一张"商业"类的图片，将图片拖到幻灯片底部，调整图片大小。

（5）右击图片执行"叠放次序"子菜单中的"下移一层"命令三次，以便显示出页脚文字。

（6）单击"幻灯片放映"菜单"动作按钮"子菜单中的"第一张"命令，在页脚的数字区画出大小合适的按钮，在弹出的"动作设置"对话框中，选择播放"声音"为"鼓掌"，单击"确定"按钮。

（7）单击"幻灯片母版视图"工具栏上的"关闭母版视图"按钮，返回到普通视图中，观察设置的效果。

5．保存并放映演示文稿。

（1）单击常用工具栏的"保存"按钮，将修改后的内容保存。

（2）单击"文件"菜单中的"另存为"命令，将演示文稿以默认文件名保存在默认路径下，文件类型改为"大纲/RTF 文件"。

（3）按【Ctrl+Home】组合键切换到首张幻灯片，按【F5】键放映幻灯片，单击鼠标切换幻灯片，也可按【→】（或【↓】）到下一张，【←】（或【↑】）到前一张。按【Esc】键退出放映状态。

5.7.2　演示文稿的动画技术与超链接

【实验目的】

掌握幻灯片的动画设置技巧，学习实践幻灯片间和幻灯片内的动画制作，进行幻灯片超链接和演示文稿播放技巧的实践，对演示文稿打包。

【实验样例】

新建一个空白演示文稿。

【实验内容和步骤】

1．利用设计模板和幻灯片版式建立幻灯片，利用大纲导入内容。

（1）单击"文件"菜单中的"新建"命令，进入"新建演示文稿"任务窗格，同时添加一个标题版式的幻灯片，单击"根据设计模板"选项，在应用设计模板列表中，单击自己喜欢的模板。

（2）单击"插入"菜单中的"新幻灯片"命令，在弹出的"幻灯片版式"列表中单击"内容版式"列表中的"空白"版式。

（3）单击"插入"菜单中的"幻灯片（从文件…）"命令，弹出"幻灯片搜索器"对话框，单击"浏览"按钮，选择"实验 5.7.1"中保存的"推销策略"，单击"全部插入"按钮。

（4）在"幻灯片"缩略图区，按住【Ctrl】键用鼠标分别单击 8、7、6、1 幻灯片，按【Delete】键删除幻灯片。

（5）按【Ctrl+Home】组合键定位到首张幻灯片，单击"格式"菜单中的"幻灯片版式"命令，进入"幻灯片版式"任务窗格，单击"文字版式"列表中的"标题幻灯片"版式，在标题占位符处输入"我的推销策略"，在副标题占位符处输入"制作人：王明"，如图 5-48 所示。

（6）按【PageDown】键进入下一张幻灯片，单击中间文本框占位符的边框，按【Delete】键将其删除，在标题占位符处输入"远见陈述"，再在"幻灯片版式"任务窗格中，单击"其他版式"列表中的"标题和图表"版式，双击图表占位符，修改与图表链接的数据表的第一列内容为"1 部"、"2 部"、"3 部"，关闭数据表，并调整图表的位置，关闭"幻灯片版式"任务窗格，如图 5-49 所示。

图 5-48 "我的推销策略"幻灯片

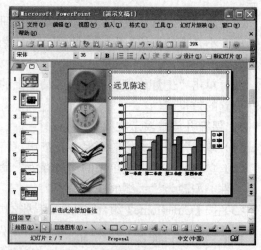

图 5-49 "远见陈述"幻灯片

（7）按【PageDown】键进入下一张幻灯片，右击该幻灯片，单击"幻灯片版式"命令，在"幻灯片版式"任务窗格中，单击"其他版式"列表中的"标题、文本与剪贴画"版式。设置左边文本框的字体格式，双击右边剪贴画占位符，在弹出的"选择图片"对话框中单击某张图片，单击"确定"按钮，如图 5-50 所示。

（8）按【Ctrl+End】组合键到最后一张幻灯片，选中中间文本框占位符的边框，按【Delete】键将其删除。使用常用工具栏上的"插入表格"按钮拖动出一个 3 行 4 列表格，调整表格位置，添加相应内容，如图 5-51 所示。

图 5-50 "介绍"幻灯片

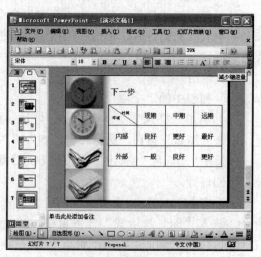

图 5-51 "下一步"幻灯片

（9）把演示文稿保存在 D 盘，文件名为"我的推销策略"。

2．设置幻灯片间切换效果。

（1）打开"D:\我的推销策略.ppt"，选择一张或多张幻灯片。

（2）单击"幻灯片放映"菜单中的"幻灯片切换"命令，进入"幻灯片切换"任务窗格，在"应用于所选幻灯片"列表中，移动滚动条，选择"溶解"；在"速度"选项中选择"中速"；"换片方式"处"每隔"设为"00:05"。

（3）如果想把所有的幻灯片都应用幻灯片切换效果，单击"应用于所有幻灯片"按钮。

3．使用"幻灯片放映"菜单中的"动画方案"命令为幻灯片中的对象设置预设动画。

（1）选择一张或多张幻灯片，单击"幻灯片放映"菜单中的"动画方案"命令，进入"幻灯片设计"任务窗格。

（2）在"应用于所选幻灯片"动画列表中选择一种动画效果，应用于选定的幻灯片。

（3）如果想应用于所有幻灯片，单击"应用于所有幻灯片"按钮。

4．使用"自定义动画"来控制幻灯片中多个对象的动画顺序和各种不同效果。

（1）在"普通视图"下，单击第三张幻灯片。

（2）单击"幻灯片放映"菜单中的"自定义动画"命令，进入"自定义动画"任务窗格。

（3）选中标题"介绍"，单击任务窗格中的"添加效果"按钮，在弹出的下拉菜单中单击一种动画效果，同时幻灯片中出现一个数字小图标。

（4）在"自定义动画"任务窗格中还可以进行"开始"、"方向"、"速度"等选项的设置，也可以为对象"重新排序"来改变动画的播放顺序，不想应用动画可以使用"删除"按钮来删除设置的动画效果。

（5）为幻灯片中的其他对象设置自己喜欢的效果。

5．创建并修改超链接。

（1）选择要创建超链接的文本或图形，如第三张幻灯片中的文本"陈述讨论目的"。

（2）单击"插入"菜单中的"超链接"命令，在弹出的"插入超链接"对话框中单击左侧的"本文档中的位置"，在"请选择文档中的位置(C)："列表中单击"幻灯片标题中的 4.讨论主题"，单击"确定"按钮。

（3）右击该对象，单击"编辑超链接"命令可进行更改链接内容等操作。

6．打包和解包演示文稿。

（1）单击"文件"菜单中的"打包成 CD"命令，弹出"打包成 CD"对话框。

（2）在"将 CD 命名为："文本框中输入生成的 CD 名"我的推销策略"。

（3）单击"复制到文件夹"按钮，单击"浏览"按钮，选择 D 盘，单击"选择"按钮，单击"确定"按钮。

（4）单击"关闭"按钮。

（5）关闭"我的推销策略.ppt"演示文稿。

（6）打开 D 盘找到"我的推销策略"文件夹并打开。

（7）双击"pptview.exe"文件，在弹出的"Microsoft Office PowerPoint Viewer"对话框中选择"我的推销策略.ppt"，单击"打开"按钮即开始播放。

习 题

一、填空题

1．在 PowerPoint 2003 的三种工作视图中，_____以缩略图的形式显示演示文稿中的所有幻灯片，便于组织和调整幻灯片的顺序。

2．在当前编辑的演示文稿中插入新幻灯片应打开_____菜单。

3．在 PowerPoint 2003 中，如果要移动复制整个文本框，在选择时要单击文本框的_____，选中整个文本框。

4．在 PowerPoint 2003 中，"自动更正"功能是在_____菜单中。

5．在 PowerPoint 2003 中要使每一张幻灯片都显示日期和时间，应单击"视图"菜单下_____命令，在弹出的对话框中进行设置。

6．在 PowerPoint 2003 中，创建具有个人特色的设计模板的扩展名是_____。

7．在 PowerPoint 2003 中，要更换幻灯片的配色方案可以通过"格式"菜单的_____来操作。

8．在 PowerPoint 2003 中，从第一张幻灯片开始放映演示文稿的快捷键是_____。

9．在打印演示文稿时，可以在一页纸上打印两张、三张或六张幻灯片缩图，这是"打印内容"设置为_____的缘故。

10．在 PowerPoint 2003 中，在_____菜单中可以找到"打包成 CD"命令。

11．PowerPoint 2003 中，如果要设置文本链接，可以选择_____菜单中的"超链接"命令。

12．新建一个演示文稿时，第一张幻灯片的默认版式是_____。

13．在 PowerPoint 2003 中，对文字或段落设置段前段后间距，应使用"格式"菜单中的_____命令。

14．在 PowerPoint 2003 中，可以为文本、图形设置动态效果，使用的是_____菜单中的"动画方案"命令或"自定义动画"命令。

15．在 PowerPoint 2003 中，利用_____和动作设置，可以制作具有交互功能的演示文稿，以便于更好地说明问题。

16．在 PowerPoint 2003 中，"填充效果"对话框中有四个选项卡，分别是_____。

17．在 PowerPoint 2003 的浏览视图中，隐藏的幻灯片的右下角显示_____。

18．要在幻灯片中设置段落的缩进格式，只能通过_____来进行。

19．在 PowerPoint 2003 中，母版可以分为_____。

20．在 PowerPoint 2003 中，通过_____可以实现从一个演示文稿到其他文件或到因特网的快速切换。

二、判断题

1．演示文稿中的"版式"指的是幻灯片内容在幻灯片上的排列方式，它由占位符组成，而占位符可放置文字和幻灯片内容（例如表格、图表、图片、形状和剪贴画等）。

2．在 PowerPoint 2003 中，在一张幻灯片中可插入另一个演示文稿。

3．在 PowerPoint 2003 中执行"插入"菜单中的"幻灯片（从文件）"命令，不可以把其他演示文稿中的部分幻灯片复制过来，只能复制全部幻灯片。

4．在 PowerPoint 2003 中，不能像在 Word、Excel 中一样插入组织结构图。

5．在 PowerPoint 2003 中，控制幻灯片外观的方法一般有三种：使用幻灯片母版、设计模板和配色方案。

6．在 PowerPoint 2003 中，幻灯片母版中插入的图片不能设置动画。

7．在 PowerPoint 2003 中，背景不可以添加动画效果。

8．在 PowerPoint 2003 中，当为幻灯片建立超链接时，不可以链接到其他演示文稿上。

9．在 PowerPoint 2003 中，退出演示文稿放映可用【Esc】键。

10．在 PowerPoint 2003 打印时，不能打印大纲标题。

第 6 章

网页制作

20 世纪 90 年代 WWW（World Wide Web，万维网）的产生是 Internet 发展史上的一个重要里程碑。借助 HTML（超文本标记语言）可以将文字、图像、声音、动画、视频等各种媒体信息同时集于网页之上，Internet 上丰富的信息资源大多是通过网页传递的。

本章将简单介绍超文本标记语言的基本知识，讲解使用 Microsoft FrontPage 设计、制作网页，以及设计、管理、发布 Web 站点的基本方法。

6.1 HTML 简介

HTML 是 HyperText Markup Language（超文本标记语言）的缩写，是 WWW 技术的基础。我们把用 HTML 编写的文件称为 HTML 文件，它通常被存储在 Web 服务器上。客户端通过 WWW 浏览器向 Web 服务器发出请求，服务器响应请求并将 HTML 文件发送给浏览器，然后由浏览器对文件中的标记做出相应的解释，以网页的形式呈现在用户屏幕上。

用 HTML 编写的网页实际上是一种文本文件，以 ".htm" 或 ".html" 为扩展名，可以使用任何文本处理软件（例如记事本、Word 等）创建或修改。

6.1.1 HTML 概述

HTML 语言规范是由国际万维网联盟 W3C（World Wide Web Consortium，）制定的。

下面介绍 HTML 文件的基本构成和 HTML 文件的层次结构。

1. HTML 文件的基本构成

每个 HTML 文件都包括文本内容和 HTML 标记两部分。

常见的 HTML 标记的书写格式如下：

<标记名> 文本内容 </标记名>

标记名写在 "< >" 内。多数 HTML 标记同时具有起始和结束标记，并且成对出现，有些标记没有结束标记，有些标记的结束标记可以省略。HTML 标记不区分大小写，如<HTML>和<html>，其结果都是一样的。

通常，HTML 标记还具有一些属性，用这些属性指定文本的一些特性，如背景颜色、字体大小、对齐方式等。属性一般放在 "开始标记" 中，包含属性的标记的格式如下：

<标记名 属性 1=值 1 属性 2=值 2…> 文本内容 </标记名>

其中标记名和属性之间用空格分隔。如果标记有多种属性，属性之间也要用空格分开。

2．HTML 网页的结构

现在我们先看一个简单的 HTML 文件，从中体会用 HTML 语言编写网页时的层次结构。

【任务实例 1】　用 HTML 编写一个简单的网页。

```
<html>
<head>
<title>我的第一个主页，欢迎光临</title>
</head>
<body>
<h3>欢迎学习 HTML</h3>
<p>这里我们介绍 HTML 语言的基本知识和如何使用 HTML 语言编写您的 Web 网页。
</p>
</body>
</html>
```

将上述代码用文本编辑器（如记事本）编辑并保存为一个扩展名为".htm"的文件，双击该文件图标，在浏览器中可以看到图 6-1 所示的结果。

可以看出，HTML 文件以<html>开头，以</html>结束。其文件结构由以下两部分组成。

（1）头部（Head）

HTML 文件的头部由<head>和</head>标记定义。通常情况下，文件的标题以及一些有关文档的定义、说明和描述等标记都包含在其中。最常用到的标记是<title>…</title>，用于定义网页的标题，当该网页文件被打开后，网页的标题将出现在浏览器的标题栏中。

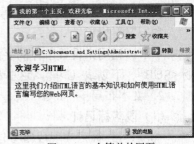

图 6-1　一个简单的网页

（2）正文主体（Body）

正文主体是 HTML 文件的核心内容，是不可或缺的，由<body>和</body>标记定义。<body>标记具有一些常用的属性，格式如下：

<body bgcolor=#n text=#n>…</body>

其中，bgcolor 为背景颜色，text 为文本颜色。n 为六位十六进制数，代表颜色值，也可以用颜色的别名（如 Blue）代替#n。

如果网页使用背景图像，书写格式为：

<body background="图片文件名 URL">…</body>

HTML 对书写格式的要求并不严格，当 HTML 文件在浏览器中显示时，所有文件中多余的空格、回车等均被忽略了，只保留一个空格，因此可以将一行写成两行或多行，在浏览器中结果是相同的。

6.1.2　HTML 的基本语法

下面是常用的 HTML 标记及其语法。

1．文字格式

HTML 中用于文字格式化的标记有以下几种。

（1）标题标记<hn>

<hn>标记定义文字标题，该标记的格式如下：

<hn> 标题文字 </hn>

其中，n 为 1～6 的数字，表示字体大小，其中 1 号标题字体最大，6 号标题字体最小。

（2）字体标记<font>

字体标记<font>用来对文字格式进行设置，主要具有以下属性。

① Face 属性用来控制文字使用的字体，其格式为：

<font face="字体名">…</font>

其中，字体名的选择由操作系统中安装的字体决定。如宋体、楷体_GB2312、Times New Roman、Arial 等。

② Color 属性用来控制文字的颜色，其格式为：

<font color=#n 或颜色名称>…</font>

③ Size 属性用来控制文字的大小，其格式为：

<font size=n>…</font>

其中 n 取 1～7 的数字，1 号字最小，默认值为 3。

（3）字形标记

字形标记用来设置字体的字形，常见的字形标记有粗体<B>、斜体<I>、上标<SUP>、下标<SUB>、下划线<U>等，这些标记都需要结束标记。

2．文本布局

（1）段落标记<P>

<p>…</p>标记实现段落分段，两个段落之间保留一个空行的间距。通过设置该标记的 Align 属性，可以控制段落的对齐方式，其值可以是 Left、Center、Right，分别表示左对齐、居中和右对齐，默认值为左对齐。

<p>标记的使用格式如下：

<p align=对齐方式>…</p>

（2）换行标记

标记可以强制文本换行，在 HTML 文本中，所有包含的回车符和空格都被忽略，当一行的内容还不满屏幕的宽度时，下一行内容会自动接上，因此在需换行时必须使用该标记。该标记只有起始标记。

（3）水平线标记<hr>

水平线标记<hr>用于在网页中插入一条水平线，该标记只有起始标记。使用格式如下：

<hr width=宽度 size=高度 align=对齐方式>

【任务实例 2】 在网页中设置段落和页面格式。

<html>

<head> <title>文本布局</title> </head>

<body >

<center>

<p>在这里我们首先向您介绍有关 HTML 语言的基本知识和基本语法。
然后，讲授如何使用 HTML 语言编写您的 Web 页面。</p>

```
<hr width=80% size=1>
<p align=left >段落左对齐
<p align=center >段落居中
<p align=right >段落右对齐
</center>
</body>
</html>
```

3．插入图片

图片标记<img>可以将图片插入网页中，<img>标记具有以下常用属性。

① Src 属性指的是图片文件所在的位置。格式为：

<img src =URL>

其中 URL 是图片文件存放的位置。在<img>标记中不能缺少 Src 属性。

② Alt 属性指的是图片的文字说明，当鼠标指针指向该图片时，弹出这些说明性文字。Alt 属性的格式为：

<img src =URL alt =说明文字>

③ height 和 width 属性用来设置图片显示区域的高度和宽度，格式为：

<img src =URL height =n1 width=n2>

其中，n1 和 n2 为像素数，像素数越大，图片显示越大。如果同时缺省两个属性，图片保持原来的大小。

④ Align 属性设置图片相对于文本的位置关系，格式为：

<img src =URL align = 对齐方式>

对齐方式可以是 top（顶端对齐）、bottom（底边对齐）、middle（垂直居中）、left（左对齐）、right（右对齐）等。

⑤ Border 属性用来设置图片文件的边框大小，格式为：

<img src =URL border =n>

其中，n 为像素数，缺省时为 0。

4．使用表格

表格是网页中经常使用的工具，其两个主要功能分别是制作各种数据表格或设置网页的布局。在常用的标记属性中，Border 属性用于设置表格边框的宽度；width 属性用于设置表格的宽度；height 属性用于设定表格高度；Align 属性设置表格的对齐方式；Bgcolor 和 Background 属性分别设置表格背景的颜色和背景图像。

在网页中使用表格，需要用到如下 HTML 标记。

① <table> …</table> 定义表格。

② <tr> … </tr> 定义表格行。

③ <th> … </th> 定义表格头。

④ <td> … </td> 定义表格单元格。

【任务实例3】 表格示例如图 6-2 所示。

```
<html>
<head><title>表格示例</title></head>
```

```
<body>
<table border=1 width=80% align=center>
<tr bgcolor=#dddddd>
<th>时间</th><th>星期一</th> <th>星期二</th> <th>星期三</th>
</tr>
<tr><td>1-2 节</td><td>计算机</td><td>语文</td><td>英语</td></tr>
<tr><td>3-4 节</td><td>政治</td><td>历史</td><td>生物</td></tr>
<tr><td>5-6 节</td><td>数据库</td><td>C 语言程序设计</td><td>网页制作</td></tr>
</table>
</body>
</html>
```

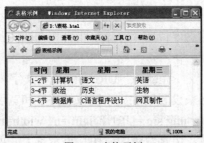

图 6-2　表格示例

5．超级链接

在 HTML 语言中，超链接标记<a>用于定义网页中的超链接，<a>标记的格式为：

<a href=URL>超链接文本</a>

在浏览器中，用于表示超链接的文本一般显示为蓝色并且加下划线。当鼠标指向该文本时，箭头变为手形指针，并在浏览器的状态栏中显示该超链接的地址。

6.2　FrontPage 2003 介绍

6.2.1　FrontPage 2003 概述

虽然使用一般的文本编辑器就可以编写 HTML 文档，但是使用专门的 HTML 编辑器或 Web 创作工具往往更加方便。

FrontPage 2003 是 Office 2003 组件之一，不但可以制作单独的网页文件，而且还可以管理和维护一个网站的全部文件及这些文件之间的关联。在网页制作方面，它采用了"所见即所得"的工作方式，使网页制作人员不需要将太多的精力花费在学习 HTML 语言上，而可以把更多的精力投入到网页的创意上。

6.2.2　FrontPage 2003 的启动与退出

1．FrontPage 2003 的启动

FrontPage 2003 可以按下列步骤启动。

① 单击"开始"按钮，在"开始"菜单中选择"程序"命令。

② 在"程序"菜单中选择"Microsoft Office"子菜单中的"Microsoft Office FrontPage 2003"命令，即可打开 FrontPage 2003 窗口，如图 6-3 所示。

另外，也可以在桌面上建立 FrontPage 2003 快捷方式，然后在桌面上双击该图标，即可启动 FrontPage 2003。

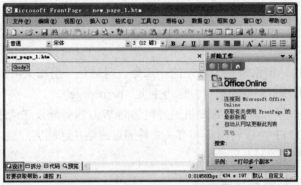

图 6-3　Microsoft FrontPage 2003 窗口

2．FrontPage 2003 的退出

FrontPage 2003 的退出有以下三种方式。

① 选择"文件"菜单中的"退出"命令。

② 单击窗口右上角的"关闭"按钮。

③ 按组合键【Alt+F4】。

6.2.3　FrontPage 2003 的视图

FrontPage 2003 提供了 7 种视图，它们是"网页视图"、"文件夹视图"、"远程网站视图"、"报表视图"、"导航视图"、"超链接视图"及"任务视图"。

1．网页视图

网页视图实际上就是网页编辑视图，该视图的主体就是网页编辑器，网页编辑器用来对页面进行创建、编辑、预览。

2．文件夹视图

文件夹视图用于管理文件和文件夹，使用它可以直接处理文件和文件夹以及组织网站内容。在此视图中，可以创建、移动和删除文件夹。

3．远程网站视图

远程网站视图用于站点和站点内文件的发布。在远程网站视图中查看文件时，文件将用图标和描述性文字进行标记以表示发布状态，如"不发布"、"已更改"、"未更改"、"新建"、和"冲突"等。

4．报表视图

使用报表视图可以方便了解当前站点的文件内容、更新链接情况、组件错误、所有文件列表及变化情况等信息。

5．导航视图

导航视图显示站点中文件的一个树状的层次结构。利用导航视图可以清晰地看到当前站点的主页和其他网页的链接关系，也可以设置站点的导航结构或添加、删除网页。

6. 超链接视图

在超链接视图中，可以形象地看到站点中网页的相互链接情况。

7. 任务视图

任务视图主要用来创建和管理任务。视图中列出了当前站点的任务，即当前站点中尚未完成的项目。

6.2.4　网站与网页

网页可以独立存在，但常常作为网站的一部分。网站是一组相关网页和有关文件的组合，一般有一个特殊的网页作为浏览的起点，称为主页（homepage）。

网站通常位于 Web 服务器上，客户机通过网络向 Web 服务器发送请求，Web 服务器响应客户机的请求，并使用 HTTP 协议将网页和有关文件通过网络传送回客户机，客户机端使用网页浏览器就能看到网页的内容了。

6.2.5　FrontPage 2003 的网页视图

FrontPage 2003 的网页视图窗口底部有"设计"、"拆分"、"代码"、"预览"四个标签，在设计视图中，用户可以输入文本、插入图片、插入表格等，也可以进行任意修改。拆分视图将窗口工作区分成上、下两部分，上半部分是代码区，下半部分是设计区。无论对哪一个区域进行修改，另一个区域都会做出相应的改变。在代码视图中，用户可以查看、编写和编辑 HTML 标记。在预览视图中可以看到网页在 Web 浏览器中的大体显示情况。

6.3　建立站点与网页

网页制作可以在新建站点中完成，也可以单独新建一个网页。下面用新建站点的方法来制作网页。

6.3.1　建立站点

站点是一组相关网页和其他文件的集合，这些文件通过超链接形成一个完整的结构，称为"站点"。在 FrontPage 2003 中，站点是磁盘上的一个特殊文件夹。

建立站点的步骤如下。

① 在"文件"菜单中选择"新建"命令，在"新建"任务窗格中单击"新建网站"中的"由一个网页组成的网站"，弹出图 6-4 所示的"网站模板"对话框。

② 在弹出的"网站模板"对话框的"指定新网站的位置"框中输入新站点要保存的位置，也可使用"浏览"按钮指定新站点的位置。

③ 单击"确定"按钮，完成站点的创建。

该站点只有一个空白网页"index.htm"（主页）和用于存储图片的文件夹"images"，你可以打开"index.htm"进行编辑，也可以进一步根据网站规划创建文件夹和新建其他的网页。

图 6-4　"网站模板"对话框

6.3.2　网页编辑

1．新建网页

要根据网页模板创建一个新的网页，可以按下面的步骤操作。

①　单击"文件"菜单里的"新建"命令，在"新建"任务窗格中选择"新建网页"中的"其他网页模板"。

②　在弹出的"网页模板"对话框中选择所需的网页模板，可以在"说明"及"预览"区域查看该模板的说明及预览图。如果要建一个空白网页，可选中"普通网页"模板。

③　单击"确定"按钮，系统新建一个基于所选模板的网页，新建的网页显示在 FrontPage 窗口中，可以对其进行编辑修改等操作。

④　单击"文件"菜单，选择"保存"命令，弹出"另存为"对话框，在此对话框中，单击"更改标题"按钮可以修改网页标题，在"文件名"文本框中输入网页文件名，如"news.htm"，设置完成后单击"保存"按钮。

2．编辑文本

若要编辑网页文本，可在 FrontPage 2003 编辑区中输入并编辑文本，例如输入"我的个人网页"，用户可对该文字进行编辑、设置格式，方法如下。

①　选择欲设置格式的文字。

②　在"格式"菜单中选择"字体"命令，弹出"字体"对话框，如图 6-5 所示，用户对文字可作"字体"、"字型"、"大小"、"颜色"、"效果"以及"字符间距"的设置。

③　若要对文字的行间距、段落间距以及对齐方式进行调整，可在"格式"菜单中选择"段落"命令。在"段落"对话框中可设置"行距"、"段落间距"及"左对齐"、"右对齐"、"居中对齐"、"两端对齐"的对齐方式，如图 6-6 所示。

3．设置网页属性

网页的属性包括网页的标题、位置、背景、页边距等。要设置网页属性，用户可以选择"文件"菜单里的"属性"命令，或者在网页的任意位置右击，在弹出的菜单中选择"网页属性"命令，FrontPage 2003 将显示"网页属性"对话框，如图 6-7 所示。

（1）"常规"属性

要设置网页的"常规"属性，选择"网页属性"对话框的"常规"选项卡，如图 6-7 所示。在"标题"文本框中输入网页的标题。在"背景音乐"中指定网页的背景音乐，当浏览器打开该网页时，将自动播放背景音乐。其中，"位置"文本框用于指定声音文件的位置。用户可以单击

"浏览"按钮，在当前打开的网站或本地磁盘中定位一个声音文件。"循环次数"框，用于指定音乐反复播放的次数，如果选中"不限次数"，则只要打开该网页，就不停地播放背景音乐。

图 6-5 "字体"对话框

图 6-6 "段落"对话框

（2）"格式"属性

要设置网页的背景颜色、背景图片以及超链接的颜色等，选择"网页属性"对话框的"格式"选项卡，如图 6-8 所示。

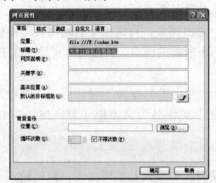

图 6-7 "网页属性"对话框

图 6-8 "格式"选项卡

可以选中"背景图片"复选框，并指定一个图片作为网页的背景图片，也可以单击"浏览"按钮，在当前打开的网站或本地磁盘中指定一个图片文件。如果要设置网页的背景颜色、文本颜色以及超链接文字的颜色，可以单击相应的下拉列表框。如果同时设置了背景图片和背景颜色，背景图片将覆盖背景颜色。

4．预览网页

在网页的制作过程中，用户可以随时对网页进行预览。可以切换到"预览"视图预览网页，还可以使用"文件"菜单中的"在浏览器中预览"命令，使用外部浏览器打开当前网页进行预览。

6.4 网页元素的插入

6.4.1 插入水平线

在许多网页上都有一些风格各异的水平线，这些水平线用于将网页分隔成几个部分，以加强网页的可读性。在网页中插入水平线的基本步骤如下。

① 首先把插入点移到要插入水平线的位置，选择"插入"菜单上的"水平线"命令，即可在插入点插入一条水平线。

② 将鼠标移动至水平线上双击，打开图 6-9 所示的"水平线属性"对话框。

③ 在该对话框中可以分别设置水平线的"宽度"、"高度"、"对齐方式"和"颜色"。

④ 单击"确定"按钮，完成水平线设置。

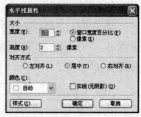

图 6-9　"水平线属性"对话框

6.4.2　插入图片

1．图片文件的格式

在 WWW 上，图片文件的格式有很多，最常用的是 GIF 和 JPEG。这两种格式的文件较小，适合网络传输。GIF 文件采用无损压缩方式，主要特征是支持简单动画、透明、图形渐进等。JPEG 格式是专为高清晰度照片等设计的，采用有损压缩方式，具有很高的压缩比例。

2．插入图片

① 将插入点定位到要放置图片的位置，选择"插入"菜单中的"图片"命令。

② 从"图片"子菜单中选择"来自文件"命令，打开图 6-10 所示的"图片"对话框。

③ 在"图片"对话框中选取所需要的图片文件，单击"插入"插入图片。

3．设置图片属性

用 FrontPage 可以方便地设置图片的大小、对齐方式等属性。

右击选定的图片，在快捷菜单中选择"图片属性"命令，出现"图片属性"对话框，选择"外观"选项卡，如图 6-11 所示。

选中"指定大小"复选框即可调整图片的大小参数。为防止因为图片的长宽比造成失真，可以选中"保持纵横比"复选框。当然调整图片大小的最简单方法是在网页的普通视图中直接用鼠标拖动。

图 6-10　"图片"对话框

图 6-11　"外观"选项卡

4．编辑图片

"图片"工具栏能够完成一些常用的图像编辑功能。选中插入的图片，选择"视图"菜单中"工具栏"子菜单下的"图片"命令，打开"图片"工具栏，如图 6-12 所示。利用"图片"工具栏可以对图片的亮度、对比度进行调整，也可以旋转、翻转图片，对图片进行剪裁等操作。

图 6-12　"图片"工具栏

5. 保存图片

插入图片后保存网页，如果图片不在网站文件夹中，将出现"保存嵌入式文件"对话框，如图 6-13 所示。如果图片在网站文件夹中，就不会出现此对话框。

"保存嵌入式文件"对话框允许保存图片副本并将副本移到网站中，以便轻松链接到图片。

"重命名"按钮可以更改图片的文件名；"更改文件夹"按钮可以设置图片副本文件保存的位置，默认保存在网站的根文件夹中，如选择将其保存在单独的文件夹中是很好的组织方式；如果不希望创

图 6-13　"保存嵌入式文件"对话框

建图片副本并且不希望链接到图片，可以使用"设置操作"按钮；"图片文件类型"按钮可以根据需要转换图片文件格式。

6.4.3　插入字幕

在网页中加入移动字幕，会使网页看起来更活泼。

在 FrontPage 2003 中插入移动字幕的步骤如下。

① 将插入点设置在要插入移动字幕的位置或者选择作为移动字幕的文本。

图 6-14　"字幕属性"对话框

② 选择"插入"菜单中的"Web 组件"命令，弹出"插入 Web 组件"对话框，在对话框的"组件类型"列表框中选择"动态效果"，在"选择一种效果"列表中选择"字幕"，单击"完成"按钮，打开图 6-14 所示的"字幕属性"对话框。

③ 如果已经选择了作为移动字幕的文本，此文本就会出现在"文本框"中。如果没有选择文本，可在文本框中输入作为移动字幕的文本。

④ 在"方向"区域中选择文字的移动方向。在"速度"区域中可以指定文字的移动速度，"延迟"数值表示在两次连续运动之间暂停的毫秒数，"数量"的像素表示字幕滚动一步的距离是多少像素；在"表现方式"区域中可以指定文字的运动方式；若选中"重复"区域的"连续"复选框，则移动字幕连续不停循环；若要设置字幕滚动有限次数，可以取消选中"连续"复选框并输入字幕重复的次数。在"背景颜色"列表框中可以设置移动字幕的背景颜色。

⑤ 单击"确定"按钮，完成设置。

6.4.4　插入交互式按钮

交互式按钮是一个动态按钮，当用户将鼠标指向交互式按钮时，交互式按钮会改变颜色或形状。默认情况下，交互式按钮是一个带有彩色方框的文字按钮，也可以应用图片创建交互式按钮。插入交互式按钮的具体操作步骤如下。

① 将插入点定位在要插入交互式按钮的位置。单击"插入"菜单的"Web 组件"命令，打开"插入 Web 组件"对话框，在对话框的"组件类型"列表框中选择"动态效果"，在"选

择一种效果"列表中选择"交互式按钮",单击"完成"按钮,打开图 6-15 所示的"交互式按钮"对话框。

② 在"按钮"选项卡的"按钮"列表框中选择按钮的外形,在文本框中输入按钮显示的文本。在"链接"文本框中指定要链接到的文件、URL 或电子邮件地址。

③ 切换到"字体"选项卡,可设置按钮文本的字体、字形、字号和文本颜色、对齐方式等属性。

④ 切换到图 6-16 所示的"图像"选项卡,选中"创建按下时图像"复选框,当用户单击按钮时该按钮改变显示,"字体"选项卡中的"按下时字体颜色"才能使用;选中"创建悬停图像"复选框,用户将鼠标指针悬停在按钮上时该按钮改变显示,"字体"选项卡中的"悬停时字体颜色"才能使用;选中"预载按钮图像"复选框,则该按钮悬停和单击状态的图像作为网页加载的一部分进行加载。若要使按钮的背景与具有纯背景的网页匹配,可以选中"按钮为 JPEG 图像并使用如下背景色",选择与网页匹配的一种颜色。若要使按钮的背景与具有变化背景的网页匹配,可以选中"按钮为 GIF 图像并具有透明背景色"。

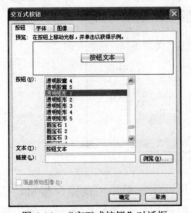

图 6-15　"交互式按钮"对话框

图 6-16　"图像"选项卡

⑤ 单击"确定"按钮,即可插入交互按钮。

6.4.5　插入站点计数器

Frontpage 2003 提供了站点计数器,它可以统计并显示网页的访问次数。随着访问网站用户数量的增加,计数器的统计数字会不断增加,这样就可以知道网站的访问次数。插入站点计数器的具体操作步骤如下。

① 单击"插入"菜单的"Web 组件"命令,打开"插入 Web 组件"对话框,在对话框的"组件类型"列表框中选择"计数器",在"选择计数器样式"列表中选择一种样式,单击"完成"按钮,打开"计数器属性"对话框。

② "计数器属性"对话框中,"自定义图片"用于设置背景图片所在的路径和名称;"计数器重置为"用于设置计数器重置时的起始数字;"设定数字位数"用于设置计数器所要显示的数字位数。

③ 单击"确定"按钮,插入站点计数器。

只有将站点发布到 Web 服务器,并设置了网站的 FrontPage 服务器扩展后,计数器才能正常显示。

6.5 设置超链接

Web 网页的魅力所在是超链接，可以说，没有超链接，网页就失去了其真正的意义。超链接又称超级链接，它可以从一个网页链接到另一个目标文件，而目标文件可以在当前站点上，也可以在 Internet 中的其他站点上；目标文件可以是一个 HTML 文档，也可以是一幅图片、一个电子邮件地址或者一个程序。

1. 创建文本超链接

文本超链接是指在文本上定义的超链接，单击文本超链接，会自动跳到指定的链接目标。创建文本超链接的具体操作步骤如下。

① 选中要定义超链接的文本，选择"插入"菜单中的"超链接"命令，或者单击常用工具栏上的"超链接"按钮 ，打开"插入超链接"对话框，如图 6-17 所示。

图 6-17 "插入超链接"对话框

② 在"插入超链接"对话框中选择要链接的目标网页，单击"确定"按钮，插入链接。可以看到所定的文本变为蓝色，并且带有下划线，说明选定的文本已经被设置为超链接文本。

保存网页，在浏览器中预览效果，当鼠标移至链接文字时，鼠标指针变成手形，此时单击鼠标就会跳到目标网页。

【任务实例4】 "《中国军网》创办 6 年来，已逐步发展成为有一定影响力和较高知名度的综合性军事新闻网站。这个信息来自新浪网。"

为"新浪网"添加超连接，连接地址为"http://www.sina.com"。

（1）打开 FrontPage 并输入文字选中"新浪网"三个字，单击"插入"菜单中"超链接"命令，打开"插入超链接"对话框，在"地址"文本框中输入"http://www.sina.com"。

（2）单击"确定"，完成设置。保存文件后，单击"新浪网"自动链接到新浪网主页上。

2. 创建电子邮件超链接

电子邮件超链接为用户发送电子邮件提供了极大的方便，单击电子邮件超链接后，允许用户书写电子邮件内容，并发往指定的地址。具体操作步骤如下。

① 选定要定义超链接的文本或图片。

② 从"插入"菜单中选择"超链接"命令，弹出"插入超链接"对话框。

③ 在对话框的"链接到"栏中，单击"电子邮件地址"，在"电子邮件地址"框中输入所需电子邮件地址，还可以在"主题"框中键入电子邮件的主题。

④ 单击"确定"按钮，完成电子邮件超链接的创建。

3．创建图片超链接

图片超链接是指在图片上创建的超链接，图片超链接比文本超链接显得更加生动活泼。单击图片超链接，会自动跳转到指向的链接目标。可以将整个图片设置为超链接，也可以为图片分配一个或多个热点。用户单击热点区域就可以跳转到相应的链接目标。

（1）创建图片超链接

① 选定要定义超链接的图片，从"插入"菜单中选择"超链接"命令，打开"插入超链接"对话框。

② 在对话框中选择要链接的目标网页，单击"确定"按钮，即可插入超链接。

保存网页，在浏览器中预览效果，当鼠标移至链接图片时，鼠标指针变成手形，此时单击鼠标就跳转到目标网页。

（2）为图片添加热点

热点可以是图片上具有某种形状的一块区域或文本，当用户单击该区域或文本时，超链接目标会显示在 Web 浏览器中。在 FrontPage 2003 中，热点的形状可以是长方形、圆形或多边形。

【任务实例 5】 通过山东省地图浏览山东省各城市的民俗风情。当鼠标指针移至地图上的各城市时，鼠标指针变为手形，单击后打开描述该城市民俗风情的页面。

① 插入需要添加热点的图片。

② 在"图片"工具栏中，单击长方形，在图片上，拖动鼠标画出相应形状。如图 6-18 所示。

③ 释放鼠标，弹出"插入超链接"对话框，按照插入超链接中所讲的方法创建超链接。

④ 重复步骤（2）、（3），在图片上依次创建超链接到其他网页。当鼠标指针移动到热点区域时，指针变为手形。单击鼠标，超链接的目标网页就会显示在 Web 浏览器窗口中。

图 6-18 为图片添加热点

4．书签

书签是网页中被标记的位置或被标记的文本，使用书签可以使超链接跳转到同一个网页中的某个具体位置。单击书签超链接，将直接跳转到该书签所在的位置。

（1）定义书签

① 选中要作为书签的文本，或将光标定位在要插入书签的位置。

② 选择"插入"菜单的"书签"命令，打开书签对话框，如图 6-19 所示。在"书签名称"文本框中输入书签名称，单击"确定"按钮完成书签的定义。

（2）链接到网页中的书签

① 选中要创建超链接的文本或图片。

② 单击"插入"菜单的"超链接"命令，打开"编辑超链接"对话框，如图 6-20 所示。在对话框的"链接到"栏单击"本文档中的位置"，然后选择要链接的书签，单击"确定"按钮，完成链接。

保存网页。在浏览器中预览效果，单击页面中的书签超链接，页面会跳转到书签的位置。

图 6-19 "书签"对话框

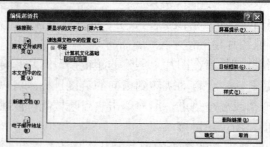

图 6-20 "编辑超链接"对话框

6.6 网页布局

网页的布局一般通过表格和框架来实现。

6.6.1 创建和使用表格

表格由行和列交叉所形成的单元格组成。在单元格中可以放置任何对象,例如文本、图像、表单、FrontPage 组件等。利用表格可以有条理地排列数据或者组织网页布局。

FrontPage 2003 提供了与 Word 字处理软件类似的表格处理功能,在网页中可以轻松地创建和处理表格。

1．创建表格

创建表格有以下三种方法。

① 使用"表格"菜单"插入"子菜单中的"表格"命令,弹出"插入表格"对话框,如图 6-21 所示。

② 使用"常用"工具栏中的"插入表格"按钮,可快速插入表格。

③ 使用"表格"菜单的"绘制表格"命令,手动绘制表格。

2．设置表格属性

插入表格后,右击表格,在快捷菜单中选择"表格属性"命令,即可打开图 6-22 所示的"表格属性"对话框。

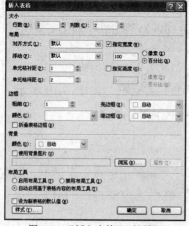

图 6-21 "插入表格"对话框

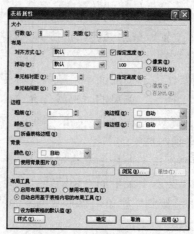

图 6-22 "表格属性"对话框

表格属性对话框可以设置以下参数。

- 行数：设置表格中行的个数。
- 列数：设置表格中列的个数。
- 对齐方式：设置表格在网页中的相对位置，可以选择左对齐、右对齐、水平居中和默认。
- 浮动：是指表格相对于其他网页元素的位置，有"默认"、"左对齐"、"右对齐"三种方式。
- 指定宽度：设置表格的大小，可以使用绝对大小"像素"或相对大小"百分比"。
- 单元格衬距：设置单元格的内边框与其内容的距离。
- 单元格间距：设置两个相邻单元格的距离。
- 边框：可以设置边框的粗细、颜色和边框的明暗。
- 粗细：可以设置表格边框的粗细。表格边框的粗细以像素为单位进行度量，默认值为 1。如果将边框的粗细设为 0，则表格是一个无形的框架，可以用此框架来固定网页中的文本、图片及其他元素。
- 背景：可以指定背景颜色或背景图像。

3．编辑表格

创建了表格之后，可以对各个表格单元格、行和列的布局和结构进行调整。

（1）插入行或列

① 将插入点定位在单元格内。

② 从"表格"菜单的"插入"子菜单中选择"行或列"命令，弹出"插入行或列"对话框，如图 6-23 所示。

③ 根据需要选中"行"或"列"单选框，然后设置要插入的"行数"或"列数"。

④ 在"位置"区域中选择相对于当前的插入位置，单击"确定"按钮。

（2）删除行、列或单元格

① 选中要删除的行、列或单元格。

② 选择"表格"菜单中的"删除行"、"删除列"、"删除单元格"命令。

（3）合并单元格

选择要合并的多个连续的单元格，选择"表格"菜单中的"合并单元格"命令，即可将多个单元格合并。

（4）拆分单元格

将插入点定位在要拆分的单元格中，选择"表格"菜单中的"拆分单元格"命令，出现图 6-24 所示的"拆分单元格"对话框。如果选择"拆分为行"单选框，可以水平地拆分单元格。如果选择"拆分为列"单选框，可以垂直地拆分单元格。然后在"行数"或"列数"框中输入拆分的数目，单击"确定"按钮。

图 6-23　"插入行或列"对话框

图 6-24　"拆分单元格"对话框

6.6.2 框架网页

使用框架是进行网页布局设计的一种重要手段。一个浏览器窗口中可以同时存放几个网页，每一个网页都用区域分隔，每一个区域就是一个框架，含有框架的网页称为框架网页。框架网页并不包含显示的内容，只是记录了该框架网页包含几个框架、其拆分方式以及每个框架中显示哪个网页等。

1．创建框架网页

创建框架网页的步骤如下。

① 单击"文件"菜单，选择"新建"命令，在新建任务窗格中选择"新建网页"中的"其他网页模板"。

② 在弹出的"网页模板"对话框中，选择"框架网页"选项卡。

③ 选择所需的模板，框架的布局就出现在预览区域中。

④ 单击"确定"按钮，完成框架网页的创建。

在新建的框架网页里对每一个框架都可以单击"新建网页"按钮来创建一个空白页，或单击"设置初始网页"按钮在框架中打开一个已有的网页，如图 6-25 所示。

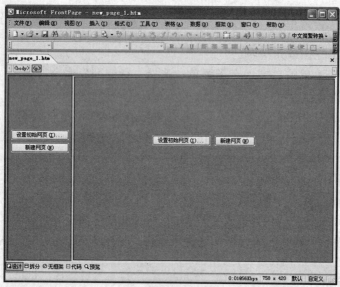

图 6-25　目录框架网页

2．保存框架网页

保存框架网页需要保存框架和各个框架中的网页。例如，使用"目录"模板创建的框架网页需要保存作为容器的框架网页和分别显示在两个框架中的两个网页。操作步骤如下。

① 单击常用工具栏中的"保存"按钮，弹出图 6-26 所示的"另存为"对话框。

② 在右边的框架网页预览图中，深蓝色的区域或边框表示正在保存该网页。选定"保存位置"，输入网页的"文件名"，单击"保存"按钮，该网页保存完毕。

③ 重复步骤②的操作，直至所有的框架网页都保存完毕。

3．拆分框架

当使用模板创建的框架结构不能满足需要时，可以通过拆分框架制作出更为复杂的框架网页。操作步骤如下。

① 打开框架网页，选择要拆分的框架。

② 选择"框架"菜单中的"拆分框架"命令，弹出"拆分框架"对话框。

③ 根据需要选择"拆分为列"或"拆分成行"单选按钮。

④ 单击"确定"按钮完成拆分。

4．删除框架

可以从框架结构中删除指定的框架。此时，系统只是把框架从框架网页中删去，而此框架中的网页文件仍然存在。删除一个框架后，其余框架会加宽以填充删除框架留下的空间。若框架网页只有一个框架，则不能删除该框架。

要删除框架，打开框架网页，选择要删除的框架，单击"框架"菜单中的"删除框架"命令即可。

5．设置框架属性

打开框架文件，选择所需框架，单击"框架"菜单的"框架属性"命令，显示图 6-27 所示的"框架属性"对话框，设置框架属性。

图 6-26　保存框架网页

图 6-27　"框架属性"对话框

框架的"框架属性"包括以下几项。

- 名称：为每个框架命一个名。
- 初始网页：即链接到该框架的网页，在浏览器中打开框架网页时，将首先显示该网页。
- 框架大小：包括框架宽度和高度。
- 边距：设置框架内显示的内容与框架边框之间的距离。
- 显示滚动条：设置框架的滚动条显示状态。

6.7　表　单

网页不仅可以向用户提供信息，还可以接受用户信息，并将收集到的信息传送给处理程序进行处理，从而实现与客户的交互。用来收集网站访问者信息的域集称为表单，而其中的相关控件称为表单域。

1．创建表单

选择"插入"菜单"表单"子菜单的"表单"命令，即可创建一个图 6-28 示的虚线框中的表单。

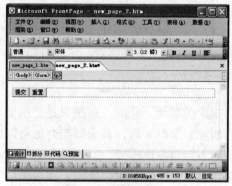

图 6-28　新建的表单

2．表单域的类型

表单域的类型分为以下几种。

（1）单行文本框

将光标定位在要插入文本框的位置，使用"插入"菜单"表单"子菜单中的"文本框"命令，即可插入一个文本框，如图 6-29 所示。文本框可以接受少量信息，如姓名、密码、地址等内容。要设置文本框的属性，可以使用"格式"菜单中的"属性"命令。

（2）插入文本区

将光标定位在要插入文本区的位置，使用"插入"菜单"表单"子菜单中的"文本区"命令，即可插入一个文本区，如图 6-30 所示。文本区是可以输入多行文本的文本框。

图 6-29　文本框　　　　　　　　　　　　　　　　　图 6-30　文本区

（3）插入复选框

复选框是提供给用户的一个选项，用户可以在其中任意选择，也可以同时选中所有项，或一个都不选。将光标定位在要插入复选框的位置，使用"插入"菜单"表单"子菜单中的"复选框"命令，即可插入一个复选框。如图 6-31 所示，插入四个复选框供用户选择爱好。

（4）插入选项按钮

提供两个或多个选项，用户从中选择一项，不能复选，当选中时小圆圈里出现一个小黑点，表示选中该项。

将光标定位在要插入选项按钮的位置，使用"插入"菜单"表单"子菜单中的"选项按钮"命令，即可插入一个选项按钮。如图 6-32 所示，插入两个选项按钮以选择性别。

图 6-31　复选框　　　　　　　　　　　　　　　　　图 6-32　选项按钮

（5）插入下拉框

将光标定位在要插入下拉框的位置，使用"插入"菜单"表单"子菜单中的"下拉框"

命令，插入下拉框。如图 6-33 所示，当用鼠标单击下三角按钮时，会出现一个项目列表框，供使用者在出现的列表项中点击选择项目。

图 6-33 选项按钮

（6）插入按钮和高级按钮

一个表单中至少要有一个"提交"按钮和一个"重置"按钮。将光标定位到要插入按钮的位置，使用"插入"菜单"表单"子菜单中的"按钮"命令，即可插入按钮。

① "提交"按钮：它的功能主要是将表单中的信息发送出去。当用户在表单中填好数据后，只须单击"提交"按钮，信息就会自动发送到指定的文件或处理程序中。

② "重置"按钮："重置"按钮的作用是清除表单中已填写的信息，以便重新填写。

③ "按钮"按钮：外型与前两种按钮相同，它需要人工设置其执行动作，编写其中的程序代码，作用更加灵活，但不像前两种按钮在定义时那么方便。若用户直接将按钮添加到表单中，它不会产生任何结果，除非用户编写了可执行程序代码。

高级按钮的插入属性与普通按钮基本相同，但是高级按钮具备更加精确的控制按钮属性的能力。

3．表单属性

在表单上右击并在弹出的快捷菜单中选择"表单属性"命令，打开"表单属性"对话框，如图 6-34 所示。该对话框中"将结果保存到"区域提供了"发送到"、"发送到数据库"、"发送到其他对象"三种不同的表单结果处理方法。

方法 1：发送到文件。

表单结果可以保存到一个指定位置的文件中，或以 E-mail 形式发送到某个信箱。"文件名称"文本框用于指定接收表单结果的文件（包含路径），"电子邮件地址"文本框用于指定接收表单结果的邮箱。选中"发送到"单选钮后，单击"选项"按钮，出现图 6-35 所示的对话框，它由"文件结果"、"电子邮件结果"、"确认网页"和"保存的域"四个选项卡组成，用户可以在此设置所需项目。

图 6-34 "表单属性"对话框

方法 2：发送到数据库。

表单结果也可以发送到数据库，如果在"表单属性"区域中选中"发送到数据库"单选钮后再单击"选项"按钮，可打开"将结果保存到数据库的选项"对话框，如图 6-36 所示。该对话框由"数据库结果"、"保存的域"和"附加域"三个选项卡组成，这个数据库可以是已经存在的，也可以是 FrontPage 新建的。

如果已经有了准备好的数据库，则可选择"数据库结果"选项卡中的"添加连接"按钮来添加数据库连接；如果需要创建一个数据库，则单击"创建数据库"按钮，系统会自动创建一个 Access 数据库，并将它放在当前 Web 站点的 fpdb 目录下面，同时在数据库中自动创建一个"结果"数据库表。

图 6-35 "保存表单结果"对话框

图 6-36 "将结果保存到数据库的选项"对话框

方法 3：发送到其他对象。

表单发送的处理对象可以由一些专门的网页处理程序完成，交给这些处理程序时还必须命名所用表单的名字，可在"表单属性"区域中的"表单名称"文本框中为该表单取名。

6.8 发 布 网 站

所谓发布网站，就是把创建或修改后的站点内容上传到 Web 服务器中，以便用户浏览。

FrontPage 2003 提供了一个相当方便的网页发布工具，可以快速地发布用 FrontPage 2003 创建的站点。发布站点的基本方法如下。

① 在 FrontPage 2003 中，打开要发布的站点。

② 在常用工具栏中单击"发布站点"按钮 ，弹出"远程网站属性"对话框，如图 6-37 所示。

③ 在"远程 Web 服务器类型"中选择"FTP"，然后在下方的"远程网站位置"框中输入远程网站的位置。切换到"发布"选项卡，可以进行发布网站的相应设置。

④ 单击"确定"按钮，FrontPage 会尝试连接指定的 FTP，如果需要相应的用户名和密码，则会弹出"要求提供用户名和密码"的对话框。

⑤ 输入用户名和密码后，单击"确定"按钮，开始站点的发布过程。

图 6-37 "远程网站属性"对话框

⑥ 文件传送完毕，FrontPage 显示"成功"状态，表示网站已经成功发布。

通过 HTTP 方式上传网页与通过 FTP 方式非常类似。需要注意的是，通过 HTTP 方式上传时需要对方的服务器支持 FrontPage 服务器扩展才行。

6.9 网页制作软件 Dreamweaver 8

随着网络技术的高速发展，各种网站也随之产生，并以惊人的速度不断增加。网站建设和网页制作越来越成为各大公司发展的重点。但是，众多的网页制作工具让人眼花缭乱，难以取舍。目前使用最为广泛的两大网页制作工具是 Macromedia 公司的 Deamweaver 8 和 Microsoft 公司的 FrontPage 2003。

6.9.1　Dreamweaver 与 FrontPage 的区别

Dreamweaver 是美国 Macromedia 公司开发的集网页制作和网站管理于一身的所见即所得的网页编辑器，它是第一套针对专业网页设计师特别制作的视觉化网页开发工具，利用它可以轻而易举地制作出跨越平台限制和跨越浏览器限制的充满动感的网页。

就网页制作本身而言，Dreamweaver 和 FrontPage 有着许多相似的功能。如果说 FrontPage 是针对具有较强技术知识（比如能编程）的用户，Dreamweaver 则是针对具有较高创意能力的用户，因为它能设计更有视觉化效果的页面。FrontPage 占领的是中级市场，其地位犹如字处理软件中的 Word，比较重视网页的研发效率、易学易用的引导过程；而 Dreamweaver 主攻的是网页高级设计市场，强调的是更强大的网页控制、设计能力及创意的完全发挥。

Dreamweaver 在功能的完善、使用的便捷上比 FrontPage 要强些。他囊括了 FrontPage 的任何基本操作，并研发了许多独具特色的设计新概念，诸如行为（Behaviors）、时间线（Timeline）、资源库（Library）等，还支持层叠样式表（CSS）和动态网页效果（DHTML）。而动态 HTML 是 Dreamweaver 最令人欣赏的功能，是其最大的特色。

Dreamweaver 有以下几点优势。

- 产生的垃圾代码少，网页可读性好，能够提高网页浏览速度。
- 通过图层功能，能够快速制作出复杂的页面，图片定位更容易。
- 可基本解决 IE 和 Netscape 的兼容性问题。
- 设计思路广，内涵丰富，创作随意性强，可充分展现使用者的创意。

6.9.2　Dreamweaver 的功能

① 多种视图模式。提供了代码视图、设计视图、拆分视图三种视图模式。设计视图可以满足初级用户的需求，即使不懂 HTML 语言，不会书写网页源代码，也能创建出漂亮的网页。代码视图可使擅长编程的网页编辑高手直接以 HTML 语言进行编写，且能够对源代码进行精确控制。而拆分视图可以在同一个窗口实现可视化的设计与代码设计的完美结合。

② 方便地创建框架，自由编排网页。利用框架加强网页的导航功能，减少网页重复下载，提高用户的浏览速度。

③ 使用 CSS 和 HTML 样式减少重复劳动，此外使用 CSS 样式还能创造一些特殊的效果、重新定义 HTML 标记、动态的链接等。

④ Dreamweaver 内置了大量的行为，不必书写 JavaScript 代码，就可以制作出极具动感的网页。除 Macromedia 公司之外，还可以到网上下载第三方厂商提供的行为库。另外，Dreamweaver 提供了丰富的应用程序接口（API），一些高级用户还可以自己动手构建行为库。

⑤ 用模板与库创建具有统一风格的网站。利用模板能够使站点中的文档风格具有一致性，以增强一个站点的整体效果。而将多次使用的网页元素保存为库元素，既能减少网页占用的存储空间，也能非常方便地进行网页的更新。

⑥ Dreamweaver 的排版功能。可以像在页面上画画一样，拖动单元格，或者组合单元格

来建立嵌套的表格，就像使用排版软件一样制作和设计网页。

⑦ 强大的网站管理功能。它不仅能够编辑网页，还可以快速实现本地站点与服务器站点之间文件的同步。利用库、模板和标签等功能还可以组织大型网站的开发，对于需多人维护的大型网站，它能提供文件操作权限方面的控制。

6.9.3 Dreamweaver 的运行环境

启动 Dreamweaver 8 时将显示一个起始页，可以勾选这个窗口下面的"不再显示此对话框"来隐藏它。在这个页面中包括"打开最近项目"、"创建新项目"、"从范例创建"三个方便实用的项目。我们可以新建或打开一个文档，进入 Dreamweaver 8 的标准工作界面，如图 6-38 所示。Dreamweaver 8 的标准工作界面包括：标题栏、菜单栏、插入工具栏、文档工具栏、标准工具栏、文档窗口、状态栏、属性面板和浮动面板组。

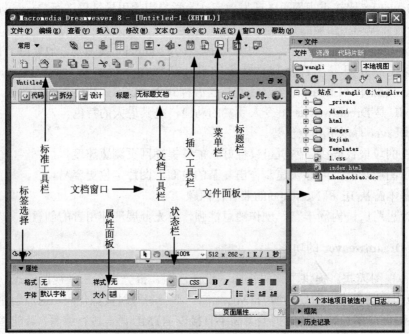

图 6-38　Dreamweaver 8 窗口

1．标题栏

启动 Macromedia Dreamweaver 8 后，标题栏将显示文字 Macromedia Dreamweave 8，新建或打开一个文档后，在后面还会显示该文档所在的位置和文件名称，如图 6-39 所示。

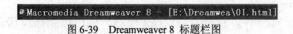

图 6-39　Dreamweaver 8 标题栏图

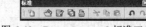

图 6-40　Dreamweaver 8 标准工具栏

2．菜单栏

Dreamweave 8 的菜单栏中包含了各种操作命令、应用特性和访问浮动面板的简单方法，有文件、编辑、查看、插入、修改、文本、命令、站点、窗口和帮助。

- 文件：用来管理文件。例如新建、打开、保存、另存为、导入、输出、打印等。
- 编辑：用来编辑文本。例如剪切、复制、粘贴、查找、替换和参数设置等。

- 查看：用来切换视图模式以及显示和隐藏标尺、网格线等辅助视图功能。
- 插入：用来插入各种元素。例如图片、多媒体组件、表格、框架及超级链接等。
- 修改：具有对页面元素修改的功能。例如在表格中插入表格、拆分、合并单元　格等。
- 文本：用来对文本操作。例如设置文本格式等。
- 命令：所有的附加命令项。
- 站点：用来创建和管理站点。
- 窗口：用来显示和隐藏控制面板以及切换文档窗口。
- 帮助：联机帮助功能。例如，按下 F1 键，就会打开电子帮助文本。

3．插入工具栏

插入工具栏其实就是图像化了的插入指令，通过一系列用于插入或创建对象的按钮，可以很容易地插入图像、声音、多媒体动画、表格、图层、框架、表单、Flash 和 ActiveX 等网页元素。

4．文档工具栏

"文档"工具栏包含了各种按钮，它们提供各种"文档"窗口视图（如"设计"视图和"代码"视图）的选项、各种查看选项和一些常用操作。

5．标准工具栏

"标准"工具栏包含来自"文件"和"编辑"菜单中的一般操作按钮："新建"、"打开"、"保存"、"保存全部"、"剪切"、"复制"、"粘贴"、"撤销"和"重做"。

6．文档窗口

打开或创建一个项目，进入文档窗口，我们可以在文档区域中进行输入文字、插入表格和编辑图片等操作。

"文档"窗口显示当前文档。可以选择下列任一视图对文档进行编辑。"设计"视图是一个用于可视化页面布局、可视化编辑和快速应用程序开发的设计环境。在该视图中，Dreamweaver 显示文档的完全可编辑的可视化表示形式，类似于在浏览器中查看页面时看到的内容。"代码"视图是一个用于编写和编辑 HTML、JavaScript、服务器语言代码以及任何其他类型代码的手工编码环境。"拆分"视图使您可以在单个窗口中同时看到同一文档的"代码"视图和"设计"视图。

7．状态栏

"文档"窗口底部的状态栏提供与正创建的文档有关的其他信息。标签选择器显示环绕当前选定内容的标签的层次结构。单击该层次结构中的任何标签可以选择该标签及其全部内容。

8．属性面板

属性面板并不是将所有的属性加载在面板上，而是根据选择的对象来动态显示对象的属性，属性面板的状态完全是随当前在文档中选择的对象来确定的。例如，当前选择了一幅图像，那么属性面板上就出现该图像的相关属性；如果选择了表格，那么属性面板会相应的变化成表格的相关属性。

9．浮动面板

其他面板可以统称为浮动面板，这些面板都浮动于编辑窗口之外。在初次使用 Dreamweave 8 的时候，这些面板根据功能被分成了若十组。在窗口菜单中，选择不同的命令可以打开基本面板组、设计面板组、代码面板组、应用程序面板组、资源面板组和其他面板组。

6.10 上机实验

【实验目的】

1．掌握 HTML 的基本语法。

2．了解 FrontPage 窗口的构成。

3．掌握站点的创建。

4．掌握网页的编辑。

5．学会将对象插入网页中。

6．学会建立超级链接。

7．掌握表格和框架的使用。

8．掌握表单的创建。

9．学会发布站点。

【实验内容】

1．启动 FrontPage 2003。

2．在 FrontPage 2003 中输入以下文本，并保存成"index.htm"。

水陆草木之花，可爱者甚蕃。晋陶渊明独爱菊；自李唐来，世人盛爱牡丹；予独爱莲之出淤泥而不染，濯清涟而不妖，中通外直，不蔓不枝，香远益清，亭亭静植，可远观而不可亵玩焉。予谓菊，花之隐逸者也；牡丹，花之宝贵者也；莲，花之君子者也。噫！菊之爱，陶后鲜有闻；莲之爱，同予者何人；牡丹之爱，宜乎众矣。

3．为"坚持正确的政治方向和舆论导向"添加删除线。

4．为"积极服务于国防和军队现代化建设"添加下划线。

5．将"突出军报特色"字体改为斜体。

6．为"新浪网"添加超链接，链接地址为"http://www.sina.com"。

习　题

一、填空题

1．HTML 是_____的缩写。

2．在 HTLM 标记中，_____是换行标记。

3．IE 的网页标题栏中显示的标题对应于 HTML 文件中_____标记之间的内容。

4．表单是_____与用户交互的手段。

5．FrontPage 2003 中，要使制作的表格看不到表格的边框，则应该将_____调整为 0。

6．在 FrontPage 中，如果要查看 FrontPage 生成的网页 HTML 代码，需要单击网页视图窗口底部的_____标签。

7．HTML 语言是由世界性的标准化组织_____制定的。

8．HTML 文件的头部由_____标记来定义。

9．HTML 文件的扩展名是＿＿＿＿＿＿。

10．在 HTML 中，标记<body bgcolor=#n…</body>中的 n 为＿＿＿＿＿＿位十六进制数。

二、判断题

1．利用 FrontPage 可以很方便地创建指向当前网站的另一个网页的超级链接，但是无法创建指向其他网站的超级链接。

2．在 HTML 文档中，可以使用换行标记强制文本换行，但不划分段落。

3．使用 FrontPage 2003 编辑网页时，不能在表格的单元格中插入表格。

4．网页超级链接可以链接到某一网页的指定位置。

5．在 FrontPage 2003 中，可以很容易地插入文本、图片、表格、组件。

6．HTML 语言的所有标记一定同时具有起始和结束标记，并且成对出现。

7．换行标记没有结束标记。

8．HTML 语言的标记是不区分大小写的。

9．所谓发布网站，就是把网站中的内容传送到 Web 服务器上。

10．在 FrontPage 2003 中，如果只是换行，而不是另起一个段落，则按【Shift+Enter】组合键。

第7章

数据库管理系统 Access 2003

数据库技术作为计算机技术的重要组成部分，从诞生到现在的几十年里，已经具有了坚实的理论基础、成熟的商业产品和广泛的应用领域。数据库技术的快速发展给计算机信息管理带来了一场巨大的变革，为企业管理乃至个人工作、生活带来了巨大的影响。同时，随着研究的继续深入与拓展，数据库的数量和规模越来越大，数据库的研究领域在不断地拓宽和深化。

本章首先介绍数据库相关基础理论知识，然后介绍微软公司的数据库管理系统 Access 2003 的基本使用方法。

7.1　数据库系统概述

7.1.1　数据管理概述

早期的数据管理非常简单。计算机进行大量的分类、比较和表格绘制，其运行结果是在纸条上打出成千上万的孔洞来制成穿孔卡片。数据管理就是对这些穿孔卡片进行识别和处理。1951 年雷明顿兰德公司推出一种一秒钟可以记录数百条记录的磁带驱动器，从而引发了数据管理的革命。

1956 年 IBM 公司生产出第一块磁盘驱动器 —— the Model 305 RAMAC，可以储存 5MB 的数据。磁盘驱动器最大的特点是可以随机地存取数据，而穿孔卡片和磁带只能顺序存取数据。

数据库系统的萌芽出现于 19 世纪 60 年代。计算机在数据管理中广泛应用以后，对数据的共享提出了更高的要求，传统的文件系统已经不能满足需要，能够统一管理和共享数据的数据库管理系统应运而生。

7.1.2　数据库的主要特点

（1）实现数据共享。

数据共享使所有具有权限的用户可以同时使用各种接口访问并存取数据库中的数据，并提供数据共享。

（2）减少数据的冗余。

由于数据库实现了数据共享，不同用户只需要建立自己的个性文件，减少了大量重复数据，也减少了数据冗余，也维护了数据的一致性。

（3）数据的独立性。

数据的独立性包括数据库中数据的逻辑结构和应用程序相互独立，也包括数据物理结构的变化不影响数据的逻辑结构。

（4）数据实现集中控制。

采用数据库管理可对数据进行集中控制和管理，通过从实体中抽象出的数据模型来表示各种数据的组织以及数据间的联系。

（5）数据一致性和可维护性，以确保数据的安全性和可靠性。

主要包括以下内容。

① 安全性控制：以防止数据丢失、错误更新和越权使用；

② 完整性控制：保证数据的正确性、有效性和相容性；

③ 并发控制：在同一时间周期内，既允许对数据实现多路存取，又能防止用户之间的不正常交互作用；

④ 故障的发现和恢复：由数据库管理系统提供一套方法，可及时发现并修复故障，从而防止数据被破坏。

7.1.3　数据库的基本概念

1．数据库

数据库是为了实现一定目的而按某种数据模型组织起来的"数据"的"集合"。数据库可以简单地理解为存放数据的仓库，而且数据存放必须依据规定的格式，因为它不仅需要存放，还要便于组织和管理。

2．数据库管理系统

数据库管理系统（DBMS）是对数据库进行管理的系统软件，是数据库系统的重要组成部分，它的主要功能是组织、存储、获取和管理数据。对数据库的所有操作都是通过它来完成的。

数据库管理系统的主要功能包括数据定义功能、数据操纵功能、数据库运行管理功能、数据库的建立和维护功能等。

3．数据模型

数据模型，就是以实际事物的数据特征来抽象刻画事物，描述的是事物数据的表征及特性。现有的数据库系统均是基于某种数据模型的。

数据库中最常见的数据模型有 4 种：层次模型、网状模型、关系模型和面向对象模型。

（1）层次模型和网状模型

层次模型采用树形结构组织和管理数据，具有明显的层次结构，但缺乏灵活性，如图 7-1 所示。网状模型则采用灵活的网状结构，但过于复杂，如图 7-2 所示。

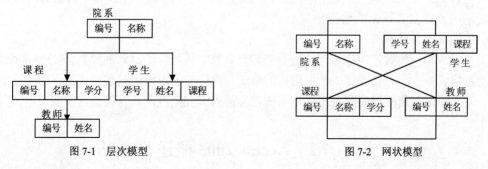

图 7-1　层次模型　　　　图 7-2　网状模型

（2）关系模型

关系模型是以一张二维表的形式来表示实体之间的联系，如表 7-1 所示。

表 7-1 学生基本信息表

学　号	姓　名	性别	政治面貌	出生日期	身　高	体　重	简　　历
2004101001	李丽娟	女	中共党员	1985-2-12	160.2	51	曾获"市级三好生"
2004101002	赵宾	男	共青团员	1985-9-14	176.5	62	
2004101003	张华	男	共青团员	1984-11-22	182.6	70	
2004101004	黄丽丽	女	群众	1985-12-12	166.5	54	
2004101005	王永歌	男	共青团员	1986-1-9	180.5	72	曾获"优秀团员"
2004101006	许艳艳	女	中共党员	1986-2-8	164.5	48	
2004101007	李建辉	男	共青团员	1984-12-1	174.5	56	
2004101008	王万宏	男	中共党员	1985-1-7	172.5	86	

关系模型应满足以下条件。

① 每一列中的数据具有相同的类型。

② 不同的列可以有相同的取值集合，但必须有不同的名字。

③ 行和列的顺序可以是任意的。

④ 表中的任意两行不能完全相同。

⑤ 表中的每个数据项（行和列的交叉点）都是不可再分割的最小数据项。

关系模型有以下基本概念。

- 关系：一个关系就是一张二维表，每个关系具有一个关系名。

- 属性：表中的每一列称为一个属性，每个属性有唯一的属性名，在 Access 中称为字段，相应的属性名称作字段名。

- 域：每个属性的取值范围称为这个属性的域。

- 元组：表中的一行称为一个元组，在 Access 中称为记录。

- 码：又称为主键、关键字。码可以唯一地标志一个元组，即任意两条记录不能有相同的主键。

- 分量：每个元组的一个属性值叫做该元组的一个分量。

- 关系模式：是对关系的描述，记为——关系名（该关系的属性名列表）。

关系模型运用数学方法研究数据库的结构和定义对数据的操作，具有模型结构简单、语言一体化、数据独立性高、有较坚实的理论基础等特点。自 20 世纪 80 年代以来，关系数据模型逐渐成为占主要地位的数据模型。

（3）面向对象模型

面向对象模型将数据组织成对象进行管理，对象中既包含了对象的静态特征——属性，也包括动态特征——行为，即完成数据操作的命令。可处理的对象也扩展到声音、图像、视频数据等。采用面向对象模型的数据库管理系统是目前的研究热点，具有很大的发展前途。

7.2　Access 2003 概述

Access 2003 是 Microsoft 公司 Microsoft Office 2003 办公套件的主要组件之一，主要应用

于中小型数据库应用系统的设计。利用 Access 2003，甚至可以不编写代码，就能够获得一套较完善的数据库应用系统。

7.2.1　Access 2003 的启动和退出

1．Access 2003 的启动

启动 Access 2003 常用的方法有两种：从"开始"菜单启动以及使用桌面快捷方式启动。

① 选择"开始"|"程序"|"Microsoft Office"|"Microsoft Office Access 2003"命令，屏幕上出现"Microsoft Access"窗口。

② 如果 Windows 桌面上建立有 Access 2003 的快捷图标，则双击此图标可以启动 Accesss 2003。

2．Access 2003 的退出

退出 Access 2003 常用的方法有以下几种。

方法 1：从"文件"菜单中选择"退出"命令。

方法 2：单击 Microsoft Access 应用程序窗口右上角的"关闭"按钮。

方法 3：双击 Microsoft Access 应用程序窗口左上角的应用程序控制菜单图标。

方法 4：按【Alt+F4】组合键。

7.2.2　Access 2003 数据库的组件

Access 是一个关系型数据库管理系统，它通过各种数据库对象管理信息。数据库对象有七种，分别是：表、查询、窗体、报表、数据访问页、宏和模块。

（1）表

表（Table）是数据库中用来存储数据的地方，是整个数据库系统的基础。Access 2003 可以在一个数据库中创建多个表，在不同的表中存储不同类型的数据。在表与表之间通过相同的内容建立关系，就可以将存储在不同表中的数据联系起来供用户使用。

一个表就是一个关系，即一张二维表，表中的每一行称为一条记录，表中的每一列称为一个字段。

（2）查询

数据库建立后，库中的数据只有被使用者查询，才能真正体现数据的价值。查询是用来查看、修改、分析数据库中的数据的，同时作为窗体、报表或页的数据源。

查询可以建立在表上，也可以建立在查询上。

（3）窗体

窗体是数据库和用户之间的一个界面，即接口。其数据来源可以是一张表或一个查询的结果，在窗体中输入的数据也可以保存到数据库相应的表中，还可以运行宏、模块等其他对象。

在一个完善的数据库中，用户都是利用窗体来操作数据库中的数据的，而不是直接对表、查询进行操作。

（4）报表

报表可以将数据库中数据的分析、整理和计算结果，以格式化的方式显示或输出。利用报表不仅可以创建计算字段，而且还可以对数据分组、排序、求和等。

（5）数据访问页

数据访问页是一种特殊类型的、可以直接连接到数据库的 Web 页，用户可以在此 Web

页中查看、修改 Access 数据库中的数据。

（6）宏

宏对象是一系列操作的集合，每一个宏都能实现特定的功能。在工作中，用户经常需要进行大量的重复性操作，利用宏可以简化这些操作，使大量的重复性操作自动完成，从而使管理和维护数据库更加简单、高效。

（7）模块

模块是 VBA 语言编写的程序段。模块对象有两个基本类型：类模块和标准模块。模块可以与窗体、报表等结合使用。

7.3 Access 2003 数据库基本操作

7.3.1 创建数据库

Access 2003 提供了两种创建数据库的方法：一种是创建一个空白的数据库；另一种是利用它所提供的数据库向导快速地创建包含许多对象的数据库。

1．创建空白数据库

空白数据库就是没有任何对象的数据库，建好后，可以根据需要添加表、查询、窗体等对象，这样可以灵活高效地建立一套更有针对性的数据库管理系统。

创建空白数据库的操作步骤如下。

① 单击"文件"|"新建"，打开如图 7-3 所示的"新建文件"任务窗格。

图 7-3 "新建文件"任务窗格

② 单击"空数据库"选项，弹出"文件新建数据库"对话框，如图 7-4 所示。

③ 在"保存位置"列表框中，确定数据库保存路径。在"文件名"文本框中输入要创建数据库的名称"学生信息数据库"。单击"创建"按钮，显示"学生信息数据库"数据库窗口，如图 7-5 所示。

图 7-4 "文件新建数据库"对话框

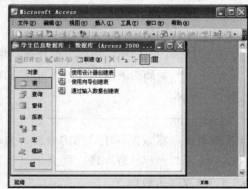

图 7-5 "学生信息数据库"数据库窗口

这样就建立了一个名为"学生信息数据库"的空白数据库。在以后的章节中，我们将在此数据库中添加表、窗体、报表等对象，完成一套"学生数据管理系统"的开发。

2．使用数据库向导创建数据库

在 Access 中，创建数据库最为实用和快捷的方式是使用"数据库向导"。它提供了 10 个模板数据库，会按照用户的选择来创建所需的表、查询、报表等数据库对象以及数据库数据的显示风格。

使用数据库向导创建数据库的步骤如下。

① 在"新建文件"任务窗格中单击"本机上的模板"，弹出"模板"对话框，如图7-6 所示。

② 单击"模板"对话框上的"数据库"选项卡，如图7-7 所示。

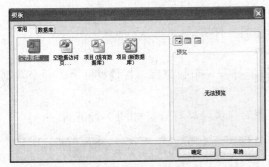

图 7-6 "模板"对话框 图 7-7 "数据库"选项卡

③ 单击相应的模板（本例中采用"联系人管理"模板），再单击"确定"按钮，出现"文件新建数据库"对话框，如图 7-8 所示。

④ 在"保存位置"列表框中，确定要建立数据库的路径。在"文件名"文本框中输入数据库名称"联系人管理系统"，单击"创建"按钮，弹出"数据库向导"对话框，如图 7-9 所示。

⑤ 单击"下一步"按钮，在向导的提示下，可以选择表中的字段、确定显示样式、确定报表样式、指定数据库标题等信息，从而建立一个联系人数据库，完成后可打开主切换面板，如图 7-10 所示。

图 7-8 "文件新建数据库"对话框

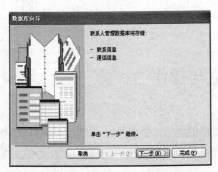

图 7-9 "数据库向导"对话框

图 7-10 "联系人管理"数据库系统

7.3.2 打开及关闭数据库

1.打开数据库

使用数据库,向数据库中添加内容时,应先打开数据库。常用的打开数据库的方法有三种:利用"文件"菜单中的"打开"命令或常用工具栏中的"打开"按钮来打开数据库;在"开始工作"任务窗格中打开列表中最近使用的数据库;在文件夹中双击相应的数据库文件。

① 利用"文件"菜单中的"打开"命令或常用工具栏"打开"按钮来打开数据库,操作步骤如下。

a.在"文件"菜单中选择"打开"命令,或单击常用工具栏上的"打开"按钮,弹出"打开"对话框。如图7-11所示。

b.在"查找范围"列表框中选择数据库所在的文件夹。

c.选中要打开的数据库,单击"打开"按钮。

需要注意的是:在任何时刻,Access 2003只能打开一个数据库。若要打开另外一个数据库,必须首先关闭目前已打开的数据库。

② 最近使用过的数据库可以使用"开始工作"任务窗格打开。如图7-12所示。

图7-11 "打开"对话框

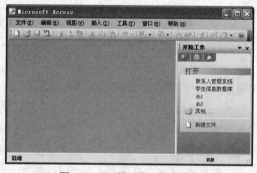

图7-12 "开始工作"任务窗格

2.关闭数据库

当用户完成了对数据库的操作并且不再需要使用时,应将其关闭。关闭数据库的方法有以下三种。

方法1:单击"数据库"窗口右上角的"关闭"按钮。

方法2:双击"数据库"窗口左上角的"菜单控制图标";或单击"菜单控制图标",然后从弹出的下拉菜单中选择"关闭"命令。

方法3:从"文件"菜单中选择"关闭"命令。

7.4 数据表的建立与操作

表是数据库的最基本以及最核心的对象,是用来存储数据的地方。其主要作用是按照一定结构保存所有数据,数据表中的数据构成了数据库的基础。Access数据库中的其他对象如查询、报表等操作都是建立在数据表的基础之上的。

7.4.1 建立表

在上节中，我们已经创建了一个名为"学生信息数据库"的空数据库，接下来我们就可以在这个空数据库中创建表 7-1 所示的数据表格了。在 Access 中，表 7-1 所示的数据表格被称做"表"，又叫数据表。Access 2003 中常用的创建数据表的方法有三种：①使用"表向导"创建表；②通过输入数据创建表；③使用设计器创建表。

1．使用"表向导"创建表

① 打开刚刚建立的"学生信息数据库"，先单击左侧"对象"列表中的"表"，然后双击右侧的"使用向导创建表"，弹出表向导对话。如图 7-13 所示。

② 在"表向导"窗口中，有"商务"和"个人"两种类型示例表，选择合适的示例表并从中选择合适的字段，如选择"商务"|"学生"|"名字"选项，然后单击添加按钮 ＞ ，则选择的字段会在图 7-13 中右边"新表中的字段"中显示出来。如果需要撤销选择的某个字段，可以首先在"新表中的字段"列表框中选择该字段，然后单击移除按钮 ＜ 。

③ 选择好新表中的字段以后，单击"下一步"按钮，要求指定表名称及主键，如图 7-14 所示。在"请指定表的名称"文本框中输入"学生基本信息表"。通常要为新建的表设置一个主键。主键用于唯一地标志表中的记录。主键可以由表向导自动设置，如选择"不，让我自己设置主键"，也可以自行设置，如图 7-15 所示。

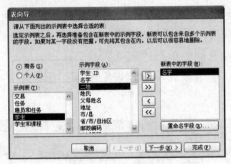
图 7-13 "表向导"对话框

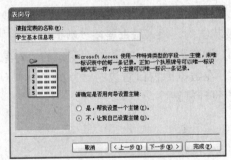
图 7-14 "表向导"设置表名称

④ 单击"下一步"按钮，在下一对话框中设置这个新表与数据库中其他表的关系。如果某个表与新表存在关系，那么应首先在列表框中选择该表，然后单击"关系"按钮，弹出"关系"对话框，确定新表是否与选择的表存在一对多的关系。单击"确定"按钮，返回到确定新表是否与当前数据库中的表存在关系对话框，在该对话框中用户可以看到新表与所选择的表建立的关系，如图 7-16 所示。

⑤ 单击"下一步"按钮，在弹出的对话框中可以选择创建完表后的动作，单击"完成"按钮即可完成使用向导创建表的全部过程。

2．通过输入数据创建表

通过输入数据创建相应的数据表是 Access 提供的一种最简单的建表方法。通过输入一组数据，Access 会根据输入数据的特点自动确定各个字段的数据类型和长度，从而创建一个新表。通过输入数据创建表的操作步骤如下。

① 选择"对象"列表框中的"表"选项。

② 双击"通过输入数据创建表"图标，系统自动打开一个空表，各个字段的默认名称

依次是"字段 1"、"字段 2"、"字段 3"等，如图 7-17 所示。

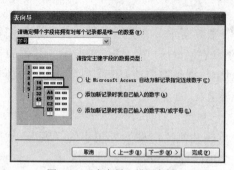

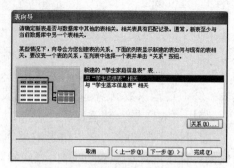

图 7-15 "表向导"设置主键   图 7-16 "表向导"创建表的关系

③ 如果要对字段重新命名，双击字段名，然后输入所需的名称即可。

④ 接下来的工作是输入数据，将每种数据输入到相应的字段列中。

⑤ 输入完数据后，单击工具栏中的"保存"按钮。保存表时，Access 将询问表的名称，之后系统将询问是否要创建一个主键，单击"是"按钮表示接受建议，Access 将为新建的表创建一个自动编号类型的字段作为主键。如果在表中已经存在能唯一标志每一行记录的字段数据，可以单击"否"按钮，表示不创建自动编号型主键字段。

3．用设计器创建表

使用 Access 设计器创建表是一种较为复杂但是灵活的方法。使用设计器，仅仅是创建一种表及其结构，输入数据要在"数据表视图中完成"。使用设计器创建表的操作步骤如下。

① 打开数据库，在数据库窗口的"对象"列表框中单击"表"选项。

② 在数据库窗口右边的对象列表框中双击"使用设计器创建表"图标，出现图 7-18 所示的表设计视图。

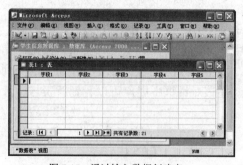

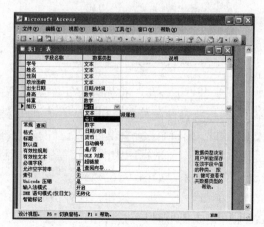

图 7-17 通过输入数据创建表   图 7-18 表设计视图

③ 输入"字段名称"。

字段是表的基本存储单元，为字段命名可以方便地使用和识别字段。字段名称在表中应是唯一的，最好使用便于理解的字段名称。在表的设计视图中，输入字段名称的方法是：把鼠标定位在"字段名称"列中的第一个空白位置上并单击，然后输入有效的字段名称。这里的"字段名称"指的就是表格中每一列的名字，例如姓名、学号、出生日期等。

在 Access 2003 中，字段名称应遵循如下命名规则。

- 字段名称可以包含字母、汉字、数字、空格和其他字符。
- 字段名称的长度最多可达 64 个字符，一个汉字相当于 2 个字符。
- 不能将空格作为字段名称的第一个字符。
- 字段名称不能包含句号（.）、惊叹号（!）、方括号（[ ]）和重音符号（`）。
- 不能使用控制字符（ASCII 值从 0～31 的控制字符）。

④ 选择"数据类型"。

与 Excel 不同，利用 Access 建立数据表时，我们需要事先确定好每一列数据的类型。例如"姓名"这一列中输入的都是一些文字，我们可将其设定为文本型；而"身高"这一列中填入的都是一些数值，所以可将其设定为数字型等。

在"数据类型"下面的下拉列表框中，我们可以看到 Access 中的各种数据类型，从中选择相应的类型即可。

Access 2003 中常用的数据类型有 10 种。表 7-2 列出了这些数据类型。

表 7-2   常用的字段的数据类型

数 据 类 型	可存储的数据	大 小
文本	文字、数字型字符	最多可存储 255 字符
备注	文字、数字型字符	最多可存储 65 535 个字符
数字	数值	1、2、4 或 8 字节
日期/时间	日期时间值	8 字节
货币	货币值	8 字节
自动编号	顺序号或随机数	4 字节
是/否	逻辑值	1 位
OLE 对象	图像、图表、声音等	最大为 1GB
超链接	作为超链接地址的文本	最大为 2 048×3 个字节
查阅向导	从列表框或组合框中选择的文本或数值	4 字节

⑤ 设置字段属性。

在为字段定义了字段名称、数据类型以后，Access 2003 进一步要求用户定义字段属性。每一个字段或多或少都拥有字段属性，而不同的数据类型所拥有的字段属性是各不相同的。Access 2003 在字段属性区域中设置了"常规"和"查阅"两个选项卡。表 7-3 列出了常规选项卡中的所有属性。

表 7-3   常规选项卡中的字段属性

属 性	用 途
字段大小	定义"文本"、"数字"或"自动编号"数据类型字段的长度
格式	定义数据的显示格式和打印格式
输入掩码	定义数据的输入格式
小数位数	定义数值的小数位数
标题	在数据表视图、窗体和报表中替换字段名

续表

属　　性	用　　途
默认值	定义字段的缺省值
有效性规则	定义字段的校验规则
有效性文本	当输入或修改的数据没有通过字段的有效性规则时，所要显示的信息
必填字段	确定数据是否必须被输入到字段中
允许空字符串	确定"文本"、"备注"、和"超（级）链接"数据类型字段是否允许输入零长度字符串
索引	定义是否建立单一字段索引
新值	定义"自动编号"数据类型字段的数值递增方式
输入法模式	定义焦点移至字段时是否开启输入法
Unicode 压缩	定义是否允许"文本"、"备注"和"超（级）链接"数据类型字段进行 Unicode 压缩

⑥ 设置"主键"。

为了能够唯一地区别表中的记录，还需要将表中某个字段设置成主键。例如，表中每个学生的学号肯定是不同的，因此可以将"学号"字段设置成主键，主键字段中不能输入重复值或空值。操作步骤如下。

- 选中准备设置为主键的字段，例如"学号"。
- 选择菜单栏"编辑"|"主键"命令，即可将"学号"字段设置为主键。

7.4.2　维护数据表

1．打开表

① 先打开相关数据库，例如"学生信息数据库"。

② 双击表"学生基本信息表"，即可打开表文件。

2．如何添加新记录

当一个表文件处于打开状态时，我们可以很方便地添加新记录。在空记录中输入相应的内容。也可单击"学生基本信息表"窗口下方的"▶*"按钮追加新记录。

3．修改记录

① 选中要修改的数据，例如"张华"的"性别"，如图 7-19 所示。

② 直接修改原有数据，或先将其删除，然后输入新数据。

4．删除记录

在一个表打开的状态下，按以下步骤可以删除一条记录。

① 单击要删除的记录前面的小方格 ▶，如图 7-20 所示。

② 选择菜单栏"编辑"|"删除"命令。

③ 在弹出的确认对话框中单击"是"按钮，即可删除该行记录。

5．添加字段

当一个表文件处于打开状态时，如果要在"出生日期"字段的前面添加新字段，步骤如下。

① 单击字段名"　出生日期　"，选中此列，如图 7-21 所示。

② 选择菜单栏"插入"|"列"命令。

③ 可以看到"出生日期"前面插入了一个名为"字段 1"的新字段。如图 7-22 所示。

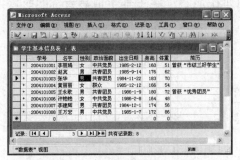

图 7-19 修改记录内容

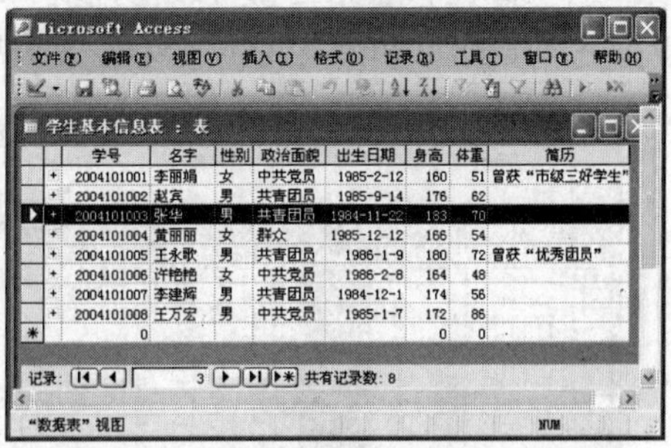

图 7-20 选中一行记录

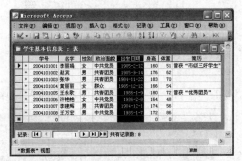

图 7-21 选中"出生日期"字段

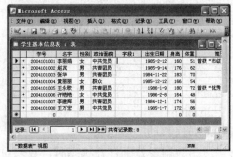

图 7-22 添加新字段：字段 1

④ 双击 **字段1** ，修改字段名称。

6. 如何删除字段

删除政治面貌字段，步骤如下。

① 单击 **政治面貌** ，选中政治面貌列，如图 7-23 所示。

② 选择菜单栏"编辑"|"删除列"命令。

③ 在弹出的对话框中，单击"是"按钮，即可删除该字段。

7. 如何修改字段名

如将"学生基本信息表"中的"字段 1"字段改名为"身份证号"，步骤如下。

① 选中"字段 1"字段。

② 选择菜单栏"格式"|"重命名列"命令。

③ 此时光标在字段名"字段 1"处闪动，重新输入字段名"身份证号"即可。

8. 如何隐藏字段

在查看表中的信息时，有时某些字段不必要或不便显示出来，即需要"隐藏"某些列。例如隐藏"学生基本信息表"中的"出生日期"字段，步骤如下。

① 选中"出生日期"字段。

② 选择菜单栏"格式"|"隐藏列"命令。

③ 可以看到"出生日期"字段被隐藏起来了。

④ 如要取消隐藏，选择菜单栏"格式"|"取消隐藏列"命令，弹出图 7-24 所示的对话框，选中"出生日期"前的复选框，单击关闭即可。

9. 如何冻结字段

当表中字段很多时，一个窗口往往显示不了全部字段内容，我们可以采用"冻结列"

操作使一个或多个列始终显示在当前窗口。例如在显示"学生基本信息表"的时候，冻结其中的"学号"和"名字"字段，步骤如下。

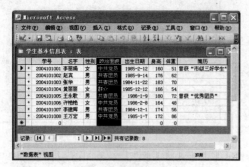

图 7-23　选中政治面貌列

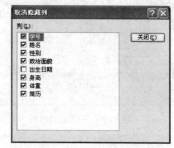

图 7-24　"取消隐藏列"对话框

① 按住【Shift】键，同时选中"学号"和"姓名"字段。

② 选择菜单栏"格式"|"冻结列"命令。

③ 现在，无论怎样移动水平滚动条，"学号"和"姓名"字段始终停留在当前窗口中，如图 7-25 所示。

10．如何移动字段位置

当一个数据表处于打开状态时，我们可改变字段的先后位置，例如把"学生基本信息表"中的"政治面貌"字段移动到"性别"字段之前，步骤如下。

① 选中"政治面貌"字段，将鼠标指针指向

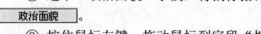

。

② 按住鼠标左键，拖动鼠标到字段"性别"之前。

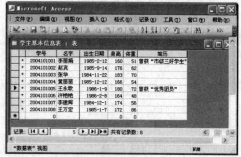

图 7-25　冻结列

③ 释放鼠标，即可将"政治面貌"移到"性别"字段之前。

11．如何调整列宽

① 选中该列字段。

② 选择菜单栏"格式"|"列宽"命令，弹出"列宽"对话框。

③ 在该对话框中输入新字段宽度，单击"确定"按钮，即可实现调整列宽。

12．如何调整行高

① 选择菜单栏"格式"|"行高"命令，弹出"行高"对话框。

② 在对话框中输入新记录高度，单击"确定"按钮，即可实现调整行高。

13．如何查找数据表中的信息

在数据表视图中，如果记录很多，那么查找到指定的记录就不是一件容易的事情。为了查找到指定的记录，用户可以使用"查找"命令。

例如在"学生基本信息表"中查找名字为"黄丽丽"的学生，步骤如下。

① 选中字段"姓名"。

② 选择菜单栏"编辑"|"查找"命令，弹出"查找"对话框。

③ 在"查找内容"中输入"黄丽丽"，单击"查找下一个"按钮，找到后相应名字会高亮显示。

14．如何给数据表排序

在 Access 2003 中，数据表中的数据一般是以表中定义的主键值的大小按升序的方式排序显示记录的。如果在表中没有定义主键，则该表中记录排列的顺序根据输入的顺序来显示。

例如将"学生基本信息表"中的数据按照姓名升序排列，操作步骤如下。

① 选中字段"姓名"。

② 选择菜单栏"记录"｜"排序"｜"升序"命令，即可实现将数据表按照"姓名"字段升序排列。

注意：修改数据表结构后，关闭时，需要进行保存。而对数据表中的数据进行修改，其影响是实时的。

7.4.3 数据表之间的关系

在前面的操作中，我们都是对一个表进行操作。但是，有些时候我们要访问的数据内容并不在一个表内。例如，我们又建立了一个新的表"学生成绩表"，其内容如表 7-4 所示。如果我们要了解学生的学号、姓名、性别、出生日期、英语、数学、计算机以及实验课成绩，单独打开"学生基本信息表"或"学生成绩表"都是无法看到所需要的全部信息的。那么，能否同时看到处在不同表文件中的数据呢？当然可以，这就要用到和多个表有关的操作了，即建立多个表之间的关系。

表 7-4　　　　　　　　　　　　　　　　学生成绩表

学　号	英　语	数　学	计　算　机	实　验
2004101001	89	89	89	优
2004101002	86	56	56	良
2004101003	65	89	78	良
2004101004	56	75	78	优
2004101005	76	76	64	差
2004101006	65	45	68	良
2004101007	68	56	69	中
2004101008	78	86	89	良

1．关系简介

如果想同时查看处在不同表中的数据，首先需要在表之间建立关系。关系通常是通过两个表之间的公共字段来建立的。

例如，"学生基本信息表"中的"学号"和"学生成绩表"中的"学号"所包含的值是相同的，即"学号"是两个表的公共字段。所以，当我们已知一个学生的学号时，既可以通过"学生基本信息表"知道学生的一些"基本信息"（如性别、出生日期等），也可以通过"学生成绩表"了解学生的"成绩信息"。所以说，"学号"字段作为纽带将"学生基本信息表"和"学生成绩表"中的相应字段信息连接在了一起。为了把数据库中表之间的这种数据关系体现出来，Access 提供了一种建立表与表之间关系的方法。

在表之间建立"关系"以后，我们就可以方便地同时查看到同一个学生（根据学号）在不同表中的所有字段信息。

2．关系的类型

关系是在两个表的公用字段之间创建的关联性。两个表之间的关系分为"一对一"、"一对多"和"多对多"三种类型。

① 一对一关系：在A表中的每一个记录仅能在B表中有一个匹配记录，并且在B表中的每一条记录仅能在A表中有一个匹配记录。

② 一对多关系：A表中的一个记录能与B表中的许多记录匹配，但是B表中的一个记录仅能与A表中的一个记录匹配。

③ 多对多关系：A表中的记录能与B表中的许多记录匹配，并且B表中的记录也能与A表中的许多记录匹配。

3．怎样在表之间建立关系

现在我们就开始在表之间建立"关系"。例如，我们要同时查看"学生基本信息表"和"学生成绩表"这两个表中的信息，操作步骤如下。

① 打开"学生信息数据库"，选择"工具"|"关系"命令，弹出"关系"窗口，在"关系"窗口中还有一个"显示表"对话框，如图7-26所示。

② 依次选中两个表"学生基本信息表"和"学生成绩表"，单击"添加"按钮，把它们都添加到"关系"窗口中，如图7-27所示。

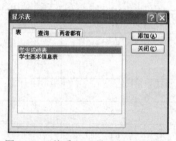

图7-26 "关系"|"显示表"对话框

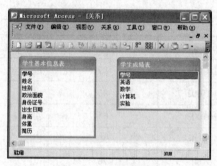

图7-27 "关系"窗口

③ 在图7-27所示的"关系"窗口中，将鼠标指针指向"学生成绩表"中的"学号"字段，然后按住鼠标左键不松手，拖动鼠标到"学生基本信息表"中的"学号"字段上，释放鼠标左键，这时在屏幕上出现"编辑关系"对话框，如图7-28所示。

④ 单击图7-28中的"联接类型"按钮，弹出如图7-29所示的"联接属性"对话框，在此对话框中选择"3"单选按钮，然后单击"确定"按钮，重新回到"编辑关系"对话框。

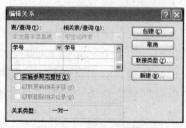

图7-28 "编辑关系"对话框

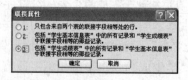

图7-29 "联接属性"对话框

⑤ 单击"编辑关系"对话框中的"创建"按钮，则在两个表的"学号"字段之间出现

了一条折线，如图 7-30 所示。即通过公共字段"学号"将两个表联系起来，也就是说，在两个表之间通过学号建立了关系。

⑥ 关闭"关系"窗口，保存对"关系"布局的修改，表与表之间的关系就建立好了。

4．建立"关系"后的效果

在两个表间建立关系以后，我们就可以很方便的同时查看两表中的数据了。

① 打开"学生基本信息表"，可以看到在"学号"前多了带 ⊞ 的一列。

② 单击学号"2004101001"旁边的 ⊞，则"学生成绩表"中学号为"2004101001"的记录中其他字段的值自动显示出来，并且 ⊞ 变成了 ⊟。现在，我们就可以同时看到同一个学生（学号相同），在两个表中的所有字段的内容了，如图 7-31 所示。

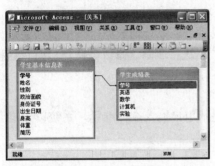

图 7-30　"关系"建立完成

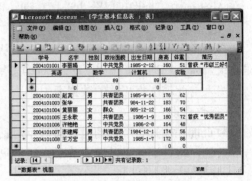

图 7-31　同时显示两表中的数据

5．编辑关系

刚才我们根据学号建立了两个表之间的关系，对于已经建立好的关系，还可以加以修改。例如将刚才建立的"学号"→"学号"的关系改成"姓名"→"姓名"的关系，步骤如下。

① 关闭"学生基本信息表"和"学生成绩表"。

② 选择 Access 菜单栏中的"工具"|"关系"命令。

③ 在关系窗口中，双击"学生成绩表"和"学生基本信息表"之间的连接线。

④ 在弹出的"编辑关系"对话框中，如图 7-28 所示，选择"姓名"字段作为两表间的关系字段。并单击"联接类型"按钮，选择"联接属性"，如图 7-29 所示。然后单击"确定"按钮，重新回到"关系"窗口。

⑤ 在关系窗口中可以看到，两表中"学号"字段之间的连线消失了，变成了"姓名"之间的连线。保存好新建立的关系，然后关闭"关系"窗口。

⑥ 打开"学生成绩表"，单击"李丽娟"前面的 ⊞，可以看到"李丽娟"在两个表中所有字段的内容（根据姓名相等的原则），如图 7-31 所示。注意区别它与按照学号建立关系的不同。

6．删除关系

① 在关系窗口中，鼠标指针指向两表之间的连线，然后右击。

② 在弹出的快捷菜单中，选择"删除"命令。

③ 在确认对话框中，单击"是"按钮。

④ 可以看到两表之间的折线消失，表示已删除两表之间的关系，最后关闭关系窗口即可。

7.5　如何使用查询

7.5.1　查询的概念

查询是从 Access 的数据表中检索数据的最主要方法。查询是收集一个或几个表中用户认为有用字段的工具。我们可以将查询到的数据组成一个集合，这个集合中的字段可能来自同一个表，也可能来自多个不同的表，这个集合就可以称为查询。

在 Access 中，查询可以分为选择查询、参数查询、交叉表查询和操作查询 4 类。

1．选择查询

选择查询是最常用的一种查询类型，它从一个或多个表中查询数据，查询的结果是一组数据记录，称为"动态集"。用户可以对动态集中的数据进行删除、修改等操作，而且这种修改会被写入与此动态集相关的数据表中。

2．参数查询

参数查询在执行某个查询时能够显示对话框来提示用户输入查询准则，系统以该准则作为查询条件，将查询结果以指定的形式显示出来。

3．交叉表查询

交叉表查询显示来源于表中某个字段的总计值，如合计、求平均值等，并将它们分组，一组列在数据表的左侧，另一组列在数据表的上部。

4．操作查询

操作查询的主要功能是对大量的数据进行更新。操作查询执行一个操作，可以进一步分为以下 4 种类型。

- 追加查询：向已有表中添加数据。
- 删除查询：删除满足查询条件的记录。
- 更新查询：改变已有表中满足查询条件的记录。
- 生成表查询：使用从已有表中提取的数据创建一个新表。

7.5.2　建立查询

1．利用简单查询向导创建选择查询

在 Access 中可以利用简单查询向导创建选择查询，能够在一个或多个表中按指定的字段检索数据。另外，通过向导还可以对记录组或全部记录进行总计、求平均值等运算，并且可以计算字段中的最大值和最小值。利用简单查询向导创建选择查询的操作步骤如下。

① 在数据库窗口中单击"查询"对象。

② 单击"新建"按钮，弹出"新建查询"对话框，如图 7-32 所示。

③ 在"新建查询"对话框中选择"简单查询向导"选项，然后单击"确定"按钮，弹出第一个"简单查询向导"对话框，如图 7-33 所示。

④ 在第一个"简单查询向导"对话框中，首先在"表/查询"下拉列表框中选择查询所涉及的表，然后在"可用字段"列表框中选择查询所涉及的字段并单击" > "按钮，将选择

的字段添加到"选定的字段"列表中。

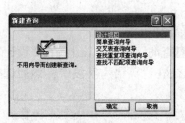

图 7-32 "新建查询"对话框

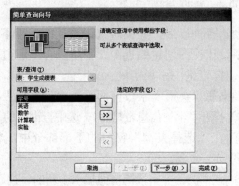

图 7-33 "简单查询向导"对话框之一

⑤ 重复第④步操作以选择查询所涉及的全部字段。

⑥ 最后单击"完成"按钮,生成查询。

2. 利用设计视图创建查询

利用向导只能创建比较简单的查询,而利用设计视图则可以创建功能强大的查询。利用设计视图创建选择查询的具体操作步骤如下。

① 打开"学生信息数据库",先单击数据库窗口里"对象"列表中的"查询"选项,然后双击窗口右侧的"在设计视图中创建查询"。

② 在"显示表"对话框中选中"学生成绩表"和"学生基本信息表",然后单击"添加"按钮,将两个表依次添加到"选择查询"窗口中。如图 7-34 所示。

③ "选择查询"窗口分上、下两个部分。上半部分窗口中列出了准备放入查询中的数据的来源,如本例中,查询中的数据来自"学生成绩表"和"学生基本信息表";在下半部分的窗口中,用户可以选择把两个表中的哪些字段放入查询中。例如在"选择查询"窗口下半部分依次选择"学生成绩表"中的"学号"、"姓名"、"英语"、"数学"字段以及"学生基本信息表"中的"身高"、"体重"字段。如图 7-35 所示。

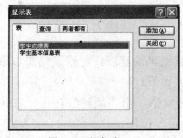

图 7-34 添加表

图 7-35 选择查询设计窗口

④ 单击"选择查询"窗口右上角的"关闭"按钮 ✕,此时会弹出图 7-36 所示的对话框。单击"是"按钮,然后在"另存为"对话框中输入用户给此查询所起的名字,如"学生信息查询",接着单击"确定"按钮,一个简单的查询就建立好了。

图 7-36 保存查询

7.5.3　修改查询

创建查询以后，如果对查询设计的结果不满意，可以对其进行修改。不管是使用向导还是使用设计视图创建的查询，都可以再次通过相应的设计窗口进行修改。

1．在查询中添加字段

如果在"英语"字段前面添加"计算机"字段，操作如下。

① 打开"学生信息数据库"，选中查询中的"学生信息查询"，然后单击上方的"设计"按钮。

② 在"选择查询"窗口的下半部分中，将光标定位在"英语"字段中，然后选择"插入"|"列"命令。

③ 在"英语"字段的前面插入了新的一列，从下拉菜单中选择"学生成绩表.计算机"选项，然后保存退出。再次打开本查询时，可以看到"英语"字段的前面已经增添了"计算机"字段。

2．在查询中删除字段

如果要将刚刚添加上的"计算机"字段从查询中删除，操作如下。

① 打开"学生信息数据库"，选中查询中的"学生信息查询"，然后单击上方的"设计"按钮。

② 在"选择查询"窗口的下半部分中，将光标定位在"计算机"字段中，然后选择菜单栏中的"编辑"|"删除列"命令。

③ 保存退出。再次打开本查询时，可以看到"计算机"字段已经被删除了。

3．让查询中的数据排序

① 打开"学生信息数据库"，选中"学生信息查询"，然后单击数据库窗口上方的"设计"按钮。

② 在弹出的"选择查询"窗口中，单击"英语"字段下方的"排序"下拉列表框，从中选择"升序"，如图7-37所示。然后关闭并保存对查询所作的更改。

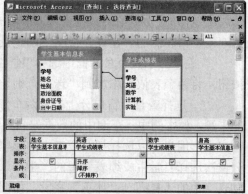

图7-37　选择英语升序

③ 重新打开"学生信息查询"，可以看到查询中的记录按照英语成绩从小到大（升序）排列。

7.5.4　查询的操作

1．生成表查询

生成表查询可以利用一个或多个表中的全部或部分数据来新建表，将查询结果以表的形式存储，生成一个新表。创建一个生成表查询的操作步骤如下。

① 打开要创建生成表查询的数据库，在"查询"对象中单击"新建"按钮，在出现的"新建查询"对话框中选择"设计视图"选项，单击"确定"按钮。

② 在出现的"显示表"对话框中，选择包含要放到新表中的记录的表或查询并单击"添加"按钮，然后单击"关闭"按钮。

③ 在查询的"设计"视图中，从窗口上面部分的表中将要包含在新表中的字段拖到设计网格中，并在"条件"单元格里输入准则，如图7-38所示。

④ 选择"查询"菜单中的"生成表查询"命令，出现"生成表"对话框。

⑤ 在"表名称"文本框中输入所要创建的表名称。如果新生成的表放入当前数据库中，则选中"当前数据库"单选按钮，否则选中"另一数据库"单选按钮。

⑥ 单击"确定"按钮关闭"生成表"对话框。

⑦ 保存，退出生成表查询，按提示另存为查询名称"查询英语成绩大于 70"。

⑧ 单击工具栏中的"打开"按钮，弹出图 7-39 所示的对话框。

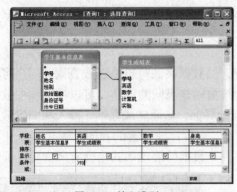

图 7-38　输入准则

图 7-39　提示用选定的记录创建新表

⑨ 单击"是"按钮，弹出"您正准备向新表粘贴 4 行"对话框，单击"是"，则创建新表。

2．更新查询

利用更新查询，可以一次性地更改某些特定的记录，而不必逐一去修改表。操作步骤如下。

① 在"数据库"窗口中选择"查询"对象。

② 单击"新建"按钮，在出现的"新建查询"对话框中选择"设计视图"选项并单击"确定"按钮，打开设计视图，同时弹出"显示表"对话框。

③ 在"显示表"对话框中选择更新查询所涉及的表，然后单击"添加"按钮。关闭"显示表"对话框并返回到"设计视图"。

④ 从"查询"菜单中选择"更新查询"命令，Access 会将查询设计视图的窗口标题从"选择查询"变更为"更新查询"，同时在设计网格中增加"更新到"。

⑤ 在选择查询设计视图中设置更新查询所涉及的字段以及更新条件。

⑥ 在要更新字段所对应的"更新到"行中输入更新表达式，如图 7-40 所示。

⑦ 单击"保存"按钮，保存更新查询。

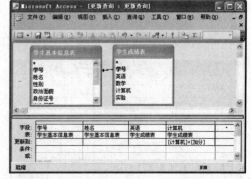

图 7-40　"更新查询"设计视图

3．追加查询

追加查询是将从表或查询中筛选出来的记录添加到另一个表中去。被追加记录的表必须是已经存在的表，在追加查询与被追加记录的表中，只有匹配的字段才被追加。

要建立追加查询，首先要在设计视图中打开或建立要追加到其他表中的查询，然后选择"查询"菜单中的"追加查询"命令，出现"追加"对话框，选择要追加记录的表名即可。

4．删除一个查询

和表一样，查询被保存在一个数据库中，因此删除查询时需要先打开相应的数据库。

在数据库窗口中，将鼠标指针指向要删除的查询，然后右击，从弹出的菜单中单击"删除"，即可删除查询。

7.6 建立窗体

7.6.1 窗体的概念

Access 窗体是一种灵活性很强的数据库对象，其数据来源可以是表或查询。用户可以根据多个表创建显示数据的窗体，也可以为同样的数据创建不同的窗体。可以在窗体中放置各种各样的控件，以构成用户与 Access 数据库交互的界面，从而完成显示、输入和编辑数据等处理任务。窗体使我们可以通过一个形式比较美观、内容比较丰富的界面，从 Access 中观察数据库中的数据。我们依据数据表创建的窗体，只是数据的展现形式上会有所变化，而原来数据表中的数据却不会被改变。

1．窗体的构成

在 Access 2003 中，一个窗体最多可以由五个部分构成，分别是窗体页眉、页面页眉、主体、页面页脚和窗体页脚，每一部分称为一个节，如图 7-41 所示。

图 7-41　窗体的构成

- 窗体页眉：用于显示窗体标题、窗体使用说明或者打开相关窗体、运行其他任务的命令按钮等。
- 页面页眉：在每一页的顶部显示标题、字段标题或所需要的其他信息。
- 主体：用于显示窗体记录源的记录。
- 页面页脚：在每一页的底部显示日期、页码或所需要的其他信息。
- 窗体页脚：用于显示窗体、命令按钮或接受输入的未绑定控件等对象的使用说明。

2．窗体的视图

在 Access 2003 中，窗体有三种不同的视图，即"设计"视图、"窗体"视图和"数据表"视图。

（1）"设计"视图

窗体的"设计"视图用于显示窗体的设计方案，在这个视图中可以新建窗体对象，也可以对现有窗体对象的设计进行修改。在设计视图中打开一个窗体时，包含有各种控件的工具箱将自动出现，如图 7-42 所示。

（2）"窗体"视图

窗体的"窗体"视图，可以显示来自数据源的一个或多个记录。"窗体"视图是添加和修改表中

图 7-42　"设计"视图

数据的主要工具，如图 7-43 所示。在窗体视图中，通常一次只能查看一条记录，不过可以借助于窗体底部的记录浏览器在不同的记录之间移动。在"窗体视图"中打开窗体后，"窗体视图"工具栏变成可用的，工具箱和其他工具栏自行隐藏起来。

（3）"数据表"视图

窗体的"数据表"视图是以行列格式显示来自表、窗体、查询、视图或存储过程的数据窗口，如图 7-44 所示。在"数据表"视图中，可以编辑字段、添加和删除数据以及搜索数据。

图 7-43 "窗体"视图

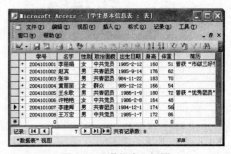

图 7-44 "数据表"视图

7.6.2 建立窗体

窗体可以自动创建，也可以在窗体向导下创建。在利用窗体向导创建一个窗体后，可以随时在设计视图进行更改。

1. 自动创建窗体

自动创建窗体非常简单，使用这种创建方式，只需要指定窗体所需要的数据源，即一个表或查询，无需其他操作，就可以建立起相应的窗体。不过使用这种方法创建窗体时，不能选择表或查询中的字段。

下面我们以"学生基本信息表"为例创建窗体。

① 打开"学生信息数据库"，在数据库窗口的"对象"列表框中，选择"窗体"选项。

② 单击数据库窗口中的"新建"按钮，打开"新建窗体"对话框，如图 7-45 所示。

③ 在"新建窗体"对话框中，选择"自动创建窗体：纵栏式"，并且选择"学生基本信息表"为窗体的数据源。选择完毕后，单击"确定"按钮即可。

2. 利用窗体向导创建窗体

利用向导创建窗体，用户不需要对所要创建的数据库对象有具体的了解，直接按照向导的提示来进行各种设置，就可以达到创建一个合适的窗体的目的了。

下面介绍使用向导创建新窗体的过程中，我们将以前面创建的名为"学生基本信息表"的数据表为数据源。

① 在数据库窗口的"对象"列表框中，选择"窗体"选项。然后双击"使用向导创建窗体"选项。

② 在弹出的"窗体向导"对话框中，首先在"表/查询"的下拉列表中选择"表：学生基本信息表"选项。然后单击 > 按钮，将"学生基本信息表"中的相应字段依次添加到右边的"选定的字段"列表中。如果要取消某个或全部选择的字段，可以单击 < 或 << 按钮。如图 7-46 所示。字段添加完毕后，单击"下一步"按钮。

③ 此时，窗体向导提示用户选择窗体布局。该对话框提供了 6 种布局的方式，我们可以根据不同的需要来进行选择，然后单击"下一步"按钮。

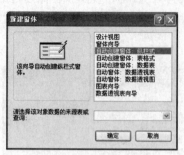

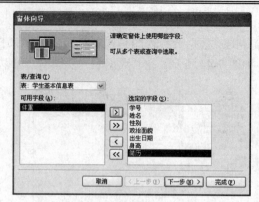

图 7-45 "新建窗体"对话框　　　　　图 7-46 选择窗体中使用的字段

④ 在该对话框提供的 10 种样式中，我们可以根据需要选择其中的一种，如图 7-47 所示。然后单击 "下一步" 按钮。

⑤ 在该对话框中为窗体指定标题，然后单击"完成"按钮即可结束窗体向导。这是用"窗体向导"创建的窗体的最后形式，如图 7-48 所示。

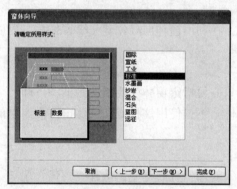

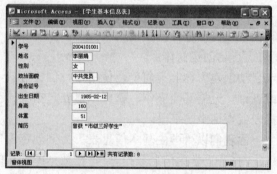

图 7-47 选择样式　　　　　　图 7-48 使用向导创建的窗体

3．使用设计器创建窗体

使用设计器创建窗体，将从一个空白的窗体开始，然后将来源表或查询中的字段添加到窗体上。在设计窗体的过程中，可以利用系统提供的设计工具箱在窗体中添加各种控件，如文本框、命令按钮、组合框等。

（1）进入设计视图

进入设计视图的步骤如下。

① 打开要创建窗体的数据库，在"对象"列表中选择"窗体"选项，再选择"在设计视图中创建窗体"选项。

② 单击该窗口的"新建"按钮，弹出"新建窗体"对话框。

③ 在数据的来源表或查询列表中选择与窗体关联的表或查询，选择"设计视图"选项，单击"确定"按钮。

④ 弹出空白窗体，进入设计视图，如图 7-49 所示。

（2）窗体控件工具箱

在窗体的设计过程中，使用最频繁的是控件工具箱。在窗体设计视图中，挑选合适的控件，将控件放在窗体工作区上，设置参数，这些步骤都要通过控件工具箱才能完成。可以从"视图"

菜单中选择"工具箱"命令或单击窗体设计工具栏上的"工具箱"按钮即可打开工具箱，如图 7-50 所示。窗体的控件工具箱共有 20 种不同功能的控件工具。名称和功能如表 7-5 所示。

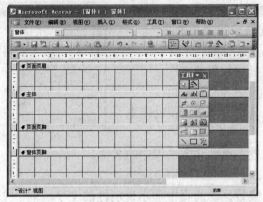

图 7-49　空白窗体的设计视图　　　　　　　　　　　　　图 7-50　控件工具箱

表 7-5　　　　　　　　　　　　　　　窗体控件工具箱的功能按钮

按钮	名　称	功　　能
	选择对象	用于选择控件、节或窗体
	控件向导	用于打开或关闭控件向导。使用控件向导可以创建列表框、组合框、选项组、命令按钮、图像、子窗体或子报表
	标签	用于显示说明文本的控件，如窗体上的标题或提示文字
	文本框	用于显示、输入或编辑窗体的基础记录源数据、显示计算结果，或者接收用户输入的数据
	选项组	与复选框、选项按钮或切换按钮搭配使用，可以显示一组可选值
	切换按钮	使用一个单独的控件绑定 Access 数据库中的"是/否"数据类型的字段
	选项按钮	又称单选按钮。当被选中时，按钮显示为带有黑点的圆圈
	复选框	也是两种状态的控件。在选中时按钮显示成含有"√"的方框
	组合框	组合了列表框和文本框的特性，可以在文本框中输入文字或在列表框中选择输入项
	列表框	显示可以滚动的数值列表。在窗体视图中，可以从列表框中选择值输入到新记录中，或者更改现有记录中的值
	命令按钮	用于完成各种操作，如查找记录、打印记录或应用窗体筛选
	图像	用于在窗体中显示静态图片。由于静态图片并非 OLE 对象，因此一旦将图片添加到窗体或报表中，就不能进行图片编辑
	未绑定对象框	用于在窗体中显示未绑定 OLE 对象，如 Excel 电子表格
	绑定对象框	用于在窗体或报表中显示 OLE 对象。该控件针对的是保存在窗体或报表基本记录源字段中的对象
	分页符	用于在窗体上开始一个新的屏幕，或者在打印窗体上开始一个新页
	选项卡控件	用于创建一个多页的选项卡窗体或选项卡对话框。可以在选项卡控件上复制或添加其他控件
	子窗体/子报表	用于显示来自多个表的数据
	直线	用于突出相关的或特别重要的信息，或将窗体分为多个不同的部分
	矩形	显示图形效果，如在窗体中将一组相关的控件组织在一起
	其他控件	单击弹出一个列表，可以从中选择要添加到当前窗体内的控件

（3）窗体和控件的属性窗口

设计窗体的大多数工作是在窗体或窗体控件的属性窗口中完成的。可以单击"窗体设计"工具栏上的"属性"按钮，即可出现属性窗口，如图 7-51 所示。

在属性窗口中有 5 个选项卡，各选项卡的含义如下。

① "格式"：显示所选对象的布局格式属性。

② "数据"：显示所选对象显示和操作数据的方法。

③ "事件"：显示所选对象的方法程序和事件过程。

④ "其他"：显示与窗体相关的工具栏、菜单、帮助信息等的属性。

图 7-51　窗体的属性窗口

⑤ "全部"：显示所选对象全部属性、事件和方法程序的名称。

（4）向窗体中添加控件

① 标签：标签用于在窗体、报表或数据访问页中显示说明性的文字。向一个窗体添加标签和对标签进行操作的步骤如下。

a．新建或打开一个已有窗体的设计视图。

b．单击工具箱中的"标签"控件工具按钮。

c．在窗体设计视图内要放置标签的位置单击并拖动鼠标创建适合标签大小的矩形。

d．然后键入标签的文本。若标签为多行文本，可以在每行末尾按【Ctrl+Enter】组合键换行。

② 组合框：组合框是窗体上用来提供列表框和文本框的组合功能的一种控件。组合框在使用时要把选择的内容列表显示出来，平时则将内容隐藏起来，不占窗体的显示空间。

组合框控件具有如下常用属性。

• 名称：设置组合框的名字。

• 行来源类型：设置组合框的行数据源的类型，可以是"表/查询"、"值列表"、"字段列表"。

• 行来源：设置组合框每行数据来源，如是"表/查询"则需要给出表名或查询。

• 绑定列：设置组合框每行与数据源绑定的列数，即每行显示的列数。

设计组合框控件的步骤如下。

a．新建一个窗体的设计视图。单击工具箱中的"组合框"控件工具按钮，并选中"控件向导"按钮。

b．在设计视图内放置组合框的位置单击鼠标，这时在窗体内会出现一个带有附加标签的组合框，并打开"组合框向导"对话框，如图 7-52 所示。选择"使用组合框查阅表或查询中的值"的单选按钮，单击"下一步"按钮。

c．在为组合框提供数值的组合框向导中，选择"学生基本信息表"选项，如图 7-53 所示。单击"下一步"按钮。

d．在"可用字段"列表框中，选择"学号"，如图 7-54 所示。单击"下一步"按钮。

e．调整组合框中列的宽度，如图 7-55 所示。完成后单击"下一步"按钮。

f．为组合框指定标题，输入标签名称"学号"，单击"完成"按钮，完成组合框的设计。

g．切换到窗体视图状态，可以显示该窗体组合框的显示结果，如图 7-56 所示。

③ 列表框控件：列表框也是窗体中常用的控件之一，列表框能够将一些内容列出来供用户选择。

列表框控件具有如下常用属性。

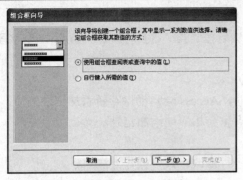

图 7-52　"组合框向导"对话框之一

图 7-53　"组合框向导"对话框之二

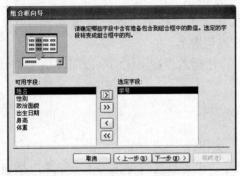

图 7-54　"组合框向导"对话框之三

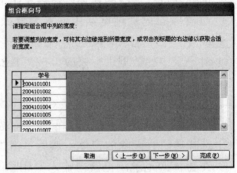

图 7-55　"组合框向导"对话框之四

- 名称：设置列表框的名字。
- 行来源类型：设置列表框行数据源的类型，可以是"表/查询"、"值列表"、"字段列表"。
- 行来源：设置列表框行数据来源，如是"表/查询"则需要给出表名或查询。
- 列数：设置列表框每行显示的列数。
- 列标题：设置是否显示数据源的字段名。

在窗体中添加列表框控件一般使用列表框向导完成。含有列表框的窗体如图 7-57 所示。

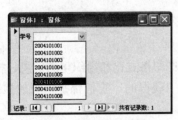

图 7-56　组合框窗体视图

图 7-57　列表框窗体视图

7.6.3　使用窗体处理数据

窗体是用户与数据库之间的一个重要接口，数据库的所有数据都可以显示在窗体中。另外，还可以在窗体中对数据进行操作，如添加记录、修改记录、查找记录等。

1．在窗体中添加记录

在窗体中添加记录十分类似于在数据表中添加记录，具体操作方法如下。

① 在窗体视图中打开需要添加记录的窗体。

② 单击窗体下方记录浏览器中的"新记录"按钮▶*，屏幕上显示一个空白窗体。

③ 在空白页的第一个字段处输入新的数据，然后按"Tab"键将插入点移到下一个字段，直到所有字段的数据输入完为止。

④ 要继续添加新记录，可以重复步骤②、③。

在移动上一记录或下一记录，或者关闭窗体时，Access 会自动保存新添加记录的值。在窗体中添加了记录后，作为数据源的基础表或查询也会相应地添加记录。

2．在窗体中修改记录

在窗体中不仅可以添加记录，还可以对记录进行修改。具体操作方法如下。

① 在数据库窗口中，单击"窗体"对象。

② 选择要进行修改的窗体，然后单击"打开"按钮。

③ 在窗体的记录浏览器内输入要修改记录的记录号，也可以通过单击"上一记录"按钮◀或者"下一记录"按钮▶定位到需要修改的记录上。

④ 对记录中的数据进行修改，按"Tab"键可以使插入点在不同的字段间移动。

3．在窗体中删除记录

具体操作方法如下。

① 在数据库窗口中，单击"窗体"对象。

② 选择要进行删除的窗体，然后单击"打开"按钮。

③ 在窗体的记录浏览器内输入要删除的记录号，也可以通过单击"上一记录"按钮或者"下一记录"按钮定位到需要删除的记录上。

④ 从"编辑"菜单中选择"删除记录"命令，或者在工具栏上单击"删除记录"按钮。

⑤ 当出现确认删除记录对话框时，单击"是"按钮，确认记录删除操作。

7.7 建立报表

7.7.1 报表的概念

1．报表的定义

报表是一种 Access 数据库对象，它根据指定规则打印格式化和组织化的信息。报表中的大部分内容是从基础表、查询或 SQL 结构化查询语句中获得的，它们都是报表的数据来源。报表中的其他信息则存储在报表的设计中。

报表和窗体有许多共同之处，它们的数据来源都是基础表、查询或 SQL 语句，创建窗体时所用的控件基本上都可以在报表中使用，设计窗体时所用到的各种控件操作同样可以在报表的设计过程中使用。报表与窗体的区别在于：在窗体中可以输入数据，在报表中则不能输入数据，报表的主要用途是按照指定的格式来打印输出数据。

2．报表的视图

报表有三种视图：设计视图、打印预览视图和版面预览视图。设计视图用于创建报表或更改已有报表的结构；打印预览视图用于查看将在报表的每一页上显示的数据；版面预览视图用于查看报表的版面设置，其中只包括报表中数据的示例。

3．报表的组成

在图 7-58 所示的设计视图中打开报表可以看到，报表由报表页眉、页面页眉、主体、页面页脚以及报表页脚等部分组成，每一部分称为一个节。在设计视图中，报表的节表现为带区形式。报表的信息可以分在多个节中。每个节在页面上和报表中具有特定的目的并按照预期次序打印。

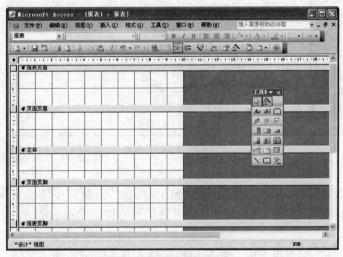

图 7-58　报表的设计视图

- 报表页眉：用于在报表的开头放置信息，如标题文字、打印日期或报表说明等。
- 页面页眉：用于在报表页面的上方放置信息，出现在每一页的上方。
- 主体：用于包含报表的主体内容，可以在报表的主体节中放置控件，以显示数据。
- 页面页脚：用于在报表页面的下方放置信息，出现在每一页的下方。
- 报表页脚：用于在报表的底部放置信息，如报表总结、总计数或打印日期等。

7.7.2　建立报表

1．使用"自动报表"创建报表

使用"自动报表"可以创建一个具有简单功能的报表，此报表可以显示基于某个表或某个查询的所有字段和记录。例如根据"学生成绩表"创建一个"学生成绩报表"。

① 打开"学生信息数据库"，单击"对象"列表框中的"报表"选项。然后单击"新建"按钮。

② 在弹出的"新建报表"对话框中，先选中"自动创建报表：纵栏式"选项，然后在下面的下拉列表框中选取报表的数据来源，在本例中选择"学生成绩表"，如图 7-59 所示，然后单击"确定"按钮。

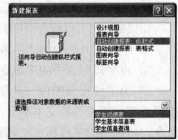

图 7-59　选择报表数据的来源

③ 图 7-60 所示的就是根据"学生成绩表"所生成的报表。

④ 选择"文件"|"保存"命令，弹出"另存为"对话框。在"报表名称"中输入"学生成绩报表"，单击"确定"按钮即可。

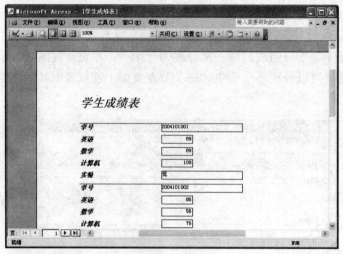

图 7-60　学生成绩报表

2．使用"报表向导"创建报表

利用"自动报表"创建报表，给用户选择的余地很少，用户不能决定报表的格式，也不能决定哪些字段出现在报表中。Access 2003 提供了另一种创建报表的方法，即使用"报表向导"创建报表。

使用"报表向导"创建报表时，向导将提示输入有关的记录源、字段、版面以及所需要的格式，用户只需按照向导提供步骤进行选取即可完成报表的创建。

3．在设计视图中创建报表

如果用户想按照自己的需要创建个性化的报表，可以按照下述步骤进行操作。

①　在"数据库"窗口中，单击"报表"对象。

②　单击"新建"按钮，在出现的"新建报表"对话框中选择"设计视图"选项。

③　如果用户要将已有表或查询中的字段作为新建报表的数据来源，可以在"请选择该对象数据的来源表或查询"下拉列表中选择相应的表或查询。

④　单击"确定"按钮，将创建一个空白报表。

⑤　利用工具箱中提供的控件按钮向报表中添加所需的控件。

⑥　单击工具栏中的"保存"按钮，保存创建的报表。

（1）添加报表控件

如果要将已有表或查询中的字段添加到设计视图中的报表主体节中，可按下述步骤操作。

①　单击工具栏中的"字段列表"按钮，出现相应表或查询的字段列表。

②　将字段列表中的字段逐一拖到"主体"节中。

③　为了使报表的每一页都出现字段名，选中字段的标签，然后单击工具栏中的"剪切"按钮，将此标签与其文本框分离，右击"页面页眉"节，从弹出的快捷菜单中选择"粘贴"命令，将选中的字段标签粘贴到"页面页眉"节中。

④　重复以上操作，将其他字段的标签粘贴到"页面页眉"节中。

⑤　选中这些标签，然后选择"格式"菜单中的"对齐"命令，从弹出的子菜单中选择"靠上"命令，将它们排列整齐，然后设置好它们之间的距离。

⑥　将"主体"节中的文本框与"页面页眉"节中的标签对应起来，如图 7-61 所示。

（2）增加与删除报表页眉或页脚

在报表的设计视图中，可以很容易地增加或删除页眉或页脚。

① 选择"视图"菜单中的"页面页眉/页脚"命令，可在报表中添加页面页眉和页面页脚。

② 选择"视图"菜单中的"报表页眉/页脚"命令，可在报表中添加报表页眉和报表页脚。

③ 如果要调整页眉或页脚的高度，可以用鼠标指向该区域的底部，等鼠标指针呈双向箭头时，拖动鼠标即可改变其高度。

④ 如果要删除页眉或页脚，则再次选择"视图"菜单中的"页面页眉/页脚"命令或"报表页眉/页脚"命令即可。

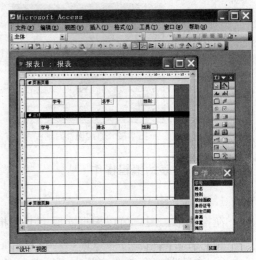

图 7-61　标签与文本框上下对齐

（3）设计报表页眉

报表中可以包含报表页眉/页脚和页面页眉/页脚。下面以设计报表页眉为例进行介绍。

① 选择"视图"菜单中的"报表页眉/页脚"命令，以便在报表中添加报表页眉和报表页脚。

② 单击工具箱中的"标签"按钮，在"报表页眉"设计网格中画一个矩形框，然后在该框中输入标题。

③ 选择"格式"工具栏"字体"列表框右边的下三角按钮，从下拉列表中选择所需字体。单击"格式"工具栏中"字号"列表框右边的下三角按钮，从下拉列表中选择所需字号；单击"线条颜色"按钮，从中选择所需颜色。

④ 单击工具箱中的"直线"按钮，然后在"页面页眉"设计网格中画一条直线。

⑤ 右击该直线，从弹出的快捷菜单中选择"属性"命令，出现直线控件的属性窗口，单击"格式"选项卡，如图 7-62 所示。

⑥ 在"宽度"框中指定直线的宽度；在"边框样式"框中指定直线的样式；在"边框宽度"框中指定直线的粗细。

⑦ 用户还可以根据需要，在页眉中插入图像等。

⑧ 为了预览设计的效果，可以单击工具栏中的"视图"按钮。

（4）为报表添加页码

在使用向导创建报表时，Access 自动在报表页脚中插入页码。用户还可以通过设计视图在报表中插入页码，具体操作步骤如下。

① 在"设计"视图中打开要插入页码的报表。

② 选择"插入"菜单中的"页码"命令，出现图 7-63 所示的"页码"对话框。

③ 在"格式"区域中选择需要的页码格式。

④ 在"位置"区域中指定页码在报表中的位置。

⑤ 在"对齐"下拉列表框中，指定页码的对齐方式。

⑥ 如果需要在报表的第一页显示页码，可以选中"首页显示页码"复选框。

⑦ 单击"确定"按钮，在指定位置插入指定格式的页码。

图 7-62　直线属性对话框

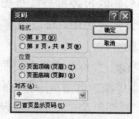

图 7-63　"页码"对话框

7.7.3　报表的编辑操作

1．记录的排序

在报表中，用户可以根据实际需要按指定的字段或表达式对记录进行排序。打印该报表时，就以指定的顺序打印数据。对报表的记录进行排序的操作步骤如下。

① 在数据库窗口中，单击"报表"对象。

② 选择要操作的报表，然后单击"设计"按钮，在设计视图中打开报表。

③ 单击工具栏中的"排序与分组"按钮，出现图 7-64 所示的排序与分组窗口。

④ 单击"字段/表达式"列右边的下三角按钮，从下拉列表中选择用于对记录排序的字段名称。

⑤ 单击"排序次序"列右边的下三角按钮，从中选择相应的"升序"或"降序"选项。

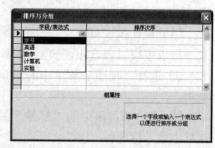

图 7-64　"排序与分组"窗口

⑥ 重复步骤④～⑤，在排序与分组窗口中设置其他参与排序的字段及对应的排序次序。

⑦ 单击排序与分组窗口右上角的"关闭"按钮，返回到设计窗口中。

2．在报表中添加文字

【**任务实例 1**】 在刚建成的"学生成绩查询报表"的右上角添加一行小字"制作者：某某"，操作步骤如下。

① 打开"学生信息数据库"，在数据库窗口中左侧的"对象"列表框中单击"报表"选项，然后选中右侧"学生成绩查询报表"，接着单击上方的"设计"按钮。

② 在弹出的报表设计窗口中，单击"工具箱"中的"标签"按钮，将鼠标移动到报表的右上角。然后按住鼠标左键，拖动鼠标，当屏幕上出现的矩形虚线框的大小比较合适的时候释放鼠标左键，这时，报表的右上角就会出现一个空的文本框，如图 7-65 所示。最后在矩形框中输入"制作者：某某"就可以了。

③ 保存退出后，重新打开"学生成绩查询报表"，可以看到报表的右上角出现了一行文字。

3．打印和预览报表

Access 中报表的打印和 Word 中文档的打印方法非常相似，也分为"页面设置"、"打印预览"以及"打印"三个步骤。下面，我们就以"学生成绩查询报表"为例，进行说明。操作步骤如下。

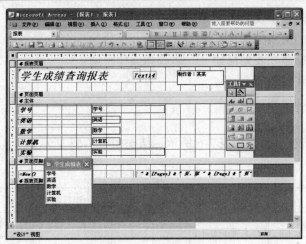

图 7-65　画出矩形框

① 打开"学生成绩查询报表"，然后选择"文件"|"页面设置"命令，在弹出的"页面设置"对话框中，我们可以对报表的边距、打印方向（横向和纵向）、纸张大小等打印参数进行设置。图 7-66 所示是对报表边距进行设置的页面。

② 选择"文件"|"打印预览"命令，通过打印预览窗口，我们可以预览到报表打印出来后的整体效果，如图 7-67 所示，如果觉得不合适，还可以继续对报表进行设置。

③ 当预览效果满意后，选择菜单栏上的"文件"|"打印"命令，弹出"打印"对话框，在这里我们可以选择打印范围以及打印份数等参数。设置完成后单击"确定"按钮即可。

图 7-66　设置边距

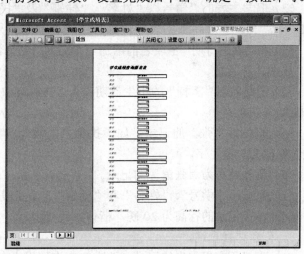

图 7-67　打印预览

7.8 上机实验

【实验目的】

1. 掌握数据库的基础知识。

2. 掌握 Access 2003 的基本操作。

3．学习如何创建表以及对表的编辑。

4．掌握表之间的关系如何建立。

5．掌握查询的概念以及如何建立、修改和操作查询。

6．学习如何创建窗体。

7．掌握报表的创建和使用。

【实验内容】

1．创建"学生表"，内容如表 7-6 所示，结构如图 7-68 所示。

表 7-6　　　　　　　　　　　学生表

学　号	姓　名	性　别	民　族	出生日期	籍　贯	系　号
00150226	王楠	女	汉	82-7-1	北京	15
00150236	李鹏飞	男	壮	82-7-1	广西	15
00150356	夏天	女	汉	82-7-1	江苏	15
01050412	张美仙	女	朝鲜	83-7-1	辽宁	5
01070213	韦建杰	男	壮	83-11-12	广西	7
01150134	张颖	女	满	81-7-1	河北	5

2．设置表的各种属性。

（1）设置学生表的"系号"字段按升序排列。

（2）把学生表的"学号"、"姓名"、"性别"及"民族"字段分别改名为"XH"、"XM"、"XB"及"MZ"，并在数据表视图窗口中查看显示结果。

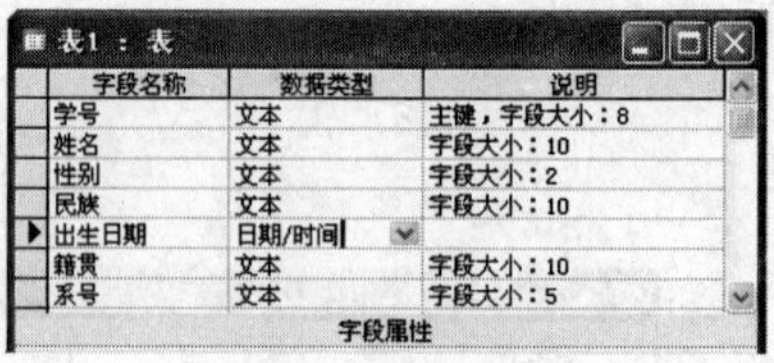

（3）在"出生日期"字段之前增加一个名为"党员否"的"是/否"型字段。

（4）把姓名叫"王楠"的出生日期改为"1981 年 7 月 15 日"。

图 7-68　学生表的结构

（5）查找姓"张"的记录，如果找到"张颖"，请把"颖"字改为"茵"字。

（6）删除姓名为"张茵"的记录。

（7）只显示"学号"、"姓名"和"性别"3 个字段信息。

（8）设置记录的行高为 20 磅，楷体，三号字。

3．创建选择查询。

（1）查找所有男学生的记录，要求在查询结果中有学号、姓名、出生日期和系号信息。

（2）查找选课成绩在 70 分～80 分之间的学生的信息。

习　题

一、选择题

1．Access 的数据库对象包括＿＿＿＿＿、＿＿＿＿＿、＿＿＿＿＿、＿＿＿＿＿、＿＿＿＿＿、

　　　　　、　　　　　。

2．Access 数据库依赖于　　　　　操作系统。

3．　　　　　是数据库与用户进行交互操作的最好界面。

4．数据库是　　　　　。

5．Access 2003 数据库使用　　　　　作为扩展名。

6．Access 2003 数据库的类型是　　　　　。

7．Access 提供的七种对象从功能和彼此间的关系考虑，可以分为三个层次，第一层次是　　　　　。

8．DBMS 的是　　　　　。

9．在数据管理技术发展中的数据库系统阶段，数据的最小存取单位是　　　　　。

二、判断题

1．数据库系统和数据仓库系统管理的数据内容相同。

2．数据库技术发展中的文件系统阶段支持并发访问。

3．在数据库中数据的独立性指的是数据与程序相互独立存在。

4．数据库管理系统都是基于某种数据模型的，因此数据模型是数据库系统的核心和基础。

5．在数据管理中数据共享性高、冗余度小的是数据库系统阶段。

6．关系数据库中每一列中的数据具有相同的类型。

第8章

计算机网络基础知识

随着计算机网络的诞生和发展，人们的工作和生活发生了很大的变化。计算机网络的应用正逐渐渗透到整个社会的各个领域和各个行业，为人类社会的进步和发展做出了巨大的贡献。

通过本章的学习，学生能够了解计算机网络发展的过程、我国目前计算机网络的应用情况及发展的前景，并掌握计算机网络的组成、分类、功能和体系结构以及局域网技术。

8.1 计算机网络的基本概念

当今社会信息化的趋势和资源共享的要求，推动了计算机应用技术向着群体化的方向发展，促使当代的计算机技术和通信技术实现紧密的结合。计算机网络就是现代通信技术与计算机技术结合的产物。

8.1.1 什么是计算机网络

计算机网络研究始于 20 世纪 60 年代后期，当时只以传输数字信息为目的。1967 年美国国防部设立了国防高级研究计划局 ARPA，开始资助计算机网络的研究。1969 年建成了连接美国西海岸 4 所大学和研究所的小规模分组交换网——ARPA 网。到 1972 年，该网络发展到具有 34 个接口报文处理机（IMP）的网络。当时，使用的计算机是 PDP-11 小型计算机，使用的通信线路有专用线、无线电、卫星等。另外，在该网中首次使用了分组交换和协议分层的概念。1983 年，在 ARPA 网上开发了安装在 UNIXBSD 版上的 TCP/IP，从而使得该网络的应用和规模得到了进一步的扩展。由于使用了用于国际互联的 TCP/IP，ARPA 网也由过去的单一网络发展成为连接多种不同网络的世界上最大的互联网——因特网。

所谓计算机网络，是利用通信线路和通信设备，把分布在不同地理位置、具有独立处理功能的若干台计算机按照一定的控制机制和连接方式互相连接在一起，并在网络软件的支持下实现资源共享的计算机系统。

这里所定义的计算机网络包含 4 部分内容。

① 具有独立处理功能的计算机包括各种类型的计算机、工作站、服务器、数据处理终端设备。

② 通信线路是网络连接介质包括同轴电缆、双绞线、光缆、铜缆、微波和卫星等。通信设备是网络连接设备包括网关、网桥、集线器、交换机、路由器、调制解调器等。

③ 控制机制和连接方式是各层网络协议和各类网络的拓扑结构。

④ 网络软件是指各类网络系统软件和应用软件。

随着计算机技术和通信技术的不断发展，计算机网络也经历了从简单到复杂、从单机到多机的发展过程，大致分为以下 4 个阶段。

① 第一代计算机网络。

面向终端的计算机网络，即具有通信功能的单机系统，将一台主机与多台远程终端连接起来。在这种方式中，主机是网络的中心点和控制者，终端分布在各处并与主机相连，用户通过本地的终端使用远程的主机。终端数目的增加，会使主机负载过重、系统效率下降。后来为减少主机负载出现了多机联机系统，即具有通信功能的多机系统。

② 第二代计算机网络。

计算机通信网络。在面向终端的计算机网络中，只能在终端和主机之间进行通信，子网之间无法通信。从 20 世纪 60 年代中期开始，出现了多个主机互联的系统，可以实现计算机与计算机之间的通信。它由通信子网和用户资源子网（第一代计算机网络）构成。用户通过终端不仅可以共享主机上的软、硬件资源，还可以共享子网中其他主机上的软、硬件资源。到了 20 世纪 70 年代初，四个结点的分组交换网——美国国防部高级研究计划局网络（ARPANET）的研制成功标志着计算机通信网络的诞生。

③ 第三代计算机网络。

第三代计算机网络是 Internet，这是网络互联阶段。到了 20 世纪 70 年代，随着微型计算机的出现，局域网诞生了，并以以太网为主进行了推广使用。与早期诞生的广域网一样，是由于在远距离的主机之间需要信息交流而诞生的。而微型机的功能越来越强，价格不断下降，使用它的领域不断扩大，近距离的用户（一栋楼、一个办公室等）需要信息交流和资源共享，因而局域网诞生了。1974 年，IBM 公司研制了它的系统网络体系结构，其他公司也相继推出本公司的网络体系结构。这些不同公司开发的系统体系结构只能连接本公司的设备。为了使不同体系结构的网络相互交换信息，国际标准化组织（International Standards Organization，ISO）于 1977 年成立专门机构并制定了世界范围内网络互联的标准，称为开放系统基本参考模型（Open System Interconnection/Reference Model，OSI/RM）。它标志着第三代计算机网络的诞生。OSI/RM 已被国际社会广泛地认可和执行，它对推动计算机网络的理论与技术的发展，对统一网络体系结构和协议起到了积极的作用。

今天的 Internet 与计算机通信网络的主要区别是，后者的主要目的是通信与信息传输，前者的主要目的是资源共享和分布式计算。

④ 第四代计算机网络。

第四代计算机网络是千兆位网络。千兆位网络也称为宽带综合业务数字网（B-ISDN），它的传输速率可达到 1Gbit/s（bit/s 是网络传输速率的单位，即每秒传输的比特数）。这标志着网络真正步入多媒体通信的信息时代，使计算机网络逐步向信息高速公路的方向发展。万兆位网络目前也在发展之中。

8.1.2　计算机网络的组成

计算机网络主要由资源子网和通信子网组成，如图 8-1 所示。

• 资源子网提供访问网络和处理数据的能力，由计算机系统及用于共享的软件和数据源组成。是网络共享的提供者和使用者。

- 通信子网为资源子网实现资源共享提供通信服务。由网络节点和通信链路组成。
- 网络节点是计算机与网络的接口，计算机通过网络节点向其他计算机发送信息，同时鉴别和接收其他计算机发送来的信息。大型网络中的通信节点一般由通信处理机和通信控制器来担当。局域网中的网络适配器也属于网络结点。
- 通信链路是连接两个节点的通信信道，包括通信线路和相关的通信设备。通信线路可以是双绞线、同轴电缆和光纤等有线介质，也可以是微波、红外线等无线介质。相关通信设备包括交换机、集线器、中继器、调制解调器等。

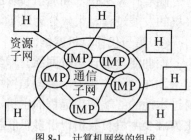

图 8-1　计算机网络的组成

8.1.3　计算机网络的功能

计算机网络的主要功能有三点。

1．资源共享

计算机网络允许网络上的用户共享网络上各种不同类型的硬件设备，也可以共享网络上各种不同的软件。软、硬件共享不但可以节省开支、降低使用成本，同时可以保证数据的完整性和一致性。

2．信息共享

信息也是一种资源，Internet 就是一个巨大的信息资源宝库，每一个接入 Internet 的用户都可以共享这些信息。

3．数据通信

数据通信是计算机网络的基本功能之一，它可以为网络用户提供强有力的通信手段。建设计算机网络的主要目的、就是让分布在不同地理位置的计算机用户之间能够相互通信、交流信息。

8.1.4　计算机网络的分类

计算机网络有几种不同的分类方法：按通信方式分类，如点对点和广播式等；按速度和带宽分类，如窄带网和宽带网等；按传输介质分类，如有线网和无线网等；按拓扑结构分类，如星线网、总线网等；还有按地理范围分类，如局域网、城域网和广域网等。

1．按地理范围进行分类的计算机网络

（1）局域网（Local Area Network，LAN）

局域网是将较小地理范围内的各种数据通信设备连接在一起来实现资源共享和数据通信的网络（一般几公里以内）。这个小范围可以是一个办公室、一座建筑物或近距离的几座建筑物（如一个工厂或一个学校）。它具有传输速度快、准确率高的特点。另外它的设备价格相对低一些，建网成本低。适合在某一个数据较重要的部门、企事业单位内部使用这种计算机网络实现资源共享和数据通信。

（2）城域网（Metropolitan Area Network，MAN）

城域网是一个将距离在几十公里以内的若干个局域网连接起来以实现资源共享和数据通信的网络。它的设计规模一般在一个城市之内。它的传输速度相对局域网来说低一些。

（3）广域网（Wide Area Network，WAN）

广域网实际上是将距离较远的数据通信设备、局域网、城域网连接起来实现资源共享和数据通信的网络。一般覆盖面较大，一个国家、几个国家甚至于全球范围，如 Internet 就可以说是一个最大的广域网。广域网一般利用公用通信网络进行数据传输，传输速度相对较低，网络结构复杂，造价相对较高。

2．按网络拓扑结构分类的计算机网络

总线形网络、星形网络、环形网络、树形网络和网状网络等。

3．按传输介质分类的计算机网络

- 有线网：采用双绞线、同轴电缆、光纤等有线传输介质。
- 无线网：采用无线电波、红外线等传输介质。

8.1.5　计算机网络的拓扑结构

计算机网络的拓扑结构是计算机网络上各节点（分布在不同地理位置上的计算机设备及其他设备）和通信链路所构成的几何形状。常见的拓扑结构有 5 种：总线形、星形、环形、树形和网状型。

1．总线形结构

总线形拓扑结构采用一条公共线（总线）作为数据传输介质，所有网络上的节点都连接在总线上，通过总线在网络节点之间传输数据，如图 8-2 所示。

总线形拓扑结构使用广播式传输技术，总线上的所有节点都可以发送数据到总线上，数据在总线上传播。在总线上的所有其他节点都可以接收总线上的数据，各节点接收数据之后，首先分析数据的目的地址再决定是否接受。由于各节点共用一条总线，所以在任一时刻只允许一个节点发送数据，因此，传输数据易出现冲突现象。总线出现故障，将影响整个网络的运行。总线形拓扑结构具有结构简单，建网成本低，布线、维护方便，易于扩展等优点。局域网中著名的以太网就是典型的总线形拓扑结构。

2．星形结构

在星形结构的计算机网络中，网络上每个节点都由一条点到点的链路与中心节点（网络设备，如交换机、集线器等）相连，如图 8-3 所示。

在星形结构中，信息的传输是通过中心节点的存储转发技术来实现的。这种结构具有结构简单、便于管理与维护、易于节点扩充等优点。缺点是中心节点负担重，一旦中心节点出现故障，将影响整个网络的运行。

3．环形结构

在环形拓扑结构的计算机网络中，网络上各节点都连接在一个闭合环形通信链路上，如图 8-4 所示。

在环形结构中，信息的传输沿环的单方向传递，两节点之间仅有唯一的通道。网络上各节点之间没有主次关系，各节点负担均衡，但网络扩充及维护不太方便。如果网络上有一个节点或者是环路出现故障，将可能引起整个网络故障。

4．树形结构

树形拓扑结构是星形结构的发展，网络中的各节点按一定的层次连接起来，形状像一棵倒置的树，所以称为树形结构，如图 8-5 所示。

在树形结构中，顶端的节点称为根节点，它可带若干个分支节点，每个分支节点又可以再带若干个子分支节点。信息的传输可以在每个分支链路上双向传递。网络扩充、故障隔离比较方便。根节点出现故障，将影响整个网络的运行。

5．网状结构

在网状拓扑结构中，网络上的节点连接是不规则的，每个节点都可以与任何节点相连，且每个节点可以有多个分支，如图8-6所示。

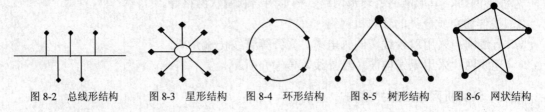

图8-2　总线形结构　　图8-3　星形结构　　图8-4　环形结构　　图8-5　树形结构　　图8-6　网状结构

在网状结构中，信息可以在任何分支上进行传输，这样可以减少网络阻塞的现象。但由于结构复杂，不易管理和维护。

以上介绍的是几种网络基本拓扑结构。在实际组建网络时，可根据具体情况，选择某种拓扑结构或选择几种基本拓扑结构的组合方式来完成网络拓扑结构的设计。

8.1.6　计算机网络的体系结构

网络协议与网络体系结构是网络技术中两个最基本的概念，只有掌握了这些内容，才能对计算机网络有更深刻的认识。

1．基本概念

（1）协议（Protocal）

计算机网络的主要功能是资源共享和信息交换。要真正实现网络中的计算机与终端正确地传送信息和数据，它们之间必须具有共同的语言。交流什么、怎样交流及何时交流，都必须遵守某种互相都能接受的规则。这种约定或者规则称为协议。网络协议主要有三个组成部分。

① 语义（Syntax）对协议元素的含义进行解释。不同类型的协议元素所规定的语义是不同的。

② 语法（Semantics）将若干个协议元素和数据组合在一起用来表达一个完整的内容所应遵循的格式，也就是对信息的数据结构做一种规定。例如用户数据与控制信息的结构与格式等。

③ 时序（Timing）是对事件实现顺序的详细说明。例如在双方进行通信时，发送点发出一个数据报文，如果目标点正确收到，则回答接收正确；若接收到错误信息，则要求源点重发一次。

由此可见，协议实质上是网络通信所使用的一种语言。

随着计算机网络技术的不断发展，计算机网络的规模越来越大，各种应用不断增加，网络也因此变得越来越复杂。面对复杂的网络系统，必须采用结构化的方法来描述其组织、结构和功能，才能很好地研究、设计和实现网络系统。而将复杂系统分解为若干个容易处理的子系统，然后"分而治之"，这种结构设计方法是工程设计中常见的手段。分层就是系统分解的最好方法之一。图8-7所示的一般分层结构中，n层是n-1层的用户，又是n+1层的服务提供者。N＋1层虽然只直接使用n层服务，实际上它通过n层还间接地使用了n-1层以及以下所有各层的服务。

从图中可以看出，层次结构的好处在于各层之间相互独立、

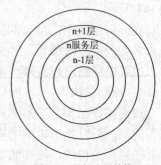

图8-7　一般分层结构

灵活性好、易于实现和维护，同时还有利于交流、理解和标准化。

（2）网络体系结构（Architecture）

计算机网络各层及其协议的集合。网络体系结构从体系结构的角度来研究和设计计算机网络体系，其核心是网络系统的逻辑构造和功能分配定义，即描述实现不同计算机系统之间互联和通信的方法和结构。通常采用结构化设计方法，将计算机网络划分成若干功能模块，形成层次分明的网络体系结构。

2．OSI 参考模型

世界上第一个网络体系结构是 1974 年由 IBM 公司提出的"系统网络体系结构 SNA"。之后，许多公司纷纷推出了各自的网络体系结构。

20 世纪 70 年代中期，具有一定体系结构的各类计算机网络有了相当规模的发展。但是，由于各公司生产的计算机网络设备所遵循的网络体系结构不同，一家公司的计算机很难和另一公司的计算机网络通信，不能很好地发挥计算机网络的效益。随着信息技术的发展，为使不同计算机厂家的计算机能够互相通信，以便在更大范围内建立计算机网络，建立一个国际范围遵循的网络体系结构标准，成为了人们迫切需要解决的问题。

在这个前提下，国际标准化组织（ISO）在 1984 年 10 月 15 日正式公布了一个网络系统结构——七层参考模型，称为"开放系统互连参考模型"（Open System Interconnection，OSI）。这个标准模型的建立，使各种计算机网络向它靠拢，推动了网络通信的发展。

OSI 参考模型采用分层的描述方法，将整个网络的功能分为 7 个层次。由低到高层分别称为：物理层（Physical Layer）、数据链路层（Data Link Layer）、网络层（Network Layer）、传输层（Transport Layer）、会话层（Session Layer）、表示层（Pressentation Layer）和应用层（Application Layer），如表 8-1 所示。

表 8-1　　　　　　　　　　　　　　OSI 参考模型

参考模型层次	名　　称	英 文 名	信息交换单位
7	应用层	Application　Layer	Message（信息报文）
6	表示层	Pressentation Layer	Message
5	会话层	Session Layer	Message
4	传输层	Transport Layer	Message
3	网络层	Network Layer	Packet（分组）
2	数据链路层	Data Link Layer	Frame（帧）
1	物理层	Physical layer	Bits（二进制流）

在 OSI 参考模型中，每层完成一个明确定义的功能并按协议相互通信。低层使用下层提供的服务，并向上层提供所需服务。各层的服务是相互独立的，层间的相互通信通过层接口实现，只要保证接口不变，那么任何一层实现技术的变更均不会影响其余各层。

下面对各层功能作简单介绍。

① 物理层。为其上一层提供一个物理链接，所传数据的单位是比特。其功能是对上层屏蔽传输媒体的区别，提供比特流传输服务。也就是说，有了物理层后，数据链路层及以上各层都不需要考虑使用的是什么传输媒体，无论是用双绞线、光纤，还是用微波，都被看成是一个比特流管道。

② 数据链路层。负责在各个相邻节点间的线路上无差错地传送以帧为单位的数据，每一帧包括一定数量的数据和一些必要的控制信息。其功能是对物理层传输的比特流进行校验，并采用检错重发等技术，使本来可能出错的数据链路变成不出错的数据链路，从而为上层提供无差错的数据传输。

③ 网络层。完成分组交换和路由选择，即"走哪条路可到达该处"。计算机网络中要进行通信的两个计算机可能要经过多个节点的链路，也可能要经过多个通信子网。网络层数据的传送单位是分组或包，它的任务就是要选择合适的路由，使发送端的传输层传下来的分组能够正确无误地按照目的地址发送到接收端。

④ 传输层。在发送端和接收端之间建立一条不会出错的路由，对上层提供可靠的报文传输服务。与数据链路层提供的相邻节点间比特流的无差错传输不同，传输层保证的是发送端和接收端之间的无差错传输，主要控制的是包的丢失、错序、重复等问题。

⑤ 会话层。会话的管理与数据传输同步，即"轮到谁讲话和从何处讲"。

⑥ 表示层。数据格式的转换。主要为上层用户解决用户信息的语法问题，其主要功能就是完成数据转换、数据压缩和数据加密。

⑦ 应用层。与用户应用进程的接口，即"做什么"。应用层是参考模型的最高层，它确定进程之间的通信性质以满足用户的需要，负责用户信息的语意表示，并在两个通信者之间进行语义匹配。这就是说，应用层不仅要进行应用进程所需要的信息交换等操作，而且还要作为互相作用的进程的用户代理，来实现一些为进行语义上有意义的信息交换所必需的功能。

3．Internet 参考模型

Internet 采用的 TCP/IP 协议参考模型是 1974 年 Vinton Cerf 和 Robert Kahn 开发的。Internet 的飞速发展，确立了 TCP/IP 的地位，使其成为事实上的国际标准。

TCP/IP 包括 4 层，各层由上至下的名称和基本作用如下。

① 应用层。向用户提供各种网络应用协议及各自对应的应用程序。应用层的协议是多样化的，如表 8-2 所示，这也说明了 Internet 应用的多样化。应用层协议主要有：网络终端协议（Telnet）、文件传输协议（FTP）、电子邮件协议（SMTP）、域名服务（DNS）、路由信息协议（RIP）、简单网络管理协议（SNMP）、网络文件系统（NFS）、超文本传输协议（HTTP）。

表 8-2　　　　　　　　　　　　　　　　**Internet 参考模型**

TCP/IP 参考模型	TCP/IP 协议集	OSI 参考模型
应用层	Telnet、FTP、SMTP、HTTP SNMP、DNS、Gopher	应用层
无表示层		表示层
无会话层		会话层
传输层	TCP、UDP	传输层
网间网层	IP、ARP、RARP	网络层
网络接口层	各种底层网络协议	数据链路层
		物理层

② 传输层：为上层应用程序建立和提供端到端的通信联系，包括面向链接的 TCP（传输控制协议）、面向无链接的 UDP（用户数据报协议）。

③ 网间网层：采用 IP（网际协议）、ICMP（网际控制报文协议）、IGMP（网际组报文协议）、ARP（地址解析协议）、RARP（逆向地址解析协议）处理信息的路由以及主机地址解析。

④ 网络接口层：把 IP 数据包再包装成相应网络可以传输的数据帧。

8.2 网络的基础知识

8.2.1 网络传输介质及网络设备简介

1．网络传输介质

传输介质也称传输媒介，是计算机网络中连接收发双方的物理通路，也是通信中实际传送信息的载体。选择和评价一种传输介质时通常考虑以下几个方面。

- 传输距离：数据的最大传输距离。
- 抗干扰性：传输介质传输数据时防止噪声干扰的能力。
- 带宽：指信道所能传送的信号的频率宽度，也就是可传送信号的最高频率与最低频率之差。信道的带宽由传输介质、接口部件、传输协议以及传输信息的特性等因素所决定。它在一定程度上体现了信道的传输性能，是衡量传输系统的一个重要指标。通常，信道的带宽越大，信道的容量也越大，其传输速度也相应较高。
- 衰减性：信号在传输过程中会逐渐减弱，衰减越小，不加放大的传输距离就越长。
- 性价比：性价比越高说明我们的投入越值得，这对于降低网络建设的整体成本很重要。

根据传输介质不同的形态，可以把传输介质分为有线传输介质和无线传输介质。

（1）有线传输介质

有线传输介质一般指用来传输电和光信号的导线和光纤。主要有双绞线、同轴电缆和光纤。

① 双绞线。

双绞线（TP：Twisted Pairwire）是综合布线工程中最常用的一种传输介质，由两根具有绝缘保护层的铜导线组成。把两根绝缘的铜导线按一定密度互相绞在一起，可降低信号干扰的程度，每一根导线在传输中辐射的电波会被另一根线上发出的电波抵消。双绞线一般由两根 22～26 号绝缘铜导线相互缠绕而成。把一对或多对双绞线放在一个绝缘套管中便成了双绞线电缆，如图 8-8 所示。与其他传输介质相比，双绞线在传输距离、信道宽度和数据传输速度等方面均受到一定限制，但价格较为低廉。目前，双绞线可分为非屏蔽双绞线（Unshielded Twisted Pair，UTP）和屏蔽双绞线（Shielded Twisted Pair，STP）。

非屏蔽双绞线在传输期间，信号的衰减比较大，而且会产生波形畸变。由于利用双绞线传输信息时要向周围辐射，信息很容易被窃听。但非屏蔽双绞线具有以下优点。

- 无屏蔽外套，直径小，节省所占用的空间。
- 重量轻、易弯曲、易安装。
- 可将串扰减至最小或加以消除。
- 具有阻燃性。
- 具有独立性和灵活性，适用于结构化综合布线。

电器工业协会（EIA）将非屏蔽双绞线又进行了分类，划分如下。

- 1 类线：主要用于传输语音，如电话线。
- 2 类线：支持综合业务数据网（ISDN）、T1（数字广域网载波设备）以及 1Mbit/s 以下的局域网。
- 3 类线：支持最高速率为 10Mbit/s 的局域网。
- 4 类线：支持最高速率为 16Mbit/s 的局域网。
- 5 类线：支持速率为 100Mbit/s 的局域网。
- 超 5 类线：采用了高质量的铜线，能提供一个高的缠绕率，并使用先进的方法减少串扰，能支持高达 200Mbit/s 的速率。

屏蔽双绞线电缆的外层由铝箔包裹，目的为减小辐射，但并不能完全消除辐射。屏蔽双绞线价格相对较高，安装时要比非屏蔽双绞线困难。类似于同轴电缆，它必须配有支持屏蔽功能的特殊连结器和相应的安装技术。但它有较高的传输速率，100m 内可达到 155Mbit/s。

② 同轴电缆。

同轴电缆以硬铜线为芯，外包一层绝缘材料，如图 8-9 所示。这层绝缘材料用密织的网状导体环绕，网外又覆盖一层保护性材料。有两种广泛使用的同轴电缆：一种是 50Ω 电缆，直径为 5mm，用于数字传输，由于多用于基带传输，也叫基带同轴电缆；另一种是 75Ω 电缆，直径为 10mm，用于模拟传输，即宽带同轴电缆，是有线电视 CATV 中的标准传输电缆。

图 8-8　双绞线

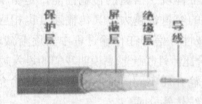

图 8-9　同轴电缆

按直径和特性阻抗不同又可将同轴电缆分为粗缆和细缆。粗缆的特性阻抗为 75Ω，使用中经常被频分复用。

③ 光纤。

光纤即光导纤维，是一种细小、柔韧并能传输光信号的介质。光缆由多条光纤组成。与双绞线和同轴电缆相比，光缆满足了目前网络对长距离传输大容量信息的要求，在计算机网络中发挥着十分重要的作用。光导纤维是非常细的特制玻璃丝，直径只有几微米到一百微米，由内芯和外套两层组成。内芯的折射率比外套大，光传播时在内芯与外套的界面上发生全反射。

光纤通信的主要优点是容量大、衰减小、抗干扰性强。例如，一对光纤的传输能力理论值为 20 亿路电话或 1 000 万路电视。现在已实际采用的数十路电话的光纤通信，也比卫星通信容量大。

（2）无线传输介质

无线传输介质的主要形式有无线电频率通信、红外通信、微波通信和卫星通信等。

① 无线电频率通信。

无线电频率是指从 1kHz 至 1GHz 的电磁波谱。此频段范围包括短波波段、超高频波段、甚高频波段。无线电频率通信中的扩展频谱通信技术是当前无线局域网的主流技术。

② 红外通信。

红外通信是以红外线为传输载体的一种通信方式。它以红外二极管或红外激光管作为发射源，以光电二极管作为接收设备。红外通信成本较低，传输距离短，具有直线传输、不能透射不透明物的特点。与需调频或调相的微波相比，实现起来较简单，设备也较便宜。红外线与扩展频谱通信技术已被国际电工无线电委员会选为无线局域网的标准，即 IEEE802.11 标准。

③ 微波通信。

微波是沿直线传播的，收发双方必须直视，而地球表面是一个曲面，因此传播距离受到限制，一般只有 50km 左右。若采用 100m 高的天线塔，则传输距离可增大到 100km。为实现远距离传输，必须设立若干中继站。中继站把收到的信号放大后再发送到下一站。利用微波进行通信具有容量大、质量好且传输距离远等特点。

④ 卫星通信。

卫星通信的最大特点是通信费用与通信距离无关。

2．网络设备简介

网络的互联除传输介质外还需要一些互联设备，这些设备包括网卡、中继器、网桥、集线器、交换机、路由器等。

（1）网卡

网卡即网络适配器（NIC），是计算机网络中最主要的连接设备之一，一般插在计算机内部的总线槽上，网线则接在网卡上。选择网卡时需要考虑网卡的总线类型、网卡的速度和网卡的接口类型这几个特征。

（2）中继器

中继器的作用是放大电信号，提供电流以驱动长距离电缆，增加信号的有效距离。本质上可以将其看作一个放大器，承担信号的放大和传送任务，属于物理层设备。用中继器连接起来的仍是一个网络。

（3）网桥

网桥是网络中的一种重要设备，它通过连接相互独立的网段来扩大网络的最大传输距离。网桥是一种工作在数据链路层的存储转发设备。作为网段之间的连接设备，它实现了数据包从一个网段到另一个网段的选择性发送，即只让需要通过的数据包通过而过滤掉不必通过的数据包，从而平衡各网段之间的负载，实现网络间数据传输的稳定和高效。

（4）集线器

集线器是计算机网络中多台计算机或其他设备之间的连接设备。主要提供信号放大和中转的功能。使用集线器的网络中，各计算机共享同一网络，当一方在发送数据时，其他设备不能发送。集线器可堆叠级联使用，但线路总长不能超过以太网的最大网段长度。集线器只包含在物理层，与中继器处于同一协议层。

（5）交换机

交换机是一种基于 MAC 地址（硬件地址）识别，能完成封装转发数据包功能的网络设备，如图 8-10 所示。作为局域网的主要连接设备，以太网交换机成为应用普及最快的网络设备之一。从广义上来看，交换机分为两种：广域网交换机和局域网交换机。从规模应用上又可分为企业级交换机、部门级交换机和工作组交换机等。

（6）路由器

路由器属于网间连接设备，它能够在复杂的网络环

图 8-10　交换机

境中完成数据包的传送工作，把数据包按照一条最优的路径发送至目的网络。路由器工作在网络层，并使用网络层地址（如 IP 地址等）。路由器可以通过调制解调器与模拟线路相连，也可以通过通道服务单元、数据服务单元与数字线路相连。

（7）网关

网关又称协议转换器，主要用于连接不同结构体系的网络或用于局域网与主机之间的连接。网关工作在传输层或更高层，在所有网络互联设备中最为复杂，可用软件实现。网关没有通用产品，必须是具体的某两种网络互联的网关。

8.2.2　简单网络连接

一个简单网络的连接过程主要有以下几个步骤。

1．准备工作

检查联网用的设备器件是否准备好，包括服务器、工作站、集线器、网卡及驱动程序、服务器及工作站所用操作系统软件、双绞线、RJ-45 接头。

检查工具及辅助用品是否准备好，如网线钳、不干胶贴、布线槽及固定网线的 U 形钉等。

2．布线

布线工作要有很好的计划，要充分考虑建筑的结构、所用电缆的弯曲半径、信号衰减、特性阻抗、近端串音等。

对于大型网络系统的综合布线要考虑水平布线、垂直布线、电缆技术条件等诸多方面。综合布线系统是有章可循的，国际上有 ISO/IEC11801 规范；北美有 ANSI/EIA/TIA568A 规范；欧洲地区有 EN50173 规范；施工安装有 EIA/TIA569 规范；测试有非屏蔽双绞线敷设系统现场测试传送性能 ANSI/TIA/EIA PN3287，即 TSB67 等。

双绞线两端连接 RJ-45 接头，连接方法可以遵循两种标准：EIA/TIA568A 的标准和 EIA/TIA/568B 的标准。

标准 568B：橙白—1，橙—2，绿白—3，蓝—4，蓝白—5，绿—6，棕白—7，棕—8。

标准 568A：绿白—1，绿—2，橙白—3，蓝—4，蓝白—5，橙—6，棕白—7，棕—8。

RJ-45 接头的 8 个接脚的识别方法是，铜接点朝自己，头朝右，从上往下数，分别是 1、2、3、4、5、6、7、8，如图 8-11 所示。

下面介绍几种应用环境下双绞线的制作方法。

① 直通线：就是 568B 标准，通常用于从集线器、交换机或墙上信息模块到计算机的连接。网线两头都按 568B 标准方式做的话就叫做直连缆方式或直通线方式。

② 交叉缆：这种做法也叫反线。一头是 568B，另一头是 568A。一般用在集线器或交换机的级联、两台或两台以上计算机组成的对等网的直接连接等情况下。

图 8-11　RJ-45 接头

3．安装网卡及驱动程序

打开计算机安装并固定网卡。启动计算机，安装网卡程序。

4．设置计算机网络标志

Windows XP 利用网络标志来区分网络上的计算机，包括计算机名、工作组或"隶属于"这两项内容，设置步骤如下。

① 在"资源管理器"或"我的电脑"中打开"控制面板"。

② 双击"系统"图标，打开"系统属性"对话框。

③ 单击对话框中的"计算机名"标签，切换到"计算机名"选项卡。

④ 在"计算机名"选项卡中，显示出当前的 Windows XP 系统安装时的默认名称，用来在网络上标志该计算机的计算机名称和所在的工作组或域的名称，单击"更改"按钮。

⑤ 在弹出的"计算机名称更改"对话框中，输入用户为计算机定义的新名称、用户希望加入的工作组或想隶属的域的名称。

5．设置互联使用的协议

NetBEUI 网络协议组网的特点是简单，但目前已很少使用。若使用 TCP/IP 组网，网络中每台计算机都要安装 TCP/IP，并拥有唯一的计算机名和 IP 地址。

8.2.3　网络传输速率

随着网络的普及，大家越来越关心上网的速度。那么，是不是一条线路上的网速可以无限提升呢？线路的最大速率与什么有关系呢？

在数据通信系统中，信道是传送信号的通路。用来传输数字信号的信道称为数字信道，可以看成某个方向上的传输逻辑通道，有相应的频率范围和调制解调逻辑电路，是信息的一条独立通道。一条线路可能划分成多条信道。一般来说，在一条线路上发送和接收要使用不同的频率，否则就必须使用回波抑制技术。

首先介绍几个基本概念。

① 信道宽度：信道上传输的是电磁波信号，某个信道能够传送电磁波的有效频率范围就是该信道的带宽。

② 数据传输速率：信道每秒传输的二进制比特数，记作 bit/s（比特每秒）。

③ 信道最大传输速率：又称信道容量。信道的传输能力是有一定限制的，某个信道传输数据的速率有一个上限，叫做信道的最大速率。无论采用何种编码技术，传输数据的速率都不可能超过这个上限。

信息论的创始人 Shannon 在 20 世纪 40 年代初奠定了通信的数字理论基础。当信道传输数据的速率小于或等于此速率时，可以以任意小的错误概率传送信息。其公式表达如下：

$$C = B\log_2(1+S/N)$$

式中，C 为信道最大传输速率，B 为信道宽度，S 为信号能量，N 为噪声能量。S/N 为信噪比，用来描述信道的质量，噪声小的系统信噪比大，噪声大的系统信噪比小。

可见，一条信道的最大传输速率是和带宽成正比的。信道的带宽越高，信息的传输速率就越快。选择不同类型的传输介质组建计算机网络时，要充分考虑介质所拥有的带宽。

8.3　Windows XP 的网络功能

Windows XP 作为新一代网络操作系统，为用户提供了一套完整而强大的网络解决方案。早期的网络功能在 Windows XP 中得到了改进。

8.3.1 本地连接

使用安装 Windows XP 操作系统的计算机上网，首先要对"网络连接"进行设置。在"控制面板"中，双击"网络连接"，打开"网络连接"窗口，如图 8-12 所示。

"本地连接"是指利用网线与局域网连接。如果计算机上安装了网卡，Windows XP 操作系统将自动检测并建立"本地连接"，用户可以修改"本地连接"的属性来决定本机登录到网络的方式。

1. 网络组件

在图 8-12 中，右击"本地连接"图标，在快捷菜单中选择"属性"命令，打开"本地连接 属性"对话框，如图 8-13 所示。

图 8-12　网络连接

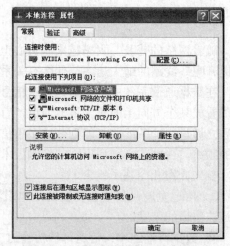

图 8-13　"本地连接 属性"对话框

要将计算机连接到网络，必须在机器上安装相应的网络组件。Windows XP 中提供了三种组件，实现不同网络功能。只有安装了"Microsoft 网络客户端"组件，计算机才能够访问局域网络资源。"Microsoft 网络的文件和打印机共享"组件使计算机能够向网络提供文件和打印共享服务，否则本机的资源将不能够共享出去。如果计算机需要连接到 Internet，必须安装"Internet 协议（TCP/IP）"组件，并进行相应的配置。在网络组件列表中，如果有某种需要的组件未出现，可单击"安装"按钮来安装。如果选中"连接后在通知区域显示图标"复选框，任务栏中将显示本地连接图标 🖥。

2. TCP/IP 的设置

在图 8-13 所示的"本地连接 属性"对话框中，选中"Internet 协议（TCP/IP）"复选框，然后单击"属性"按钮，将弹出"Internet 协议（TCP/IP）属性"对话框，如图 8-14 所示。如果网络中的服务器启动了 DHCP 服务，可选择"自动获得 IP 地址"单选按钮。如果没有 DHCP 服务器，或者需要固定的 IP 地址，可选择"使用下面的 IP 地址"单选按钮，并在"IP 地址"和"子网掩码"文本框中输入相应的 IP 地址和子网掩码。要连入 Internet，还需要设置"默认网关"的 IP 地址和"首选 DNS 服务器"的 IP 地址。

3. Ping 命令和 IPConfig 命令

完成对"网络连接"的配置后，如何来检查配置是否成功呢？Windows XP 提供了两个系统命令。

①　Ping 命令用于监测网络连接是否正常。使用该命令可以向指定主机发送 ICMP 回应报文并监听报文的返回情况，从而验证与主机的连接。Ping 命令的格式为：

Ping<要连接的主机的 IP 地址>

TCP/IP 预留了一个诊断地址（127.0.0.1），发往该地址的信息将发回到信息的发送方。利用 Ping<127.0.0.1>命令可以检查 TCP/IP 的安装情况。

②　IPConfig 命令用于检查当前 TCP/IP 网络的配置情况，常用格式为"IPConfig/all"，可显示本机的主机名、物理地址、IP 地址等配置参数。要使用该命令，需要切换到命令行方式，即在"开始"菜单中，选择"程序"|"附件"|"命令提示符"命令。

4．本地连接状态

在任务栏中双击本地连接指示器，打开"本地连接 状态"对话框，如图 8-15 所示。对话框中显示了本地连接的连接状态、持续时间、发送和接收数据包的情况等。单击"属性"按钮将打开"本地连接 属性"对话框。在该对话框中可以"禁用"和"启用"本地连接。

图 8-14　"Internet 协议（TCP/IP）属性"对话框

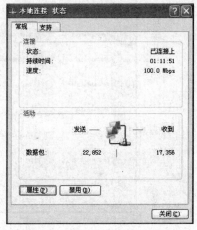

图 8-15　"本地连接 状态"对话框

8.3.2　网上邻居

"网上邻居"主要用来管理网络，通过它可以添加网上邻居、访问网上共享资源。计算机连接到网络后，打开"网上邻居"可以显示网络上的所有计算机、共享文件夹、打印机等。双击桌面上的"网络邻居"图标，就可以打开"网上邻居"文件夹，如图 8-16 所示。

1．访问整个网络

在"网上邻居"文件夹中，双击"整个网络"图标，在打开的"整个网络"窗口中，选择"全部内容"，双击"Microsoft Windows 网络"图标，可以显示网络中所有的工作组和域，如图 8-17 所示。用户可以双击某个工作组或域来显示这个工作组或域中的计算机。

2．访问本机所属的工作组

如要查找一个与本机属于同一工作组的计算机，可以双击图 8-16 中的"整个网络"图标，将显示本机所在工作组或域的所有计算机列表，如图 8-17 所示。用户双击网络中某台计算机图标，即可登录到该计算机，对它的共享资源进行访问，如图 8-18 所示。

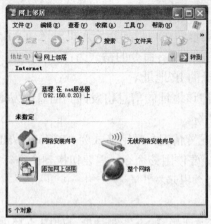

图 8-16 "网上邻居"窗口

图 8-17 网络中所有的工作组和域

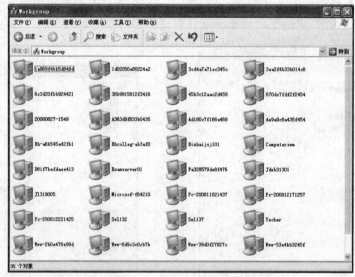

图 8-18 "邻近的计算机"窗口

8.3.3 设置共享资源

安装了"Microsoft 网络的文件和打印机共享"组件的计算机，若需要向网络中的其他成员提供共享服务，让其他成员访问本地资源，还必须设置资源共享。

1. 共享文件夹

在"我的电脑"或"Windows 资源管理器"窗口中，在要设置共享的文件夹上单击右健，在弹出的快捷菜单中选择"共享和安全"命令，弹出图 8-19 所示的对话框；选择"共享此文件夹"单选按钮，并输入"共享名"，单击"确定"按钮完成共享设置。

若要去掉某文件夹的共享属性，停止共享，在图 8-19 的对话框中选择"不共享该文件夹"单选按钮后单击"确定"按钮即可。

2. 共享驱动器

① 在"我的电脑"或"资源管理器"中，右击要设置成共享的驱动器的图标，在弹出的快捷菜单中选择"共享"选项，弹出图 8-20 所示的驱动器共享属性对话框。

② 选择"共享此文件夹"单选按钮，可以设为默认共享。

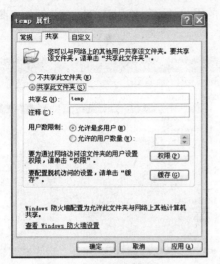

图 8-19　文件夹共享属性

图 8-20　驱动器共享属性

③ 单击"确定"按钮，完成共享设置。

8.3.4　共享和使用打印机

网络中多数计算机没有连接打印机。一般，用户可以通过网络访问其他计算机上的共享打印机来打印自己的文档，也可以把自己的打印机设置为共享，供其他用户使用，以提高打印机的使用效率。

1. 安装网络共享打印机

安装网络打印机的步骤与安装本地打印机的过程类似。在"开始"菜单中，选择"设置"→"打印机和传真"命令，打开图 8-21 所示的"打印机和传真"窗口；然后单击左侧"添加打印机"图标，弹出"添加打印机向导"对话框，选择"网络打印机"单选按钮，即可按向导步骤添加打印机。

2. 共享本地打印机

如果要使自己的计算机上的本地打印机能够供其他用户使用，需将它设置为共享打印机。设置方法如下。

① 在图 8-21 所示的"打印机和传真"窗口中右击本地打印机的图标，从弹出的快捷菜单中选择"共享"命令，打开图 8-22 所示的本地打印机的"属性"对话框。

② 在"共享"选项卡中，选择"共享这台打印机"单选按钮，然后输入打印机的共享名。

③ 单击"确定"按钮，本地打印机就被设置为网络打印机了。

要使网络用户能通过这台打印机打印，还得将打印机属性对话框"安全"选项卡中

图 8-21　"打印机和传真"窗口

的打印权限设为"允许",这样只要有权登录到本机的用户都可以使用该打印机。例如,图 8-23
中"Everyone"用户组。

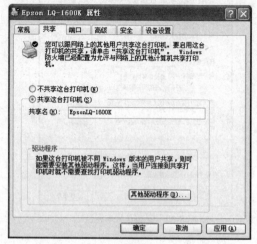

图 8-22 "共享"选项卡

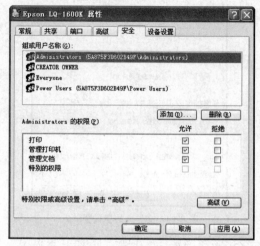

图 8-23 "安全"选项卡

习 题

一、选择题

1．计算机网络的目标是实现_____。

2．TCP/IP 包括 4 层,分别是_____、_____、_____、_____。

3．评价一种传输介质时通常要考虑:_____、_____、_____、_____、_____。

4．网络协议主要有三个组成部分:_____、_____、_____。

5．计算机网络的功能主要有:_____、_____、_____。

6．计算机网络按覆盖的范围通常分为_____,_____,_____。

7．计算机网络节点的地理分布和互联关系上的几何排序称为计算机的_____结构。

8．在星形拓扑、环形拓扑、线形拓扑结构中,故障诊断和隔离比较容易的一种网络拓扑是_____。

9．在数据传输系统中,信道的最大传输与带宽成_____。

10．网络通信中实际传送信息的载体是_____。

二、判断题

1．只有安装了"Microsoft 网络客户端"组件,计算机才能够访问局域网资源。

2．网卡的物理地址是全球唯一的。

3．集线器能够提供信号中转的功能。

4．微波通信比卫星通信传输距离长,覆盖面广。

5．网卡又叫网络适配器,它的英文缩写为 NIC。

6．国际标准化组织发布的 OSI 参考模型共分成 6 层。

7．光纤的信号传播利用了光的全反射原理。

第9章

Internet 的应用

今天，Internet 已经渗透到社会的各个层面，并在我们的日常生活中起到了不可忽视的作用。它改变了人们的工作方式和生活方式，越来越多的人在生活和学习中已离不开 Internet。Internet 技术已成为政府部门、科研院所和各种企事业单位的重要信息工具，也成为信息社会的重要标志。本章将主要介绍 Internet 的起源、发展、计算机与 Internet 的连接、IE 浏览器的使用、收发电子邮件、搜索引擎的使用以及网上资源的下载等。通过本章的学习，希望您能更加深入地了解 Internet，从而有效地使用 Internet 提供的各种服务，使其更好地为我们的学习和生活服务。

9.1 Internet 简介

9.1.1 Internet 的起源和发展

Internet 一词来源于英文 "Interconnect networks"，即 "互联各个网络"，简称 "互联网"，又叫 "因特网"。它是计算机技术和通信技术结合的产物，包括局域网（LAN）和广域网（WAN）。从 20 世纪 60 年代开始，Internet 的发展经历了 ARPANET 的诞生、NSFnet 网的建立、美国国内互联网的形成及 Internet 在全球的形成和发展等阶段。

随着技术的发展和社会的需求，互联网从单纯的军用扩展到民用。到 20 世纪 80 年代，互联网上的用户迅速增加，遍及到越来越多的高等院校、科研机构、图书馆、实验室、政府机关、商业集团、医疗部门以及个人。

可以说 Internet 是世界上最大的、独一无二的网络，它包含了世界上 160 多个国家和地区成千上万的子网，拥有数以亿计的用户；Internet 是世界上发展最快的网络，没有人能说得清它到底有多大，因为它无时无刻不在发展、扩充，资源每时每刻都在增加，每分每秒都有新用户加入；它同时又是媒体，把世界上每一个角落都包容进来，只要你成为它的用户，就能立即从世界各地获取信息或与其他用户交流，改变了人与人之间的距离。它彻底打破了人们的传统思维方式和交往方式乃至生活方式。

9.1.2 Internet 在中国的发展及四大主干网

20 世纪 80 年代末，Internet 进入中国。1989 年，北京中关村地区科研网（NCFC）开始建设。1994 年，我国建立了最高域名 CN 服务器，同时还建立健全了 E-mail 服务器、FTP 服务器、WWW 服务器、Gopher 服务器等，NCFC 连入了国际 Internet 管理系统。

Internet 在中国的发展大致可分为以下三个阶段。

第一阶段（1987～1994），这一阶段是电子邮件的使用阶段，我国通过电话拨号与国外连通电子邮件，实现了与欧洲及北美地区的 E-mail 通信。

第二阶段（1994～1995），这一阶段是教育科研网发展阶段，我国通过 TCP/IP 连接，实现了 Internet 的全部功能。

第三阶段（1995 年以后），这一阶段是商业应用发展阶段，此时的中国已经广泛融入了 Internet 大家族。

1994 年初，国家提出建设国家信息公路基础设施的"三金"（金桥、金卡、金关）工程，并于 1998 年初成立了信息产业部，诞生了中国四大主干网，即 CHINANET、CHINAGBN、CERNET、CSTNET 四大网络。

中国科技网（CSTNET）是以中国科学院的 NCFC 及 CASNET 为基础，连接了中国科学院以外的一批中国科技单位而构成的全国范围的计算机网络。中国教育与科研网（CERNET）是第一个覆盖全国的、由国内科技人员自行设计和建设的国家级大型计算机网络，是由政府资助的全国范围的教育与学术网络。金桥网（CHINAGBN）是面向企业的网络基础设施，是中国可商业运营的公用互联网。中国公众互联网（CHINANET）是由中国电信经营管理的向全国开放的中国互联网。

9.1.3　Internet 的组成

Internet 是一个全球范围的广域网，同时又可以将它看成是由无数个大小不一的局域网连接而成的。整体而言，Internet 由复杂的物理网络通过 TCP/IP 将分布于世界各地的各种信息和服务连接在一起。

1．物理网络

物理网络在 Internet 上所起的作用就像一根无限延伸的电缆，把所有参与网络中的计算机连接在一起。物理网络由各种网络互联设备、通信线路以及计算机组成。

2．通信协议

联网的所有计算机和网络互联设备需要一种公共的语言和规则才能彼此沟通和联系，这就是网络协议。协议能够保证将要传送的信息准确地输送到目的地。在 Internet 中传输信息至少要遵循网际协议（IP）、传输协议（TCP）和应用程序协议。

TCP/IP 所采用的两个主要协议，即 TCP 和 IP，可以联合使用，也可以与其他协议联合使用。在数据传输过程中，IP 重点解决的是两台 Internet 主机的连接过程，即"点到点"的通信问题，而信息数据可靠性的保证则由 TCP 来完成。总之，IP 负责数据的传输，而 TCP 负责数据的可靠传输。应用程序协议几乎和应用程序一样多，每个应用程序都有自己的协议，它负责将网络传输的信息转换成用户能够识别的信息。

3．信息资源和网络应用程序

我们利用 Internet 就是为了方便沟通和获得信息。在 Internet 里，实现人与网络或人与人之间相互通信的是各种应用程序和软件工具，如通过浏览器访问 WWW 网页就是一个人与信息资源沟通的简单例子。

计算机之间的通信实际上是程序之间的通信。Internet 上参与通信的计算机可以分为两类：一类是提供服务的计算机，叫做服务器（Server）；另一类是请求服务的计算机，称为客户机（Client）。Internet 采用了客户机/服务器模式，连接到 Internet 上的计算机不是客户机就是服务器。

Internet 中的一个客户机可以同时向不同的服务器发出请求，一个服务器也可以同时为多个客户提供服务。客户机请求服务器和服务器接收、应答请求的各种方法就是前面讲过的协议。

9.1.4　Internet 中的地址管理

1．IP 地址

为了使连入 Internet 的计算机在通信时能够相互识别，Internet 中的每一个主机都分配有一个唯一的 32 位二进制地址，该地址称为 IP 地址。每个 IP 地址由网络号和主机号两部分组成，网络号标明主机所连接的网络，主机号标识了该网络上特定的那台主机。

为了便于使用，将 IP 地址的 32 位二进制数分为 4 组，每组 8 位，各组之间用一个小圆点隔开。如某 IP 地址为：11001010.01100011.01100000.10001100。更进一步，通常采用小圆点分隔的 4 个十进制数表示 IP 地址，因此，这台主机的 IP 地址就是 202.99.96.140。

2．IP 地址的分类

Internet 是个网中网，每个网络所含的主机数互不相同，网络的规模大小不一。为了对 IP 地址进行管理，充分利用，有必要对其进行分类。IP 地址通常分为 5 类，即 A 类地址、B 类地址、C 类地址、D 类地址和 E 类地址。常用的是前 3 类，如表 9-1 所示。

表 9-1 IP 地址的分类

	0	2	3	4	5	6	7	8	16	24	31
A	0	网络标识（1~127）							主机标识		
B	1	0	网络标识（128~191）							主机标识	
C	1	1	0	网络标识（192~223）							主机标识
D	1	1	1	0	网络标识（224~239）组播地址						
E	1	1	1	1	网络标识（240~255）保留地址						

3．子网掩码

子网掩码用于屏蔽 IP 地址的一部分以区别网络号和主机号，并说明该 IP 地址是在局域网上，还是在远程网上。最简单的理解就是将两台计算机各自的 IP 地址与子网掩码进行 AND 运算后，如果得出的结果相同，则说明这两台计算机处于同一个子网，即属于同一局域网，可以直接通信。

子网一个最显著的特征就是具有子网掩码。与 IP 地址相同，子网掩码的长度也是 32 位，网络位全为"1"，主机位全为"0"。也可以使用十进制的形式。例如，二进制形式的子网掩码 11111111.11111111.11111111.00000000，采用十进制的形式为 255.255.255.0。A 类地址的子网掩码为：255.0.0.0。B 类地址的子网掩码为：255.255.0.0。C 类地址的子网掩码为：255.255.255.0。

一般来说，一个单位 IP 地址获取的最小单位是 C 类（256 个），有的单位根本就没有那么多的主机上网，造成 IP 地址浪费；有些单位又不够用，形成 IP 地址短缺。这样我们就可以根据需要把一个网络划分成更小的子网。

4．域名系统

在 Internet 上，IP 地址是全球通用的地址。但对于一般用户来讲，数字表示的 IP 地址不容易记忆。因此，为人们记忆方便而设计了一种字符型的计算机命名机制，从而形成了网络域名系统（DNS）。Internet 上的每一台主机不但有自己的 IP 地址，而且有自己的域名。

域名系统采用分层结构。每个域名由几个域组成，域与域之间用小圆点分开，最末的域称为顶级域，其他的域称为子域。每个域都有一个有明确意义的名字，分别叫做顶级域名和子域名。一般格式为：

主机名．商标名（企业名）．单位性质和地区代码．国家代码

其中，商标名或企业名是在域名注册时确定的。例如对于域名 news.cernet.edu.cn，最左边的 news 表示主机名，cernet 表示中国教育科研网，edu 表示为教育机构，cn 表示中国。

顶级域名通常具有一般或普通的含义，它又分为地理类顶级域名（如表 9-2 所示）和组织类顶级域名（如表 9-3 所示）。

表 9-2　　　　地理类顶级域名

代码	国家/地区	代码	国家/地区	代码	国家/地区
CN	中国	AU	澳大利亚	MY	马来西亚
CA	加拿大	JP	日本	KP	韩国
IT	意大利	UK	英国	US	美国

表 9-3　　　　组织类顶级域名

代码	名称	代码	名称	代码	名称	代码	名称
com	商业机构	edu	教育机构	Org	非营利机构	arts	娱乐机构
gov	政府机构	int	国际机构	firm	工业机构	Info	信息机构
mil	军事机构	net	网络机构	nom	个人和个体	rec	消遣机构

域名解析就是域名到 IP 地址或 IP 地址到域名的转换过程，由域名服务器完成域名解析工作。在域名服务器中存放了域名与 IP 地址的对照表。实际上它是一个分布式的数据库。各域名服务器只负责解析其主管范围的解析工作。从功能上说，域名系统基本上相当于一本电话簿，已知一个姓名就可以查到一个电话号码，它与电话簿的区别是域名服务器可以自动完成查找过程。

当用户输入主机的域名时，负责管理的计算机就把域名送到域名服务器上，由域名服务器把域名翻译成相应的 IP 地址，然后连接到该主机。用户在连接网络时，既可以使用域名，也可以使用 IP 地址，它们连接的过程不一样，但效果是一样的。同一 IP 地址可以有若干个不同的域名，但每个域名只能有一个 IP 地址与之对应。

5．IPv6

IPv6 是 Internet Protocol Version 6 的缩写，其中 Internet Protocol 译为"互联网协议"，是

用于替代现行 IP 版本（IPv4）的下一代 IP 协议。

目前我们使用的第二代互联网 IPv4 技术，其核心技术属于美国。它的最大问题是网络地址资源有限，从理论上讲，可以编址 1 600 万个网络、40 亿台主机。但采用 A、B、C 三类编址方式后，可用的网络地址和主机地址的数目大打折扣，以至目前的 IP 地址近乎枯竭。其中北美占有 3/4，约 30 亿个，而人口最多的亚洲只有不到 4 亿个，中国只有 3 千多万个，只相当于美国麻省理工学院所占有的数量。地址资源不足，严重地制约了我国及其他国家互联网的应用和发展。

一方面是地址资源数量的限制，另一方面是随着电子技术及网络技术的发展，计算机网络将进入人们的日常生活，可能身边的每一样东西都需要连入全球因特网。在这样的环境下，IPv6 应运而生。单从数字上来说，IPv6 所拥有的地址容量是 IPv4 的约 8×10^{28} 倍，达到 $2^{128}-1$ 个。这不但解决了网络地址资源数量的问题，同时也为电脑以外设备连入互联网扫清了数量限制上的障碍。

与 IPv4 相比，IPv6 具有以下几个优势。

① IPv6 具有更大的地址空间。IPv4 中规定 IP 地址长度为 32，即有 $2^{32}-1$ 个地址；而 IPv6 中 IP 地址的长度为 128，即有 $2^{128}-1$ 个地址。

② IPv6 使用更小的路由表。IPv6 的地址分配一开始就遵循聚类（Aggregation）的原则，这使得路由器能在路由表中用一条记录（Entry）表示一片子网，大大缩短了路由器中路由表的长度，提高了路由器转发数据包的速度。

③ IPv6 增加了增强的组播（Multicast）支持以及对流的支持（Flow Control），这使得网络上的多媒体应用有了长足发展的机会，为服务质量（QoS，Quality of Service）控制提供了良好的网络平台。

④ IPv6 加入了对自动配置（Auto Configuration）的支持。这是对 DHCP 协议的改进和扩展，使得网络（尤其是局域网）的管理更加方便和快捷。

⑤ IPv6 具有更高的安全性。在使用 IPv6 网络时，用户可以对网络层的数据进行加密并对 IP 报文进行校验，极大地增强了网络的安全性。

9.2 计算机与 Internet 的连接

9.2.1 计算机连入 Internet 的方法

1．拨号上网

这是以前使用得较多的上网方式，基本上只要安装好调制解调器（Modem），把电话线接上，然后拨号连上 ISP（Internet 服务提供商）就可以访问 Internet 了，所以称为拨号上网，如图 9-1 所示。

使用这种方式上网，首先必须向 ISP 公司申请一组拨号用的账号和密码，然后通过调制解调器拨号到 ISP 的主机，使用这组账号、密码通过身份验证，就可以自由地访问因特网了。

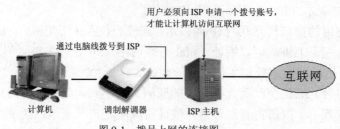

图 9-1　拨号上网的连接图

2．利用 ADSL 上网

ADSL（Asymmetric Digital Subscriber Line）称为非对称数字用户线路，它运用先进的数字信号处理技术和创新的数据演算方法，在一条电话线上使用更高频的范围来传输数据。同时将下载、上传与语音数据传输的频道各自分开，使一条电话线路上同时可以传输 3 个不同频道的数据。这 3 个频道分别为：高速下行频道（Downstream）、上行频道（Upstream）和语音传输的 POTS（Plain Old Telephone System）频道。而利用这种传输技术，ADSL 的传输速度将高达 8Mbit/s，比调制解调器拨号上网的速度快上数十倍。

ADSL 的关键，即数字信号与模拟信号能同时在电话线上传输的技术，在于其上行与下行的带宽是不对称的。也就是从 ISP 到客户端（下行频道）传输的带宽比较高，客户端到 ISP（上行频道）的传输带宽则比较低。这样的设计一方面是为了与现有的电话网络频谱相容，另一方面也符合一般使用因特网的习惯与特性（接受的数据量远大于发送的数据量）。目前有相当一部分家庭用户都采用 ADSL 上网。

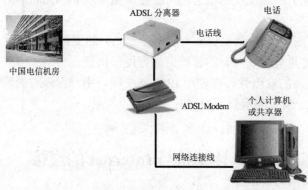

图 9-2　ADSL 的结构图

3．通过局域网直接上网

学校或一般企业环境中经常使用局域网，通过局域网上网与在家中上网的方法稍有不同。在局域网中，只要有一台计算机连上因特网的服务器，其他计算机就可以通过这台计算机连上因特网。

4．无线上网

无线上网方式是使用无线网络设备，以传统局域网为基础，以无线 AP 和无线网卡构建的上网方式。无线上网方式大概有以下几种。

① 802.1X。通过无线网卡和 AP 的连接，进入局域网，通过网关上网。一般酒店、公司会做这方面的无线覆盖。

② GPRS。通过 GPRS 手机或者"卡件+SIM 卡"直接拨号登录 CMNET 或者 WAP 上网。速度慢，但是方便，有手机信号的地方就可以上网。

③ CDMA。和 GPRS 类似，大多是通过卡件上网，连接速度是 230Kbit/s，但是实际速度比较慢。

④ 最新推出的 3G 网络。即移动的 TD-SCDMA、电信的 CDMA2000 或者联通的 WCDMA。

9.2.2 安装调制解调器

Modem 即调制解调器，是拨号接入 Internet 的必需设备，它的功能是信号转换。发送信息时，调制解调器将计算机送出的数字信号转换为可以通过电话线传送的模拟信号。接收信息时，调制解调器将电话线传送的模拟信号转换为计算机可以接受的数字信号，并将信息传送给计算机。

安装调制解调器的基本步骤如下：

① 先将调制解调器与计算机相连。

② 然后通过选择"开始"|"设置"|"控制面板"命令，打开"控制面板"窗口。

③ 在该窗口中双击"电话和调制解调器选项"图标，弹出"电话和调制解调器选项"对话框，在其中选择"调制解调器"选项卡。

④ 单击"添加"按钮，弹出"安装调制解调器向导"对话框，进行调制解调器的安装。

9.2.3 安装 TCP/IP

Internet 由众多的网络与计算机组成，TCP/IP 是它们相互交流的"共同语言"，因此，接入 Internet 的计算机必须遵循 TCP/IP。

安装 TCP/IP 的基本步骤如下。

① 在"控制面板"窗口中双击"网络连接"图标，打开"网络连接"对话框。

② 在"网络连接"对话框中，右击"本地连接"在快捷菜单中选择属性，打开"本地连属性"对话框。

③ 在该对话框中，首先选择"协议"选项卡，然后单击"添加"按钮，弹出"选择网络协议"对话框。

④ 在"选择网络协议"对话框中的协议列表中选中 TCP/IP 选项，安装即可。

9.3 电子邮件服务

电子邮件（Electronic Mail）是 Internet 上使用最多、应用范围最广的服务之一，它利用 Internet 传递各种类型的信息。其最大的特点是解决了传统时空的限制，人们可以在任何地方、任意时间收、发邮件，并且速度快，大大提高了工作效率，为工作和生活提供了很大方便。

9.3.1 电子邮件系统的功能

目前，电子邮件系统具备以下几种功能。

① 邮件的创建和编辑。

② 邮件的发送（可以发送给一个或多个接收者）。

③ 邮件通知（随时通知用户有新邮件）。

④ 邮件阅读与检索（可以按发件人、收件人或时间等条件检索已收到的邮件，并可反复阅读邮件）。

⑤ 邮件回复和转发。

⑥ 邮件处理（对收到的邮件进行转存、分类归档或删除）。

9.3.2　电子邮件系统的工作原理

1．电子邮件使用的协议

传送电子邮件使用的协议有 SMTP（Simple Mail Transport Protocal）、POP（Post Office Protocol）及 MIME（Multipurpose Internet Mail Extensions）等。SMTP 是最早出现的、目前仍被普遍使用的最基本的 Internet 邮件服务协议，也是 TCP/IP 协议族的成员之一。通常用于把电子邮件从客户机传输到服务器，以及从某个服务器传输到另一个服务器。POP 是一种允许用户从邮件服务器接收邮件的协议，有两种版本，即 POP2 和 POP3。两者的协议与指令并不相容，但基本功能都是到邮件服务器上取信，都具有简单的电子邮件存储、转发功能。POP3是目前最常用的。MIME 协议规定了通过 SMTP 协议传输非文本电子邮件附件的标准。目前，其用途已超过了收发电子邮件的范围，成为 Internet 上传输多媒体信息的基本协议之一。

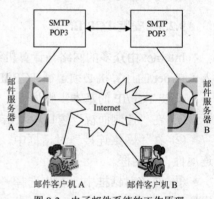

图 9-3　电子邮件系统的工作原理

2．电子邮件系统的工作原理

电子邮件服务是通过"存储—转发"方式为用户传递邮件的，工作原理如图 9-3 所示。

其中电子邮件客户机是电子邮件使用者用来收、发、创建、浏览电子邮件的工具。电子邮件服务器的作用相当于日常生活中的邮局，在电子邮件服务器上运行着邮件服务器软件。用户使用的电子邮箱建立在邮件服务器上，借助它提供的邮件发送、接收、转发等服务，用户的邮件通过 Internet 被送到目的地。其主要功能是接收本邮件服务器电子邮箱用户发送的邮件，并根据邮件地址转发给适当的邮件服务器；接收其他邮件服务器发来的电子邮件，检查电子邮件地址的用户名，把邮件转存到指定的用户邮箱中。

9.3.3　电子邮件地址的格式

使用电子邮件的首要条件是要拥有一个电子邮箱。电子邮箱是由提供电子邮件服务的机构为用户建立的。邮箱实际上是在该机构与 Internet 联网的计算机上的一块磁盘存储区域，专为用户存放电子邮件，这个区域由电子邮件系统操作管理。

电子邮件地址是由一个字符串组成的，格式为：USERNAME@HOSTNAME。其中，USERNAME 是邮箱用户名，HOSTNAME 是邮件服务器名。"@"符号表示"at"。

9.3.4　设置电子邮件账户

通常我们使用邮件工具发送 E-mail，其中最常用的一款工具软件是 Microsoft Office 的组件之一 Outlook Express。

1．启动 Outlook Express

启动 Outlook Express 可以选择"开始"|"程序"|"Outlook Express"命令，或单击"任务栏"上的🖼图标。

2．Outlook Express 的界面

Outlook Express 启动以后的界面如图 9-4 所示，除了"标题栏"、"菜单栏"、"工具栏"外，还包括以下内容。

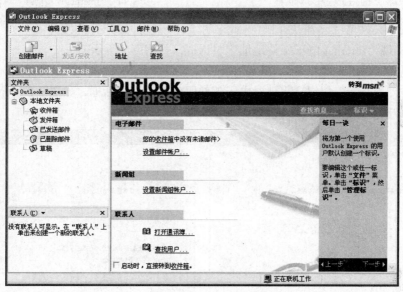

图 9-4　Outlook Express 启动后的界面

● "文件夹"窗口：显示 Outlook Express 环境下的各种文件夹，而且 Outlook Express 允许用户建新文件夹以便更好地分类管理文件。

● "联系人"窗口：显示通讯簿中的所有联系人。

● "邮件列表"窗口：显示文件夹中的邮件标题及发件人等。

● "预览"窗口：预览邮件内容。

3．Outlook Express 的账号设置

在顺利收发电子邮件之前，必须在 Outlook 中先设置电子邮件账户及收、发电子邮件服务器，才能正确地收信和发信。选择"工具"|"账户"命令，打开"Internet 账户"对话框，在"邮件"选项卡中可以进行账号的相关设置。

【任务实例 1】　设置邮件账号。E-mail 地址为 klyfly@126.com，收发邮件服务器为"126.com"，账户为"klyfly"，密码为"222222"。

① 选择"工具"|"账户"命令，打开"Internet，账户"对话框，如图 9-5 所示。

② 单击"添加"按钮，会出现一个快捷菜单。选择"邮件"命令，出现"Internet 连接向导"对话框，如图 9-6 所示。

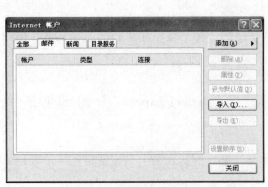
图 9-5 "Internet 帐户"对话框

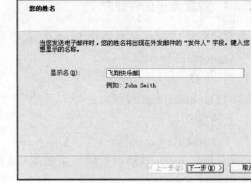
图 9-6 "Internet 连接向导"对话框

③ 输入个人姓名"飞翔快乐邮"（此名称会出现在外发邮件的发件人栏），单击"下一步"按钮，出现"Internet 电子邮件地址"对话框，如图 9-7 所示。

④ 在电子邮件地址栏中输入"klyfly@126.com"。

⑤ 单击"下一步"按钮，出现"电子邮件服务器名"对话框，如图 9-8 所示。单击"下一步"按钮，出现"Internet Mail 登录"对话框。

图 9-7 设置 Internet 电子邮件地址

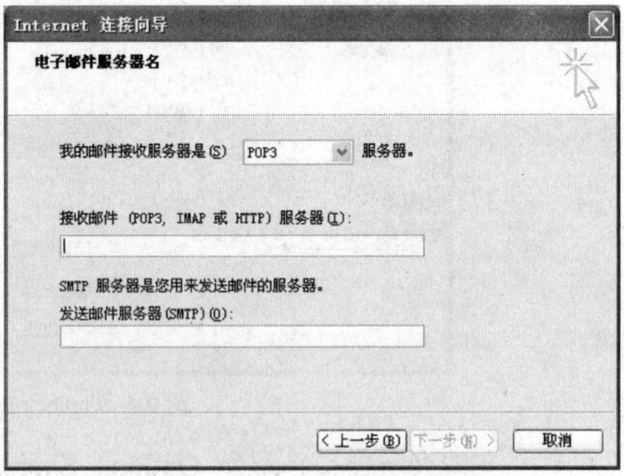

图 9-8 设置电子邮件服务器名

⑥ 输入密码"222222"，如图 9-9 所示，单击"下一步"按钮。

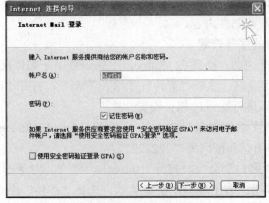
图 9-9 设置 Internet Mail 登录

⑦ 在"恭喜您"对话框中，单击"完成"按钮。

9.3.5　收、发电子邮件

1．接收和阅读邮件

设置好邮件账户后，就可以进行电子邮件的接收和发送了。接收邮件可以通过单击工具
栏上的 ![[发送/接收]] 按钮完成，邮件接收进来后默认
放在收件箱中，同时在"邮件列表"窗口中
列出收到的邮件。用户可以单击需要阅读的
邮件，然后通过"预览"窗口阅读邮件内容。
在"邮件列表"窗口中没有阅读过的邮件以
黑体字显示。

【任务实例 2】　接收邮件与阅读邮件。

① 打开 Outlook Express。

② 单击工具栏上的 ![[发送/接收]] 按钮，将会出现
接收邮件过程界面，如图 9-10 所示，接收完
成后会自动断开连接。

③ 在"邮件列表"窗口中单击想阅读

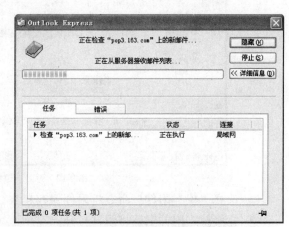

图 9-10　接收邮件过程界面

的邮件，则在"预览"窗口中会显示该邮件的内容，如图 9-11 所示。

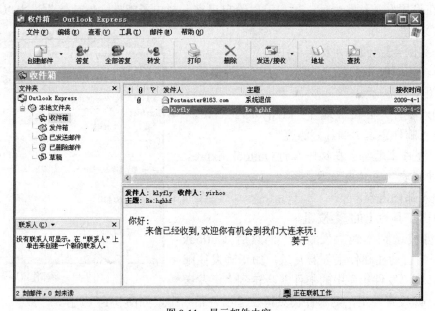

图 9-11　显示邮件内容

发件人可以在电子邮件中附上一个或多个文件，文件内容可以是文档、图片等，这些文
件称为附件。附件将和邮件一起发送给收件人。收件人收到后，这些邮件在"邮件列表"窗
口都有一个"📎"符号标识。用户可以通过以下方法阅读附件。

【任务实例 3】　阅读邮件中的附件。

① 选择带附件的邮件，此时单击"预览"窗口右上角的 ![[回形针图标]] 图标，弹出下拉菜单，如

图 9-12 所示。

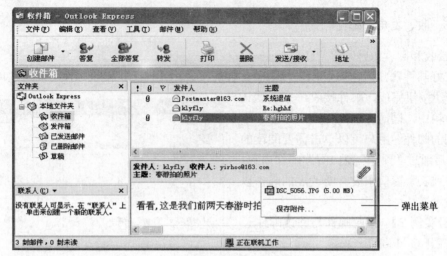

图 9-12　弹出下拉菜单后的界面

② 选择"保存附件"命令将附件保存起来。

③ 直接单击附件名称将附件打开。

说明：第②和第③步骤可以只做其中一项。

2．创建并发送邮件

一般在设置好邮件账号后，用户可以给自己寄一封电子邮件，然后接收进来以检查所有的设置是否正确。

【任务实例 4】　创建并发送邮件。

① 单击工具栏上的 按钮，打开"新邮件"窗口，如图 9-13 所示。

② 输入收件人 E-mail 地址：klyfly@126.com。

③ 输入邮件主题"照片好漂亮"。

图 9-13　新邮件窗口

说明：邮件主题将会在收件人的 Outlook Express中的"邮件列表"窗口内显示。

④ 输入邮件内容。

⑤ 单击工具栏上的 按钮。

邮件将被送到本地"发件箱"。然后 OutlookExpress 开始自动往邮件服务器发送，如正确发往邮件服务器，则"发件箱"中的邮件就会转到"已发送邮件"中。如没有发走，则邮件仍然留在"发件箱"中，如图 9-14 所示。

【任务实例 5】　在新邮件中添加一个附件。

① 打开"新邮件"窗口。

② 输入收件人 E-mail 地址、邮件主题和邮件内容。

③ 单击工具栏上的 按钮，弹出"插入附件"对话框，如图 9-15 所示。

④ 选中作为附件的文件，然后单击"附加"按钮，回到"新邮件"窗口，如图 9-16 所示，附件框内出现了插入的附件名称。

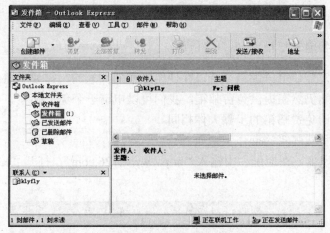

图 9-14　正在发送的邮件

图 9-15　"插入附件"对话框

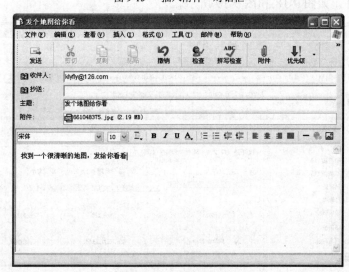

图 9-16　"新邮件"窗口

⑤ 单击 按钮发送邮件。

9.3.6 使用免费电子邮箱

电子邮件的收发需要电子邮箱。所以在使用电子邮件之前，需要申请一个电子邮箱。目前国内的大部分网站仍然在提供免费邮箱，我们可以申请一个免费邮箱。

在各个网站申请免费邮箱的步骤大体相同。

申请一个 126 免费邮箱的操作步骤如下。

① 启动 IE 浏览器，在地址栏中输入"http://www.126.com"，打开"126 网易免费邮"界面，如图 9-17 所示。

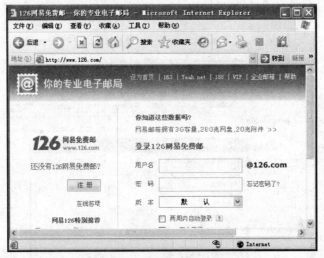

图 9-17 "126 网易免费邮"界面

② 单击"注册"按钮按要求注册新邮箱。

要使用 126 免费邮箱，需要在邮箱页面中输入用户名和密码，单击登录邮箱，进入邮箱后即可收、发邮件，如图 9-18 和图 9-19 所示。

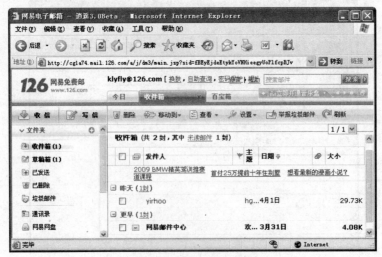

图 9-18 收件箱中查收邮件

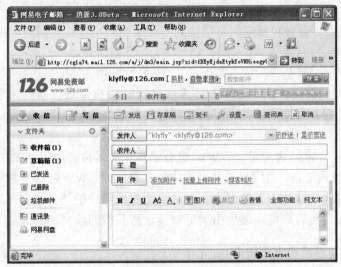

图 9-19 发送新邮件

9.4 WWW 服务

WWW 是英文 World Wide Web 的缩写,也叫 3W、W3 或 Web。它是漫游 Internet 的重要工具之一,可以用来处理文字、图像、声音等多媒体信息。它由许多连接到网络上的服务器组成,通过特定的 WWW 浏览器与服务器交换信息,如微软公司的 IE 浏览器、网景公司的 Navigator 浏览器等。通过 WWW,每一个单位、企业或个人都可以发布自己的信息主页,用以传递信息或向客户提供服务。

9.4.1 WWW 的基本概念及工作原理

1. 网页和主页

网页就是上网以后显示在我们面前的窗口。一般的网络站点要发布的信息都很多,需要分很多栏目和层次来展示。我们可以打开一层,再打开下一层,就像翻书一样,翻过一页再翻一页,所以就叫它网页。

主页的全称是 WWW 主页。"主页"是指某一个 Web 站点的起始页,它就像一本书的封面或者目录,包含内容栏目和索引信息,而且拥有一个被称为"统一资源定位符"(URL)的唯一地址。通过单击它上面的目录(超链接),就可以访问其他网页。

2. HTML

超文本标记语言,是 Internet 网络的标准文件格式,用于定义 Web 页的格式并分配 Web 信息。

3. HTTP

HTTP(Hyper Text Transfer Protocol,超文本传输协议)是 WWW 的网络传输协议。

4. URL

URL(Uniform Resource Locator)统一资源定位符。

5．浏览器

用于搜索、查找、查看和管理网络信息的一种带图形交互式界面的应用软件，如 IE 浏览器等。

6．超链接

不同网页之间的链接。用户如果制作多媒体课件，也常常会用到这个名词。单击超链接，网络浏览器会根据链接所指的地址加载要链接的超文本网页。

7．WWW 的工作原理

WWW 系统由 WWW 客户机、WWW 服务器和超文本传输协议（HTTP）三部分组成，以客户机/服务器模式工作。当用户选择网页中的超链接时，WWW 客户机就把超链接所附的地址读出来，然后向相应的服务器发出一个请求，要求相应的超文本文件，服务器对此做出响应，将超文本传送到客户机，最后由浏览器显示所获得的超文本。

9.4.2　使用 IE 浏览器浏览网页

IE 浏览器是 Internet Explorer 的缩写，是专门用于查看 Web 页的软件工具，是微软公司捆绑在 Windows 操作系统上的组合软件之一。

1．打开网页

计算机联网后，双击桌面上的 IE 浏览器图标，如图 9-20 所示，在地址栏中输入 URL 就可以打开相应的网页，图 9-21 所示为百度网页。

图 9-20　IE 浏览器图标

图 9-21　打开百度网页

网页是一个 Web 的图形化用户界面。在界面上可以浏览 Internet 上的任何文档，这些文档与它们之间的链接一起构成了一个庞大的信息网，网上具有全世界差不多所有国家和地区的各类信息。

可以从一个网页跳转到另外一个网页，在地址栏中输入一个网址，按回车键就可以跳转到另外的网页。比如我们希望上"搜狐"网站，可以在地址栏中直接输入"http://www.sohu.com"并按回车键，就会打开"搜狐"网站的主页，如图 9-22 所示。

当我们输入一个网址时，地址栏中会出现相似的网址列表供选择，如图 9-23 所示。如果我们输入的网址有误，IE 浏览器会自动搜索类似的网址并找出匹配的网址。

图 9-22　打开搜狐网页　　　　　　　图 9-23　地址栏出现相似的地址列表

2．利用"收藏夹"收集和整理网址

（1）把自己喜欢的网址添加到收藏夹

通过将 Web 页添加到"个人收藏夹"列表的方法，可以使浏览器保存一些需要经常访问的网址，以便下次访问时能够快速调出这些网页。

【任务实例6】　收藏网址。

① 启动 IE 浏览器，找到我们喜欢的网页或网站。

② 单击"收藏夹"　按钮，在屏幕的左边出现图 9-24 所示的"收藏夹"菜单。

③ 单击"收藏夹"菜单中的"添加"按钮，弹出图 9-25 所示的"添加到收藏夹"对话框。

图 9-24　"收藏夹"菜单　　　　　图 9-25　"添加到收藏夹"对话框

④ 这时，如果直接单击"确定"按钮，则"添加到收藏夹"对话框的"名称"框自动显示当前 Web 网页的名称，并将此名称保存到收藏夹中。如果我们愿意自己起一个好记的名称，就将光标移到"名称"文本框中，输入自定义的名称，单击"确定"按钮即可。无论用什么名称，系统保存的都是该网页的地址。

每次需要打开该网页时，无论你当前在任何网页，只要单击工具栏上的"收藏"按钮，然后单击收藏夹列表中该页的名称即可。

（2）整理收藏夹

我们不断地往收藏夹里添加信息，收藏夹里面的东西会越来越多，或者以前收藏的一些网址现在已没必要继续保存，所以需要整理收藏夹。

【任务实例7】　整理收藏夹。

① 选择"收藏夹"菜单中的"整理收藏夹"命令，打开"整理收藏夹"对话框，如图 9-26 所示。

② 按照对话框中的提示对收藏夹进行整理。要删除某一选项，单击选中该选项，然后单击"删除"按钮即可

③ 我们还可以新建一个文件夹，并将各个地址选项移动到文件夹中。要新建一个文件夹，可以单击"创建文件夹"按钮，这时"整理文件夹"对话框左边出现一个新建文件夹。

④ 要把地址选项移动到文件夹，先单击选中地址选项，然后单击"移至文件夹"按钮，被选中的地址选项便移动到文件夹中了。

下次需要打开这些地址选项时，只要单击文件夹图标，就会打开文件夹，释放出各地址选项，如图 9-27 所示。

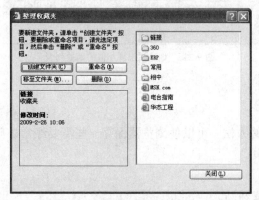
图 9-26 "整理收藏夹"对话框

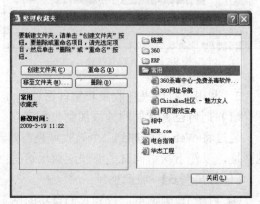
图 9-27 打开文件夹释放地址选项

9.4.3 IE 浏览器的设置

IE 浏览器允许用户根据自己的需求对其进行设置，以获得更好的使用效果。

1．设置 IE 浏览器环境和参数

设置 IE 浏览器环境和参数主要是为了更方便快捷地实现浏览操作，常用设置如下。

① 择"查看"菜单中"状态栏"和"工具栏"子菜单，可以对状态栏、工具栏按钮、地址栏、链接按钮等内容的显示与否进行选择。

② 择"工具"菜单中的"Internet 选项"命令，打开"Internet 属性"对话框，选择"常规"选项卡，如图 9-28 所示。可以设置以下参数：主页地址、Internet 临时文件、历史记录。

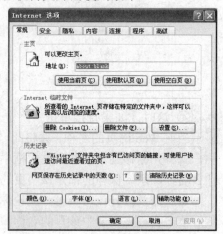
图 9-28 "Internet 选项"对话框

2．启动系统的分级审查功能

Internet 中有着丰富的资源，可以从中获取大量的信息。但是 Internet 也充斥着色情和暴力等不健康的东西，利用 IE 的分级审查功能可以滤掉一部分这些内容。在图 9-28 所示的对话框中，选择"内容"选项卡，单击"启用"按钮，出现图 9-29 所示的"内容审查程序"对话框，设置即可。

3．设置代理服务器

代理服务器允许其他计算机通过它来浏览网页，就像使用该服务器浏览网页一样。设置

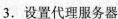

局域网的代理服务器的方法是在图 9-28 所示的"Internet 选项对话框的"连接"选项卡中单击"局域网设置"按钮，打开图 9-30 所示的对话框，选中"使用代理服务器"，加入代理服务器地址和端口号，然后单击"确定"即可。

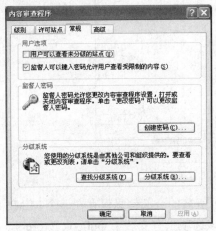
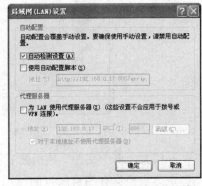

图 9-29　"内容审查程序"对话框　　　　图 9-30　"局域网（LAN）设置"对话框

9.4.4　搜索信息

搜索引擎是一个提供信息"检索"服务的网站，它使用某些程序把 Internet 上的所有信息归类，以帮助人们在茫茫网海中搜寻到所需要的信息。网络上有许多"搜索引擎"，它们有自己的数据库，保存了 Internet 上很多网页的检索信息，并且在不断更新。我们可以访问这些站点，输入要查找信息的关键字，然后在网站的数据库中检索，就可以查找到包含所需内容的网页链接。

信息查找方法一般有两类：按关键字查找和内容分类目录检索。

在关键字查找中，关键字常使用一些描述符号对检索进行限制：英文双引号（""）用来查询完全匹配关键字串的网站，如"杀毒软件"；加号（+）或空格用来限制该关键字必须出现在检索结果中；减号（−）用来限制该关键字不能出现在检索结果中。

常用的搜索引擎有 Yahoo、Google、百度等。

9.4.5　在浏览过程中保存信息

网络上有很多非常有用的信息。我们在网上找到需要的信息时，可以将它们保存下来，以便日后使用。下面介绍几种保存网上信息的方法。

1. 保存当前页

① 在已打开的网页中，选择"文件"菜单上的"另存为"命令，弹出图 9-31 所示的对话框。

② 在"保存在"框中选择准备用于保存网页的盘符。

③ 双击用于保存网页的文件夹。

④ 在"文件名"框中，输入网页的名称。

⑤ 在"保存类型"框中，选择文件类型，然后单击"保存"按钮。

在保存类型中，有 4 种文件类型可以选择，内容如下。

● "网页，全部"是指要保存显示该网页所需要的全部文件，包括图像、框架和样式表，单击该选项将按原格式保存所有文件。

图 9-31 "保存网页"对话框

- "Web 档案，单一文件"是指把显示该网页所需的全部信息保存在一个 MIME 编码文件中，单击该选项将保存当前网页的可视信息。该选项只有安装了 Outlook Express 5 或更高版本后才能使用。
- "网页，仅 HTML"是指只保存当前 HTML 页，单击该选项只保存网页信息，不保存图像、声音或其他文件。
- "文本文件"是指只保存当前网页的文本，单击该选项将以纯文本格式保存网页信息。

我们还可以在不打开一个网页的情况下保存它，前提是在当前浏览的网页中有该网页的超链接。

2．保存一个未打开的网页

右击想要保存的网页的超链接，在弹出的图 9-32 所示的快捷菜单中，选择"目标另存为"命令，弹出"另存为"对话框，选择保存网页的路径并输入保存文件的名称，单击"保存"按钮，就可以保存这一未打开的网页。

3．保存网页中的图片

查看网页时，会有很多漂亮的图片，如果想保存这些图片以备将来参考或与他人共享，就需要如下方法。

① 选中要保存的图片，右击鼠标，弹出图 9-33 所示的快捷菜单。

图 9-32 "保存网页"快捷菜单

图 9-33 "保存图片"快捷菜单

② 选择"图片另存为"命令，弹出"保存图片"对话框，如图 9-34 所示。

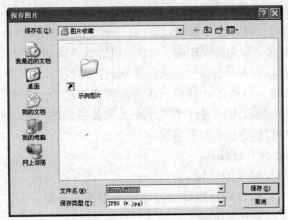

图 9-34 "保存图片"对话框

③ 在"保存图片"对话框中选择保存图片的路径、输入文件名、选择好保存文件的类型。

④ 单击"保存"按钮，图片保存完毕。

9.5 Internet 的其他服务

9.5.1 文件传输服务（FTP）

在 Internet 上，用户计算机和远程服务器之间可以通过 FTP 及 FTP 程序进行文件传输。与大多数服务一样，FTP 也是客户机/服务器系统。

FTP 的工作原理为：首先用户从客户端启动一个 FTP 应用程序，和 FTP 服务器建立连接，然后使用 FTP 命令，将服务器中的文件传输到本地计算机中。FTP 为用户提供了很多命令，使用这些命令，用户不仅可以从 FTP 服务器中复制文件（下载），在权限允许的情况下，还可以将自己的文件传送到 FTP 服务器中（上传）。

在使用 FTP 时，需要进行客户机与服务器之间的信息交换。在访问远程服务器时，首先要求用户登录，即必须有服务器的授权才可以访问服务器。因此，用户必须用 FTP 服务账户和口令才能访问服务器。这样一来，要访问 Internet 上的成千上万台服务器，用户就必须在每一台服务器上都拥有账户，这是不现实的，于是就产生了匿名 FTP。

匿名 FTP 服务器为普通用户建立了一个通用的账户名"anonymous"，口令为用户的电子邮件地址。使用该账号，每个用户都可以连接到远程 FTP 服务器上，下载所需要的文件。

9.5.2 远程登录服务（Telnet）

Telnet 是最早的 Internet 活动之一，用户可以通过一台计算机登录到另一台计算机上，运行其中的程序并访问其中的服务。通常情况下，我们将用户的计算机称为本地机，而将另外的那台计算机称为远程主机。

Telnet 是 Internet 的远程登录协议，让你坐在自己的计算机前通过 Internet 网络登录到一台远程计算机上，这台计算机可以在隔壁的房间里，也可以在地球的另一端。当登录上远程计算机后，你的电脑就仿佛是远程计算机的一个终端，你可以用自己的计算机直接操纵远程计算机，享受与远程计算机的本地终端相同的权利和服务。

与其他的 Internet 服务一样，使用 Telnet 需要有 Telnet 软件，Windows 操作系统提供了内置的 Telnet 工具。用 Telnet 登录，事先必须知道要登录主机的域名或 IP 地址。连接之后，会提示输入登录名和密码。如果用户以客人身份访问，可以将 bbs 作为登录名，而将 guest 作为口令输入。

当你用 Telnet 登录进入远程的计算机系统时，事实上启动了两个程序：一个叫 Telnet 客户程序，它运行在你的本地机上；另一个叫 Telnet 服务器程序，它运行在你登录的远程计算机上。本地机上的客户程序要完成如下功能。

① 建立与服务器的 TCP 连接。
② 从键盘上接收用户输入的字符。
③ 把用户输入的字符串变成标准格式并送给远程的服务器。
④ 从远程服务器接收输出的信息。
⑤ 把该信息显示在客户机的屏幕上。

远程计算机的 Telnet 服务程序运行在远程计算机上，完成如下功能。

① 通知客户端的计算机，远程计算机已经准备好了。
② 等候客户机输入命令。
③ 对客户机的命令做出反应。
④ 把执行命令的结果发送给客户机。
⑤ 重新等待客户机命令

9.5.3 即时通信（IM）

即时通信（IM）是指能够即时发送和接收互联网消息等的业务。如 QQ、MSN、百度 Hi、中国移动飞信等。随着计算机网络的发展，即时通信近年来发展迅速，现在已经不只是一个聊天的工具，而成为一个集交流、资讯、娱乐、电子商务、办公协作等为一体的综合化信息平台。

1．网络寻呼

在 Internet 上与朋友方便地取得联系，就是网上寻呼，也称 ICQ（I Seek You）。

网上寻呼的学名叫即时消息（Instant Messenger），主要有两个功能：一是自动探测用户的上网状态；二是实时交流信息。同时还有一些其他的辅助功能，如电子邮件等。

要使用即时消息软件，需要用户到服务器上注册一个全球唯一的用户识别标志，它可以是一个字符型的名字（如 Yahoo!、MSN），也可以是一个数字（如 163）。

常用的即时消息软件有很多，如美国在线 AOL 的 AIM、深圳腾讯的 QQ、Microsoft 的 MSN Messenger、Yahoo 的雅虎通、淘宝网的阿里旺旺等。

2．网络聊天

所谓网上聊天（Internet Relay Chatting，IRC），就是在 Internet 上专门指定一个场所，为大家提供即时的信息交流。网上聊天与网上寻呼不一样，它可以让很多人一起交流信息。

Internet 上有很多 IRC 服务器。目前，IRC 已逐渐被淘汰。很多 WWW 网站上都提供了一些相对简易的聊天室，熟悉浏览器的用户不需经过学习，就能很好地使用。

3．IP 电话

IP 电话能有效地利用网络带宽，占用资源小且成本低，其费用比每次通话都要占用整个传输通道的传统交换电话低得多。不过，通过 Internet 传输声音的速度会受到网络工作状态的影响，声音到达对方位置时就会有一个延迟。延迟的时间和网络繁忙的程度以及通话双方之间的距离有关，可能会长达数秒。这样，用户在使用 Internet 打电话时可能会有时断时续的感觉。

9.5.4　网络新闻组（Usenet）

Usenet 就是 User Network，即用户的网络。简而言之，它就是一群有共同爱好的 Internet 用户为了相互传递交换信息组成的一种无形的用户交流网。这些信息实际上就是网络使用者相互交换的新闻（News），这或许可以解释为什么 Usenet 常被称为 Netnews（网络新闻）。通俗地说，Usenet 就是一种遍布世界范围的 BBS 电子公告牌系统，使用者们可以在公告牌上发送和读取信息。

Usenet 网络新闻可以说是一个动态新闻宝库，也是最丰富的信息交流及储存媒介之一。相当多的新闻信息选择 Usenet 作为传播方式，如由 Usenet 读取即时期货成交价、各报社新闻、各地气象等。除了新闻信息以外，Usenet 同时也是最佳技术支援或交流的媒体之一。

网络新闻是按照不同的专题分类组织的，每一类为一个专题组，通常称为新闻组（Newsgroup），其内部又分为若干子专题，子专题下还可以有子专题。

9.5.5　电子商务（EC）

电子商务（Electronic Commerce,EC）通常是指在全球各地广泛的商业贸易活动中，在因特网开放的网络环境下，基于浏览器/服务器应用方式，买卖双方不谋面地进行各种商贸活动，实现消费者的网上购物、商户之间的网上交易和在线电子支付以及各种商务活动、交易活动、金融活动和相关的综合服务活动的一种新型的商业运营模式。

电子商务是与网民生活密切相关的重要网络应用。2008 年，网络购物市场的增长趋势明显。目前我国的网络购物用户人数已经达到 7 400 万人，年增长率达到 60%。除网络购物外，网络售物和旅行预订也已经初具规模，网络售物网民数已经达到 1 100 万人，通过网络进行旅行预订的网民数达到 1 700 万人。这里的网络售物不仅包括网络开店，也包括在网上出售二手物品。

9.5.6　网络娱乐

网络娱乐主要指通过计算机互联网络进行的各种娱乐活动，主要有网络游戏、网络视频和网络音乐等。而且随着网络游戏形式和内容的不断丰富，以及网上音乐和视频使用便捷性的增强，近年来网络娱乐的网民用户数也逐年增多。

9.5.7　其他

随着互联网的不断发展，其应用也更加广泛，如网上银行、网络炒股、网上交友、网络博客等。截至 2008 年 12 月底，在中国 2.98 亿网民中，拥有博客的网民比例达到 54.3%，用户规模为 1.62 亿人。

9.6　上 机 实 验

【实验目的】
1. 掌握 IE 的基本使用方法。
2. 掌握使用搜索引擎进行信息搜索的方法。

3．掌握申请免费邮箱的一般方法，并会使用 Outlook Express 进行邮件的收发。

4．整理收藏夹。

【实验内容】

1．在 Internet 上，使用 Google 搜索引擎，查找"新概念英语二"的相关内容。将搜索到的网页及其相关链接的网页保存到本机。

2．登录到站点"www.126.com"，为自己申请一个免费信箱。

3．为上题所申请的免费邮箱在 Outlook Express 中建立一个新的账户，并用其发送和接收邮件，具体方法参照 9.3.4 和 9.3.5。

4．将自己喜欢的或经常浏览的站点添加到收藏夹中。如"www.chinaren.com"、"www.chinaedu.net"等。

5．整理收藏夹。在收藏夹中创建一个完善的目录结构，如新闻、娱乐、学习、生活等不同主题的文件夹，并把不同主题站点的快捷方式分别存放到各文件夹中。

习　题

一、填空题

1．中国科技网的英文简称是_____。

2．Zhangsan@citiz.net 中 Zhangsan 指_____，citiz.net 指_____。

3．在因特网中，IP 地址由_____和_____两部分组成。

4．IE 浏览器的收藏夹可以帮助用户保存自己喜欢的站点地址，用户要将它添加到收藏夹中，需要在菜单栏的收藏夹菜单项中单击_____。

5．连接到 Internet 上的计算机不是客户机就是_____。

6．目前，电子邮件系统具备_____、_____、_____、_____、_____、_____等多个功能。

7．在 Internet 上传输的信息至少遵循三个协议：网际协议、传输协议和_____。

8．调制解调器的作用是_____。

9．IPv6 可以解决目前 IP 地址不足的问题，它能提供长达_____位的地址空间。

10．ISP 是_____的缩写。

二、判断题

1．在使用即时消息软件时，每个用户都有一个全球唯一的识别号码。

2．TCP/IP 的基本传输单位是数据包。

3．IP 地址和域名是一一对应的关系。

4．某人要在电子邮件中传送一个文件，他可以借助电子邮件中的附件功能。

5．同一个 IP 地址可以有若干个不同的域名，但每个域名只能有一个 IP 地址与之对应。

6．用户在连接网络时，使用 IP 地址与域名地址的效果是一样的。

7．ADSL 是一种非对称数字用户宽带接入技术，其网络中上行和下行数据传输速率不一致。

8．在 Internet 中浏览网页时，你所看到的文件叫做文本文件。

第10章

网络信息安全

当前，计算机系统在国家安全、政治、经济及文化等各方面起到的作用越来越重要，它已成为国家、企业及私人的宝贵财富，同时也成为一些别有用心者的非法攻击对象。所以，计算机系统的安全越来越受到人们的重视。计算机单机系统和网络系统均可能遭到各种各样的攻击，如何保障计算机系统的安全，是现在必须面对和研究的课题。

10.1　网络信息安全概述

随着因特网在全球的发展，任何人都可以自由地接入 Internet，共享更多的信息。但是这些共享也给我们带来了网络信息安全问题，由于获取信息的渠道多了，也更加复杂了，因此控制起来也更加困难。怎样保证网络信息的安全已成为当今网络信息化建设所面临的一个严峻问题。

10.1.1　网络信息安全的内涵

计算机系统的安全就是要保证系统资源的完整性、可靠性、保密性、安全性、有效性和合法性，维护正当的信息活动，以保证系统的硬件、软件和数据不因偶然或人为的因素而遭到破坏、泄漏、修改或复制，保护国家和集体财产免受严重损失。

网络信息安全主要是指保护网络信息系统，使其没有危险、不受威胁、不出事故地运行。从技术角度来讲，网络信息安全的特征主要表现在系统的可靠性、可用性、保密性、完整性、确认性和可控性。

1．可靠性

可靠性是指网络信息系统能够在规定条件下和规定时间内完成规定任务的特性。可靠性是系统安全的最基本要求之一，是所有网络信息系统建设和运行的基本目标。

2．可用性

可用性是网络信息可被授权访问并按需使用的特性。可用性保证合法用户无论何时，只要需要，系统必须是可用的，也就是说系统不能拒绝服务。同时，也要防止合法用户对系统的非法操作或使用，更要防止非法用户进入系统访问、窃取系统资源和破坏系统。可用性一般用系统正常使用时间和整个工作时间之比来度量。

3．保密性

保密性是指网络信息不被泄露给非授权的个人或实体，而只供授权用户使用的特性。保密性是建立在可靠性和可用性基础之上的保障网络信息安全的重要手段。

4．完整性

完整性是指网络信息在存储或传输过程中，保持不被偶然或蓄意地删除、修改、伪造、乱序、重放、插入等破坏和丢失的特性。完整性是一种面向信息的安全性，它要求保持信息的原样，即信息的正确生成、存储和传输。

5．确认性

确认性是指在网络信息系统的信息交互过程中，所有参与者都不能否认或抵赖曾经完成的操作和作出的承诺。通常可利用信息源证据来防止发送方否认发送过信息，利用递交接收证据可防止接收方否认接收到信息。

6．可控性

可控性是指对网络信息的传播及内容具有控制能力的特性。

网络信息安全的核心是通过计算机、网络、密码技术和安全技术，保护在公用网络信息系统中传输、交换和存储的消息的可靠性、可用性、保密性、完整性、确认性、可控性等。

10.1.2　网络信息面临的威胁和攻击

网络信息面临的威胁和攻击，来自于很多方面，大体上可分为以下几种。

1．自然威胁

自然威胁指各种自然灾害、恶劣的环境因素、电磁场的干扰或电磁泄漏、网络设备的自然老化等威胁。自然威胁往往具有不可抗拒性。

2．偶然无意构成的威胁

如硬件设备故障、突然断电或电源波动大、检测不到的软件错误或缺陷等。

偶然事故有以下几种可能的情况。

① 软、硬件的故障引起的安全策略失败。

② 工作人员的误操作，使信息遭到严重破坏或无意地被别人看到了机密信息。

③ 自然灾害，使计算机系统受到严重破坏。

④ 环境因素的突然变化造成信息出错、丢失或破坏。

3．人为攻击的威胁

如国外间谍窃取机密情报、内部工作人员的非法访问、用户的渎职行为以及利用计算机技术进行犯罪等。

人为攻击有以下几种手段。

① 利用系统本身的脆弱性。

② 滥用特殊身份。

③ 不合法地使用。

④ 修改或非法复制系统中的数据。

对信息进行人为的故意破坏或窃取称为攻击。根据攻击的方法不同，可分为被动攻击和主动攻击两类。

① 被动攻击是指一切窃密的攻击。它是在不干扰系统正常工作的情况下侦听、截获、窃取系统信息，以便破译分析；观察、控制信息的内容来获得目标系统的位置、身份；研究机密信息的长度和传递的频度获得信息的性质。被动攻击不容易被用户发现，因此它的攻击持续性和危害性较大。

②　主动攻击是指篡改信息的攻击。它不仅能截获，而且还威胁到信息的完整性和可靠性。它是以各种各样的方式，有选择性的修改、删除、添加、伪造和重排信息内容，造成信息破坏与丢失。

4．软件漏洞

由于软件程序的复杂性和编程的多样性，在网络信息系统的软件中很容易有意无意地留下一些不易发现的安全漏洞。软件漏洞同样会影响网络信息的安全。

下面是一些有代表性的软件安全漏洞。

（1）陷门

陷门是在程序开发时插入的一小段程序，目的可能是测试某个模块，或是为了将来的更改和升级程序，也可能是为了将来发生故障后，为程序员提供方便。通常应在程序开发后期就去掉这些陷门，但是由于各种原因，陷门可能被保留，一旦被利用将会带来严重的后果。

（2）数据库的安全漏洞

某些数据库将原始数据以明文的形式存储，这是不够安全的。实际上，入侵者可以从计算机系统的内存中导出所需的信息，或者采用某种方式进入系统，从系统的后备存储器上窃取数据或篡改数据。因此，必要时应该对存储的数据进行加密保护。

（3）TCP/IP 的安全漏洞

TCP/IP 在设计初期并没有考虑安全问题。现在，用户和网络管理员没有足够的精力专注于网络安全控制，操作系统和应用程序越来越复杂，开发人员不可能测试出所有的安全漏洞，因而连接到网络的计算机系统受到外界的恶意攻击和窃取的风险越来越大。

注意：所有的网络信息系统都不可避免地存在着一些安全缺陷。还可能存在操作系统的安全漏洞以及网络软件与网络服务、口令设置等方面的漏洞。

5．结构隐患

结构隐患一般指网络拓扑结构的隐患和网络硬件的安全缺陷。网络的拓扑结构本身有可能给网络的安全带来问题。作为网络信息系统的载体，网络硬件的安全隐患也是网络结构隐患的重要方面。

基于各国的不同国情，网络信息系统存在的安全问题也不尽相同。对于我国而言，由于我国还是一个发展中国家，网络信息安全系统除了具有上述普遍存在的安全缺陷之外，还存在因软、硬件核心技术掌握在别人手中而造成的技术被动等方面的安全隐患。

10.1.3　网络信息安全对策

网络信息安全是一个涉及面很广的问题，要想达到安全的目的，必须同时从法规政策、管理、技术这三个层次上采取有效措施。但是，安全问题遵循"木桶"原则，取决于最薄弱环节，任何单一层次上的安全措施都不可能提供真正的全方位安全。

为了适应网络技术的发展，国际标准化组织（International Organization for Standardization，ISO）的计算机专业委员会根据开放系统互联参考模型（Open System Interconnection Reference Model，OSI/RM）制定了一个网络安全体系结构，包括安全服务和安全机制。该模型主要解决网络信息系统中的安全问题。

1．OSI 安全服务

针对网络系统受到的威胁，OSI 安全体系结构要求的安全服务如下。

（1）对等实体鉴别服务

对等实体鉴别服务是在两个开放系统同等层中的实体建立链接和数据传送期间，为提供链接实体身份鉴别而规定的一种服务。这种服务防止假冒或重放以前的链接，即防止仿造链接初始化这种类型的攻击。这种鉴别服务可以是单向的，也可以是双向的。

（2）访问控制服务

访问控制服务可以防止未经授权的用户非法使用系统资源。这种服务不仅可以提供给单个用户，也可以提供给封闭的用户组中的所有用户。

（3）数据保密服务

数据保密服务的目的是保护网络中系统之间交换的数据，防止数据因被截获而造成泄密。

（4）数据完整性服务

数据完整性服务用来防止非法用户的主动攻击，以保证数据接收方收到的信息与发送方发送的信息完全一致。

（5）数据源鉴别服务

数据源鉴别服务是某一层向上一层提供的服务，为上一层提供对数据源的对等实体进行鉴别的服务，以防假冒，用来确保数据是由合法实体发出的。

（6）禁止否认服务

禁止否认服务用来防止发送方发送数据后否认自己发送过数据，或接收方接收数据后否认自己收到过数据。

2．OSI 安全机制

为了实现各种 OSI 安全服务，ISO 建议了以下八种机制。

（1）加密机制

加密是提供数据保密的最常用方法。用加密的方法与其他技术相结合，可以确保数据的保密性和完整性。除了会话层不提供加密保护外，加密可以在其他各层上进行。

（2）数字签名机制

数字签名是解决网络通信中特有的安全问题的有效方法，特别是针对通信双方发生争执时可能产生的如下安全问题。

- 否认：发送者事后不承认自己发送过某份文件。
- 伪造：接收者伪造一份文件，声称它来自于发送者。
- 冒充：网上的某个用户冒充另一个用户接收或发送信息。
- 篡改：接收者对收到的信息进行部分篡改。

（3）访问控制机制

访问控制是根据事先确定的规则，决定主体对客体的访问是否合法。当一个主体试图非法使用一个未经授权使用的客体时，该机制将拒绝这一企图，并附带向审计跟踪系统报告这一事件，审计跟踪系统将产生报警信号或形成部分追踪审计信息。

（4）数据完整性机制

数据完整性包括两种形式：数据单元的完整性和数据单元序列的完整性。

数据单元的完整性通常是指为了保证数据完整性，发送实体可在一个数据单元上加一个标记，这个标记是数据本身的函数。如一个分组校验码或密码校验函数，它本身是经过加密的。接收实体产生一个对应的标记，并将所产生的标记与接收到的标记相比较，以确定在传输过程中数据是否被修改过。

数据单元序列的完整性要求数据编号的连续性和时间标记的正确性，以防止假冒、丢失、重发、插入或修改数据。

（5）交换鉴别机制

交换鉴别是以交换信息的方式来确认实体身份的机制。用于交换鉴别的技术有以下几种。

- 口令：由发送实体提供，接收实体检测。
- 密码技术：将交换的数据加密，只有合法用户才能解密得出有意义的明文。
- 利用实体的特征或所有权：常采用的技术是指纹识别和身份卡识别等。

（6）业务流量填充机制

业务流量填充机制主要是对抗非法者在线路上监听数据并对其进行流量和流向分析。采用的方法一般是由保密装置在无信息传输时连续发出伪随机序列，使得非法者无法判断哪些是有用信息、哪些是无用信息。

（7）路由控制机制

在一个大型网络中，从源节点到目的节点可能有多条路由线路，有些线路可能是安全的，而另一些线路是不安全的。路由控制机制可以帮助信息发送者选择特殊的路由，以保证数据安全。

（8）公证机制

在一个大型网络中，有许多节点或端节点。在使用这个网络时，由于并非所有用户都诚实、可信，同时也可能由于系统等原因使信息丢失、延时等，这就需要有一个各方都信任的实体——公证机构，提供公证服务，仲裁出现的问题。

一旦引入公证机制，通信双方进行数据通信时必须经过这个机构来转换，以确保公证机构能得到必要的信息，供日后仲裁。

10.2　计算机犯罪

计算机网络犯罪是一种高科技犯罪、新型犯罪。在开放、互联、互动、互通的网络环境下，很多犯罪行为人不知道什么是禁止的，甚至有些低龄化犯罪分子缺少法律观念，在猎奇冲动之下，频频利用计算机作案。各种犯罪行为的不断涌现，给国家安全、知识产权及个人信息权带来了巨大的威胁，引起了世界各国的极大忧虑和社会各界的广泛关注，日益成为困扰人们现代生活的又一新问题。利用互联网进行犯罪已成为发展最快的犯罪方式之一。

10.2.1　计算机犯罪

1．计算机犯罪的概念

所谓计算机犯罪，是指行为人以计算机作为工具或以计算机资产作为攻击对象，实施严重危害社会的行为。由此可见，计算机犯罪包括利用计算机实施的犯罪行为和把计算机资产作为攻击对象的犯罪行为。

2．计算机网络犯罪的类型

计算机网络犯罪的类型概括起来可分为两大类。

① 以网络为犯罪对象的犯罪，这类犯罪大体表现在以下几个方面。

- 窃取他人网络软、硬件技术的犯罪。
- 侵犯他人软件著作权和假冒硬件的犯罪。
- 非法侵入网络信息系统的犯罪。
- 破坏网络运行功能的犯罪。

② 以网络为工具的犯罪，主要表现在以下几个方面。

- 利用网络系统盗窃、侵占、诈骗他人财物的犯罪。
- 利用网络贪污、挪用公款或公司资金的犯罪。
- 利用网络伪造有价证券、金融票据和信用卡的犯罪。
- 利用网络传播淫秽物品的犯罪。
- 利用网络侵犯商业秘密、电子通信自由、公民隐私权和毁坏他人名誉的犯罪。
- 利用网络进行电子恐怖、骚扰、扰乱社会公共秩序的犯罪。
- 利用网络窃取国家机密、危害国家安全的犯罪。

3．计算机犯罪的特点

（1）智能性

计算机犯罪主体多为具有相当高的计算机专业技术知识与熟练的操作技能或掌握系统核心机密的人。往往经过精心策划周密预谋后，再进行犯罪活动。他们犯罪的破坏性比一般人的破坏性要大得多。

（2）犯罪手段隐蔽性

网络的开放性、不确定性、虚拟性和超越时空性等特点，使得犯罪分子作案时可以不受时间、地点的限制，也没有明显的痕迹。网络犯罪留下的最多也仅有电磁记录，作案的直接目的往往是为了获取无形的电子数据和信息。犯罪行为难以被发现、识别和侦破，增加了计算机犯罪破案的难度。

（3）跨国性

犯罪分子只要拥有一台计算机，就可以对任何一个站点实施犯罪活动，这种跨国家、跨地区的行为更不易侦破，危害也更大。

（4）匿名性

罪犯窃取网络中的信息的过程不需要任何登记，因而对其实施的犯罪行为也很难控制。罪犯可以匿名登录，最后直奔犯罪目标。而对计算机犯罪的侦察，就必须按部就班地调查取证，等到接近犯罪目标时，犯罪分子早已逃之夭夭了。

（5）犯罪黑数巨大

所谓"犯罪黑数"，是指司法机关没有发现、没有统计的犯罪数字。由于计算机犯罪的隐蔽性和匿名性等特点，有相当一部分案件难以被发现。美国 CSL（计算机科学实验室）和 FBI 近几年来的调查结果表明，计算机犯罪黑数高达 83%。

（6）犯罪目的多样化

计算机犯罪作案动机多种多样，从最先的攻击站点以泄私愤，到早期的盗用电话线以及破解用户账号非法敛财，再到如今入侵政府网站的政治活动，犯罪目的不一而足。

（7）犯罪分子低龄化

计算机犯罪的作案人员年龄普遍较低。据统计，网络犯罪人多数在 35 岁以下，平均年龄在 25 岁，甚至有很多尚未达到刑事责任年龄的未成年人。

（8）犯罪后果严重

随着社会对信息网络的依赖性逐渐增大，利用网络犯罪造成的危害性也越来越大。犯罪分子只需敲击几下键盘，就可以窃取巨额款项。无论是窃取财物还是窃取机密，无论是将信息网络作为破坏对象还是破坏工具，网络犯罪的危害性都极具爆破力。据估计，仅在美国因计算机犯罪造成的损失每年就有 150 多亿美元，德国、英国的损失额也有几十亿美元。

4．计算机犯罪的手段

（1）制造和传播计算机病毒

计算机病毒是隐藏在可执行程序或数据文件中，在计算机内部运行的一种干扰程序。计算机病毒已经成为计算机犯罪者的一种有效手段。它可能会夺走大量的资金、人力和计算机资源，甚至破坏各种文件及数据，造成机器瘫痪，带来难以挽回的损失。

（2）数据欺骗

数据欺骗是指非法篡改计算机输入、处理和输出过程中的数据，从而实现犯罪目的的手段。这是一种比较简单但很普通的犯罪手段。

（3）特洛伊木马

特洛伊木马本是一种在计算机中隐藏作案的计算机程序，能够在计算机仍能完成原有任务的前提下，执行非授权的功能。特洛伊木马程序不依附于任何载体而独立存在，而病毒则需依附于其他载体存在并且具有传染性。

（4）意大利香肠战术

所谓意大利香肠战术，是指行为人通过逐渐侵吞少量财产的方式来窃取大量财产的犯罪行为。这种方法就像吃香肠一样，每次偷吃一小片，日积月累就很可观了。

（5）超级冲杀

超级冲杀（Superzap）是大多数 IBM 计算机中心使用的公用程序，是一个仅在特殊情况下（如停机、故障等）才可使用的高级计算机系统干预程序。如果被非授权用户使用，就会构成对系统的一种潜在威胁。

（6）活动天窗

活动天窗是指程序设计者为了对软件进行测试或维护，故意设置的计算机软件系统入口点。通过这些入口，可以绕过程序提供的正常安全性检查而进入软件系统。

（7）逻辑炸弹

逻辑炸弹是指在计算机系统中有意设置并插入的某些程序编码，这些编码在特定的时间或条件下自动激活，破坏系统功能或使系统陷入瘫痪状态。逻辑炸弹不是病毒，不具有病毒的自我传播性。

（8）清理垃圾

清理垃圾是指有目的、有选择地从废弃的资料、磁带、磁盘中搜寻具有潜在价值的数据、信息和密码等，用于实施犯罪行为。

（9）数据泄漏

数据泄漏是一种有意转移或窃取数据的手段。如有的罪犯将一些关键数据混杂在一般性的报表之中，然后予以提取。有的罪犯在系统的中央处理器上安装微型无线电发射机，将计算机处理的内容传送给几公里以外的接收机。

（10）电子嗅探器

电子嗅探器是用来截取和收藏在网络上传输的信息的软件或硬件。它不仅可以截取用户的账号和口令，还可以截获敏感的经济数据（如信用卡号）、秘密信息（如电子邮件）和专有信息，同时还可以攻击其相邻的网络。

（11）冒名顶替

冒名顶替是指通过非法手段获取他人口令或许可证明后，冒充合法用户使用计算机系统的行为。因此，用户的口令要注意更新和保密。

（12）蠕虫

计算机蠕虫是一个程序或程序系列，它采取截取口令并在系统中试图做非法动作的方式直接攻击计算机。一般蠕虫病毒通过网络进行扩散。

注意：除了以上作案手段外，还有社交方法、电子欺骗技术、浏览、顺手牵羊以及对程序、数据集、系统设备的物理特性进行破坏等犯罪手段。

10.2.2　计算机病毒

1. 计算机病毒的概念

"计算机病毒"一词最早是由美国计算机病毒研究专家 F.Cohen 博士提出的。"计算机病毒"有很多种定义，国外流行的定义是指一段附着在其他程序上的可以实现自我繁殖的程序代码。它隐藏在计算机系统中，通过自我复制进行传播，满足一定条件时被激活，从而给计算机系统造成一定的损害甚至严重的破坏。这种程序的活动方式与生物学中的病毒类似，所以被形象地称为计算机病毒。

1994 年出台的《中华人民共和国计算机安全保护条例》对病毒的定义是："计算机病毒是指编制或者在计算机程序中插入的破坏计算机功能或者毁坏数据，影响计算机使用，并能自我复制的一组计算机指令或者程序代码"。

世界上第一例被证实的计算机病毒是在 1983 年，出现了计算机病毒传播的研究报告，同时有人提出了蠕虫病毒程序的设计思想。1984 年，美国人 Thompson 开发出了针对 UNIX 操作系统的病毒程序。1988 年 11 月 2 日晚，美国康尔大学研究生罗特·莫里斯将计算机病毒蠕虫投放到网络中，该病毒程序迅速扩展，造成了大批计算机瘫痪，甚至欧洲联网的计算机也都受到了影响，造成的直接经济损失近亿美元。

2. 计算机病毒的基本特征

（1）传染性

计算机病毒的再生机制使之能够自动地将其复制品或其变种传染到其他程序体上。例如，计算机病毒可以在运行过程中根据病毒程序的中断请求随机读写，不断进行病毒体的扩散。病毒程序一旦加载到当前运行的程序体上，就开始搜索能进行感染的其他程序，从而使病毒扩散到磁盘存储器和整个计算机系统。在网络环境下，计算机病毒的传播更为迅速，破坏性更大。传染性是计算机病毒的最根本特性，是确定一个程序为否为计算机病毒的首要条件。

（2）潜伏性

计算机病毒具有依附于其他媒体寄生的能力。一个编制巧妙的病毒程序，可以在合法的文件中隐藏几天甚至几年而不被发现。只有条件满足时才被激活，开始进行破坏活动。病毒的潜伏性和传染性相辅相成，潜伏性越好，在系统中生存的时间就越长，传染的范围就越大。

（3）触发性

计算机病毒一般都有一个触发条件，病毒自身能够判断该条件是否成立。一旦条件满足，病毒程序就可以按照设计者的要求，在某个点上激活并对系统发起攻击。这种预定的触发条件可能是特定的时间、特定用户识别符出现、特定文件出现或使用、文件使用次数等。

（4）衍生性

计算机病毒是一段计算机系统可执行的程序，由若干模块组成。这种程序体现了设计者的某种设计思想。一旦被恶作剧者或恶意攻击者所模仿，甚至修改病毒的几个模块，就可以变成不同于源病毒的新计算机病毒。

（5）破坏性

计算机病毒不仅占用系统资源，还可以删除系统文件或数据、格式化磁盘、降低运行效率或中断系统运行，甚至使整个计算机网络瘫痪，造成灾难性后果。

（6）可执行性

计算机病毒可以直接或间接地运行，可以隐藏在可执行程序和数据文件中运行而不易被察觉。病毒程序在运行时与合法程序争夺系统的控制权和资源，从而降低计算机的工作效率。

（7）针对性

一种计算机病毒并不能传染所有的计算机系统或程序，通常病毒的设计具有一定的针对性。例如，有传染 PC 的，也有传染 Macintosh 机的，有传染扩展名 ".com" 文件的，也有传染扩展名 ".doc" 文件的等。

（8）抗反病毒软件性

有些病毒具有抗反病毒软件的功能，这种病毒的变种可以使检测、消除该变种源病毒的反病毒软件失去效能。

3．计算机病毒的种类

计算机病毒的种类很多，其数量多达几千种。从不同的角度可以分成不同的类型。

（1）按传染方式分类

① 引导区型病毒

引导区型病毒主要通过软盘在操作系统中传播，感染引导区，蔓延到硬盘，并能感染到硬盘中的"主引导记录"。

② 文件型病毒

文件型病毒是文件感染者，也称为寄生病毒。它运行在计算机存储器中，通常感染扩展名为 "COM"、"EXE"、"SYS" 等类型的文件。

③ 混合型病毒

混合型病毒同时具有引导区型病毒和文件型病毒两者的特点。

④ 宏病毒

宏病毒是寄存在 Office 文档上的宏代码，它影响对文档的各种操作。当打开 Office 文档时，宏病毒程序就被执行，这时宏病毒处于活动状态，当条件满足时，宏病毒便开始传染、表现和破坏。

（2）按连接方式分类

① 源码型病毒

它攻击高级语言编写的源程序，在源程序编译之前插入其中，并随源程序一起编译、连接成可执行文件。源码型病毒较为少见，也难以编写。

② 入侵型病毒

入侵型病毒可用自身代替正常程序中的部分模块或堆栈区。因此这类病毒只攻击某些特定程序，针对性强。一般情况下也难以被发现，清除起来也较困难。

③ 操作系统型病毒

操作系统型病毒可用其自身部分加入或替代操作系统的部分功能。由于直接感染操作系统，这类病毒的危害性也较大。

④ 外壳型病毒

外壳型病毒通常将自身附在正常程序的开头或结尾，相当于给正常程序加了个外壳。大部份的文件型病毒都属于这一类。

4．计算机病毒的传播与防范

计算机病毒具有自我复制和传播的特点，因此，了解计算机病毒的传播途径极为重要。从计算机病毒的传播机理分析可知，能够进行数据交换的介质都可能成为计算机病毒的传播途径。

计算机病毒一般通过以下几种途径进行繁殖和传播。

① 通过专用集成电路芯片（ASIC）等计算机硬件设备进行传播。这种计算机病毒虽然极少，但破坏力却极强，目前尚没有较好的检测手段对付。

② 通过软盘、优盘、硬盘等移动存储设备进行传播。盗版光盘上的软件和游戏及非法复制也是目前传播计算机病毒的主要途径。随着大容量可移动存储设备如 Zip 盘、可擦写光盘、磁光盘（MO）等的普遍使用，这些存储介质也将成为计算机病毒寄生的场所。

③ 通过计算机网络进行传播。随着因特网的高速发展，计算机病毒也走上了高速传播之路，网络已经成为计算机病毒的第一传播途径。除了传统的文件型计算机病毒以文件下载、电子邮件的附件等形式传播外，新兴的电子邮件计算机病毒，如"美丽莎"计算机病毒、"我爱你"计算机病毒等则是完全依靠网络来传播的。甚至还有利用网络分布计算技术将自身分成若干部分，隐藏在不同的主机上进行传播的计算机病毒。

④ 通过点对点通信系统和无线通道传播。比如最近发现的 QQ 连发器病毒，能够通过QQ 这种点对点的聊天程序进行传播。

计算机病毒防范，是指通过建立合理的计算机病毒防范体系和制度，及时发现计算机病毒的侵入，并采取有效的手段阻止计算机病毒的传播和破坏，恢复受影响的计算机系统和数据。预防计算机病毒应该从管理和技术两方面进行。

（1）从管理上预防病毒

计算机病毒的传染是通过一定途径实现的，因此必须重视制定措施、法规，加强职业道德教育，不得传播更不能制造病毒。另外，还应采取如下一些有效方法来预防和抑制病毒的传染。

- 谨慎地使用公用软件或硬件。
- 任何新使用的软件或硬件（如磁盘）必须先检查。
- 定期检测计算机上的磁盘和文件并及时消除病毒。
- 对系统中的数据和文件要定期进行备份。
- 对所有系统盘和文件等关键数据要进行写保护。

（2）从技术上预防病毒

从技术上对病毒的预防有硬件保护和软件预防两种方法。

任何计算机病毒对系统的入侵，都是利用 RAM 提供的自由空间及操作系统所提供的相应的中断功能来达到目的的。因此，可以通过增加硬件设备来保护系统，既能监视 RAM 中的常驻程序，又能阻止对外存储器的异常写操作，这样就能实现预防计算机病毒的目的。

软件预防方法是使用计算机病毒疫苗。计算机病毒疫苗是一种可执行程序，它能够监视系统的运行，当发现某些病毒入侵时可防止病毒入侵，当发现非法操作时将及时警告用户或直接拒绝这种操作，使病毒无法传播。

（3）病毒的清除

如果发现计算机感染了病毒，应立即清除。病毒的清除分为人工检测与清除和软件检测与清除。

人工检测和清除有一定的危险性，容易造成对文件的破坏，其方法有如下几种。

- 用正常的文件覆盖被病毒感染的文件。
- 删除被病毒感染的文件。
- 重新格式化磁盘等。

软件检测和清除是一种较好的方法。常用的反病毒软件有卡巴斯基、McAfee、瑞星、江民等。

随着计算机应用的推广和普及以及软件的大量流行，计算机病毒的滋扰也愈加频繁，给计算机的正常运行造成了严重威胁。如何保证数据的安全性，防止病毒的破坏，已成为当今计算机研制人员和应用人员所面临的重大问题。研究完善的抗病毒软件和预防技术成为目前有待攻克的新课题。

10.2.3　黑客

1．黑客的定义

"黑客"（Hacker）一词在信息安全范畴内特指对计算机系统的非法侵入者。目前黑客已成为一个广泛的社会群体，其主要观点是：所有信息都应该免费共享；信息无国界，任何人都可以在任何时间、任何地点获取任何他认为有必要的任何信息；通往计算机的路不止一条；打破计算机集权；反对国家和政府部门对信息的垄断和封锁。

黑客的行为会扰乱网络的正常运行，甚至会演变为犯罪。

2．黑客的行为特征

（1）恶作剧型

喜欢进入他人网站，以删除和修改某些文字或图像、篡改主页信息来显示自己高超的网络侵略技巧。

（2）隐蔽攻击型

躲在暗处以匿名身份对网络发动攻击，或者干脆冒充网络合法用户，侵入网络"行黑"。该种行为是在暗处实施的主动攻击，因此对社会危害极大。

（3）定时炸弹型

故意在网络上布下陷阱，或在网络维护软件内安插逻辑炸弹或后门程序，在特定的时间或特定的条件下，引发一系列具有连锁反应性质的破坏行动。

（4）制造矛盾型

非法进入他人网络，窃取或修改其电子邮件的内容或厂商签约日期等，破坏甲乙双方交易，或非法介入竞争。有些黑客还利用侵入政府网的机会，修改公众信息，制造社会矛盾和动乱。

（5）职业杀手型

经常以监控方式将他人网站内的资料迅速清除，使得网站使用者无法获取最新资料；或者将计算机病毒植入他人网络内，使其网络无法正常运行。更有甚者，进入军事情报机关的内部网络，干扰军事指挥系统的正常工作，从而导致严重后果。

（6）窃密高手型

出于某些集团利益的需要或个人的私利，窃取网络上的加密信息，使高度敏感信息泄密。

（7）业余爱好型

某些计算机网络爱好者受好奇心驱使，在技术上"精益求精"，但缺乏社会道德，丝毫未感到自己的行为对他人造成的影响，无意中便造成了对别人的攻击。

3．预防黑客入侵的方法

（1）实体安全的防范

控制机房、网络服务器、线路和主机等实体的安全隐患可能受到黑客的青睐，因此加强对于实体安全的检查和监护是网络维护的首要和必备措施。除了做好环境的安全保卫工作以外，更主要的是对系统进行全天候的动态监控。

（2）基础安全防范

用授权认证的方法防止黑客和非法使用者进入网络，为特许用户提供符合身份的访问权限并且有效地控制这种权限。

（3）内部安全防范机制

主要是预防和制止内部信息资源或数据的泄露，防止敌人从内部把"堡垒"攻破。该机制包括：保护用户信息资源的安全；防止和预防内部人员的越权访问；对网内所有级别的用户实施监测和监督；全天候动态检测和报警功能；提供详尽的访问审计功能。

10.3　数据加密技术

由于 Internet 的快速发展，网络安全问题日益受到人们的重视。面对计算机网络存在的潜在威胁与攻击，一个计算机网络安全管理者要为自己所管辖的网络建造起强大、安全的保护措施。密码技术是实现网络信息安全的核心和关键技术之一。

10.3.1　基本概念

所谓数据加密，就是按确定的加密变换方法（加密算法）对需要保护的数据（也称为明文，plaintext）作处理，使其变换成为难以识读的数据（密文，ciphertext）。其逆过程，即将密文按对应的解密变换方法（解密算法）恢复出明文的过程称为数据解密。确定的加密算法只能将相同的明文变换为相同的密文，这样就限制了加密算法的安全应用价值。为了使加密算法能被许多人共用，在加密过程中又引入了一个可变量——加密密钥。这样，不改变加密算法，只要按照需要改变密钥，也能将相同的明文加密成不同的密文。通常加密和解密算法的操作都是在一组密钥的控制下进行的，分别称为加密密钥和解密密钥。密钥是加密体系的核心，其形式可以是一组数字、符号、图形或代表它们的任何形式的电信号。密钥的产生和变化规律必须严格保密。

加密的基本功能包括以下几点。

- 防止不速之客查看机密的数据文件。
- 防止机密数据被泄露或篡改。
- 防止特权用户（如系统管理员）查看私人数据文件。
- 使入侵者不能轻易地查找一个系统的文件。

数据加密是确保计算机网络安全的一种重要机制。虽然由于成本、技术和管理上的复杂性等原因，目前尚未在网络中普及，但数据加密的确是保证分布式系统和网络环境下数据安全的重要手段之一。

10.3.2　网络通信加密

数据加密技术是网络通信安全所依赖的基本技术。目前对网络加密主要有三种方式：链路加密、节点对节点加密、端对端加密。

1．链路加密

通常把网络层以下的加密叫链路加密，主要是指每个易受攻击的链路两端都使用加密设备进行加密。主要用于保护通信节点间传输的数据，加解密由置于线路上的密码设备实现。优点是整个通信链路上的传输都是安全的。缺点是数据包每进入一个分组交换机后都需要一次解密和再加密，原因是交换机必须读取数据包包头中的地址以便为数据包选择路由。在交换机中数据包易受攻击。根据传递的数据的同步方式，链路加密又可分为同步通信加密和异步通信加密两种，同步通信加密又包含字节同步通信加密和位同步通信加密。

2．节点对节点加密

节点对节点加密是对链路加密的改进。在协议传输层上进行加密，中间节点里装有用于加、解密的保护装置，由这个装置来完成一个密钥向另一个密钥的变换，以实现对源节点和目标节点之间传输数据的加密保护。缺点是需要目前的公共网络提供者配合，修改他们的交换节点，以增加安全单元或保护装置。

3．端对端加密

网络层以上的加密称为端对端加密，是面向网络层主体的加密。这种方式的加、解密只在一对用户的通信线路的两端（即源和目的节点）进行，可防止对网络链路和交换机制的攻击。对应用层的数据信息进行加密，易于用软件实现，且成本低，但密钥管理困难，主要适合大型网络系统中信息在多个发方和收方之间传输的情况。

10.3.3　加密算法

1．加密算法原理

数据加密是利用加密算法 E 和加密密钥 Ke，将明文 X 加密成不易识读的密文 Y 的过程。记为：

$$Y = E_{Ke}(X)$$

数据解密是用解密算法 D 和解密密钥 Kd 将密文 Y 变换成为易于识读的明文 X 的过程。记为：

$$X = D_{Kd}(Y)$$

在信息系统中，对某信息除预定的授权接受者之外，还有非授权者，他们可能会通过各种办法来窃取信息，称其为窃取者。数据加密模型如图 10-1 所示。

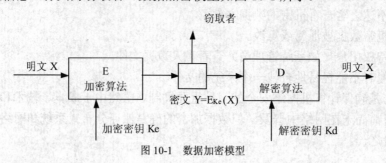

图 10-1　数据加密模型

2. 常见的数据加密技术

根据加密密钥 Ke 和解密密钥 Kd 是否相同，数据加密技术在体制上分为两大类：单密钥体制和双密钥体制。

（1）单密钥体制

单密钥体制又称对称密钥加密体制，其加密密钥和解密密钥是相同的。对数据进行加密的单密钥系统如图 10-2 所示。系统的保密性主要取决于密钥的安全性，必须通过安全可靠的途径将密钥送至接受端。如何产生满足保密要求的密钥，是单密钥体制设计和实现的主要课题。另外，密钥管理是影响系统安全的关键因素，即使密码算法设计得再好，若密钥问题处理不好，也很难保证信息系统的安全保密。

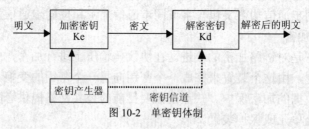

图 10-2　单密钥体制

早期的单密钥体制中，密钥是由字符串组成的。只要有必要，就可经常改变密钥，从而达到保密的目的。有两种常用的加密方法，即代替加密和置换加密。

在代替加密技术中，为了伪装掩饰每个字母或一组字母，通常都是由另一个字母或另一组字母代替。例如：将字母 a，b，c，d，e，f…w，x，y，z 的自然顺序保持不变，但使之与 D，E，F，G，H，I…Z，A，B，C 分别对应（相差 3 个字符，密钥为 3），即将明文的字母移位若干字母并改变大小写而形成密文。若明文为 Iamastudent 则对应的密文为 LDPDVWXGHQW。由于英文字母中字母出现的频度早有人进行过统计，所以根据字母频度表可以很容易地破译这种代替加密技术。目前代替加密技术只能作为复杂的编码过程中的一种中间步骤。

代替加密的实质是保持明文的次序，而把明文字符隐藏起来。置换加密技术则是按照某一规则重新排列字母的顺序，而不是隐藏它们。下列例子中，以无重复字母组成的短语 insert 作为密钥，密钥的作用是对列编号。在最接近于英文字母表首端的密钥字母的下面为第 1 列，例如 e 为第 1 列、i 为第 2 列、n 为第 3 列、r 为第 4 列、s 为第 5 列、t 为第 6 列。首先把明文写成若干行（每行的长度等于密钥的长度）。然后再按照以字母次序序号为最小的密钥字母所在列，开始依次读出，从而得到密文。这种加密技术也容易破译，同样它也通常作为加密过程的中间步骤。例如，根据此方法对明文 attack begins at four 的加密过程如下。

密钥：　i　n　s　e　r　t
次序：　2　3　5　1　4　6
明文：　a　t　t　a　c　k　；第一行
　　　　b　e　g　i　n　s　；第二行
　　　　a　t　f　o　u　r　；第三行

明文：attackbeginsatfour

密文：aioabatetcnutgfksr

单密钥体制（对称密钥加密体制）中最具有代表性的算法是 IBM 公司提出的 DES（Data Encryption Standard）算法，该算法于 1977 年被美国国家标准局 NBS 颁布为商用数据加密标准。DES 综合运用了置换、代替等多种密码技术，把消息分成 64 位大小的块，使用 56 位密钥，迭代轮数为 16 轮。它设计精巧，实现容易，使用方便。

DES 正式公布后，世界各国的许多公司都相继推出自己实现 DES 的软硬件产品。美国 NBS 已认可了 30 多种硬件和固件实现产品。硬件产品既有单片式的，也有单板式的；软件产品既有用于大中型机的，也有用于小型机和微型机的。

三重 DES（Triple DES）则是 DES 的加强版。是一种比较新的加密算法，它能够使用多个密钥，主要是对信息逐次作 3 次加密。

随机化数据加密标准（RDES）算法是日本密码学家 Nakao Y.Kaneko T 等人于 1996 年初提出的一种新的 DES 改进算法。它只是在每轮迭代前的右半部增加了一个随机置换，其他均与 DES 相同，目前看来它比 DES 安全性要好。

（2）双密钥体制

单密钥体制中的加密和解密的密钥是相同的，因此密钥必须保密。双密钥体制又叫公开密钥加密体制。它最重要的特点是加密和解密使用不同的密钥。采用双密钥体制的每个用户都有一对选定的密钥，其中加密密钥（即公开密钥）PK 是公开信息，可以像电话号码一样进行注册并公布。而解密密钥（即私有密钥）SK 是需要保密的。加密算法 E 和解密算法 D 彼此完全不同。根据已选定的 E 和 D，即使已知 E 的完整描述，也不可能推导出 D。这给加密技术带来了新的变革。双密钥体制系统框架如图 10-3 所示。

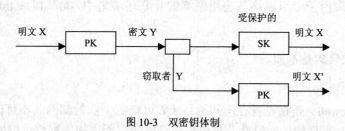

图 10-3　双密钥体制

双密钥算法需要下面几个条件。

• 用加密算法 E、加密密钥 PK 对明文 X 加密后，再由解密算法 D、解密密钥 SK 解密，即可恢复明文，可写成 $D_{SK}(E_{PK}(X))=X$。

• 从公开密钥 PK 实际上不可能推导出私有密钥 SK。

- 用已选定的明文进行分析，不可能破译加密算法 E。

双密钥体制的主要特点是将加密和解密能力分开，因此可以实现多个用户加密的信息只能由一个用户解读，或实现由一个用户加密的信息可由多个用户解读。前者可用于公共网络中的保密通信，而后者可用于对信息进行数字签名。

1976 年，Diffie 和 Hellman 首次提出公开密钥加密体制，即每个人都有一对密钥，其中一个为公开的，一个为私有的。发送信息时用对方的公开密钥加密，收信者用自己的私有密钥进行解密。公开密钥加密算法的核心是运用一种特殊的数学函数——单向陷门函数，即从一个方向求值是容易的，但其逆向计算却很困难，从而在实际上使截取后破译成为不可行的。公开密钥加密技术保证了安全性又易于管理，但不足之处是加密和解密的时间长。

公开密钥算法有很多，一些算法如著名的背包算法和 McELiece 算法都已被破译。目前公认比较安全的公开密钥算法主要就是 RSA 算法及其变种 Rabin 算法和离散对数算法等。

RSA 算法是 Rivet、Shamir 和 Adleman 于 1978 年在美国麻省理工学院研制出来的，它是一种比较典型的公开密钥加密算法，其安全性建立在"大数分解和素性检测"这一已知的著名数论难题的基础上，即：将两个大素数相乘在计算上很容易实现，但将该乘积分解为两个大素数因子的计算量是相当巨大的，以至于在实际计算中是不能实现的。RSA 被应用于保护电子邮件安全的 Privacy Enhanced Mail（PEM）和 Pretty Good Privacy（PGP）。

10.4 防火墙技术

Internet 的发展给政府、企事业单位等带来了革命性的改革和开放，他们正努力利用 Internet 来提高办事效率和市场反应速度，以便更具竞争力。通过 Internet，企业可以从异地取回重要数据的同时，又要面对 Internet 开放带来的数据安全的新挑战和新危险。即既要保证客户、销售商、移动用户、异地员工和内部员工的安全访问，也要保护企业的机密信息不受黑客和工业间谍的窃取。防火墙技术就是近年发展起来的一种保护计算机网络安全的访问控制技术。它是一个用以阻止网络中的黑客访问某个机构网络的屏障，在网络边界上，通过建立起网络通信监控系统来隔离内部和外部网络，以阻止通过外部网络的入侵。

防火墙技术是建立在现代通信网络技术和信息安全技术基础上的应用性安全技术，正在越来越多地被应用于专用网络与公用网络的互联环境之中，尤其接入 Internet 的网络应用最多。

10.4.1 防火墙的基本知识

1．防火墙的概念

防火墙（Firewall）是指设置在不同网络（如可信的企业内部网和不可信的公共网）或网络安全域之间的一系列部件的组合，是位于计算机和它所连接的网络之间的软件。该计算机流入流出的所有网络通信均要经过此防火墙。使用防火墙是保障网络安全的第一步，选择一款合适的防火墙，是保护信息安全不可或缺的一道屏障，它是提供信息安全服务及实现网络和信息安全的基础设施，如图 10-4 所示。

典型的防火墙具有以下三个方面的基本特性。

- 内部网络和外部网络之间的所有网络数据流都必须经过防火墙。是不同网络或网络安全域之间唯一的信息出入口。

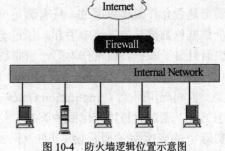

- 只有符合安全策略的数据流才能通过防火墙。能根据企业的安全政策控制（允许、拒绝、监测）出入网络的信息流。

- 防火墙自身应具有非常强的抗攻击能力。

在逻辑上，防火墙是一个分离器，一个限制器，也是一个分析器，能有效地监控内部网和 Internet 之间的任何活动，保证内部网络的安全。

图 10-4　防火墙逻辑位置示意图

2．防火墙的作用

（1）防火墙是网络安全的屏障

一个防火墙（作为阻塞点、控制点）能极大地增强一个内部网络的安全性，并通过过滤不安全的服务而降低风险。由于只有经过精心选择的应用协议才能通过防火墙，所以可以使网络环境变得更安全。如防火墙可以禁止诸如众所周知的不安全的 NFS 协议进出受保护网络，这样外部的攻击者就不可能利用这些脆弱的协议来攻击内部网络。防火墙还可以保护网络免受基于路由的攻击，如 IP 选项中的源路由攻击和 ICMP 重定向中的重定向路径。防火墙理论上可以拒绝所有以上类型攻击的报文并通知防火墙管理员。

（2）防火墙可以强化网络安全策略

以防火墙为中心的安全方案配置，能将所有的安全软件（如口令、加密、身份认证、审计等）配置在防火墙上。与将网络安全问题分散到各个主机上相比，防火墙的集中安全管理更加经济。例如在网络访问时，口令系统和其他的身份认证系统完全可以不必分散在各个主机上，而是集中在防火墙上。

（3）对网络存取和访问进行监控审计

如果所有的访问都经过防火墙，那么防火墙就可以记录下这些访问并作出日志记录，同时也能提供网络使用情况的统计数据。当发生可疑动作时，防火墙能进行适当的报警，并提供网络是否受到监测和攻击的详细信息。另外，收集一个网络的使用和误用情况也是非常重要的。用户可以清楚地了解防火墙是否能够抵挡攻击者的探测和攻击，以及防火墙的控制是否充足，同时网络使用统计对网络需求分析和威胁分析等也是非常重要的。

（4）防止内部信息的外泄

利用防火墙对内部网络的划分，可以实现内部网重点网段的隔离，从而限制局部重点或敏感网络安全问题对全局网络造成的影响。此外，隐私是内部网络非常关心的问题。一个内部网络中不引人注意的细节可能包含了有关安全的线索而引起外部攻击者的兴趣，甚至因此而暴露了内部网络的某些安全漏洞。使用防火墙就可以隐蔽那些透露内部信息的细节，如 Finger、DNS 等服务。Finger 显示了主机的所有用户的注册名、真名，以及最后登录时间和使用 shell 类型等，其信息非常容易被攻击者所获悉。攻击者可以由此知道一个系统使用的频繁程度以及这个系统是否有用户正在连线上网等。

3．防火墙的种类

防火墙技术可根据防范的方式和侧重点的不同而分为很多种类型，总的来说分类有 3 种：包过滤防火墙、应用代理和状态监视器。

（1）包过滤防火墙（Packet Filtering）

作用在网络层和传输层。它根据分组包的源地址、目的地址和端口号、协议类型等标志确定是否允许数据包通过。只有满足过滤逻辑的数据包才被转发到相应的目的地出口端，其余数据包则被从数据流中丢弃。包过滤防火墙的优点是它对于用户来说是透明的，处理速度快而且易于维护，通常作为第一道防线。

（2）应用代理（Application Proxy）

也叫应用网关（Application Gateway），它作用在应用层。其特点是完全"阻隔"了网络通信流，通过对每种应用服务编制专门的代理程序，实现监视和控制应用层通信流的作用。实际中的应用网关通常由专用工作站实现。它适用于特定的互联网服务，如超文本传输（HTTP）协议、远程文件传输（FTP）协议等。

（3）状态监测防火墙

这种防火墙具有非常好的安全性，它使用了一个在网关上执行网络安全策略的软件模块，称为监测引擎。监测引擎在不影响网络正常运行的前提下，采用抽取有关数据的方法对网络通信的各层实施监测，抽取状态信息，并将信息动态地保存起来作为以后执行安全策略的参考。监测引擎支持多种协议和应用程序，并可以很容易地实现应用和服务的扩充。优点是用户访问请求到达网关的操作系统前，状态监视器要抽取有关数据进行分析，结合网络配置和安全规定做出接纳、拒绝、身份认证、报警或给该通信加密等处理动作；同时会监测无连接状态的远程过程调用（RPC）和用户数据包（UDP）之类的端口信息。缺点是它会降低网络的速度，而且配置也比较复杂。

10.4.2 防火墙的结构

防火墙的结构多种多样，当前流行的结构主要有以下 5 种：包过滤防火墙、双宿网关防火墙、过滤主机防火墙、过滤子网防火墙、调制解调器池。

1．包过滤防火墙

包过滤防火墙在小型、不复杂的网络结构中经常使用，也非常容易安装。然而，与其他防火墙结构相比，存在许多缺点。通常，在 Internet 连接处安装包过滤路由器，在路由器中配置包过滤规则来阻塞或过滤报文的协议和地址。一般站点系统可直接访问 Internet，而从 Internet 到站点系统的多数访问被阻塞。无论怎样，路由器可根据策略有选择地允许访问系统和服务，通常有内在危险的 NIS、NFS 和 Xwindows 等服务会被阻塞。

2．双宿网关防火墙

双宿网关防火墙是包过滤防火墙技术较好的替代结构，它由一个带有两个网络连接口的主机系统组成。一般情况下，这种主机可以充当与这台主机相连的网络之间的路由器。它将一个网络的数据包在无安全控制情况下传递到另一个网络。如果将这种双宿主机安装到防火墙中作为一个双宿网关防火墙，它会使得 IP 包的转发功能失效。除此之外，包过滤路由器能被放置在 Internet 的连接处提供附加的保护，它将创建一个内部的、屏蔽的子网。

3．过滤主机防火墙

过滤主机防火墙由一个包过滤路由器和一个位于路由器旁的保护子网的应用网关组成。应用网关仅需要一个网络接口，它的代理服务能传递 Telnet、FTP 和其他服务到站点系统。路由器会阻止存在内在危险的协议到达应用网关和站点系统。

4．过滤子网防火墙

过滤子网防火墙是双宿主网关和过滤主机防火墙的一种变化形式，它能在一个分割的系统上放置防火墙的每一个组件。虽然在一定程度上牺牲了简单性，但获得了较高的吞吐量和灵活性。并且由于防火墙的每一个组件仅需要实现一个特定的任务，系统配置不是很复杂。该结构中两个路由器用来创建一个内部的过滤子网，这个子网包含应用网关，当然它也能包含信息服务器、调制解调器和其他需要进行访问控制的系统。

5．调制解调器池

许多站点允许遍布在各点的调制解调器通过站点拨号访问，这是一个潜在的"后门"，它将使防火墙提供的保护失效。处理调制解调器的一种较好的方法是把它们集中在一个调制解调器池中，然后通过池进行安全连接。

调制解调器池可由连接到终端服务器的多个调制解调器组成，由终端服务器把调制解调器连接到网络的专用计算机。拨号用户首先连接到终端服务器，然后通过它连接到其他主机系统。有些终端服务器提供了安全机制，它能限制对特殊系统的连接，或要求用户使用一个认证令牌进行身份认证。当然终端服务器也是一个连接调制解调器的主机系统。

10.5　知识产权保护

随着人类文明和社会经济的发展，知识产权保护制度诞生了，并日益成为各国保护智力成果所有者权益、促进科学技术和社会经济发展、进行国际竞争的有力的法律武器。现在知识产权保护已成为国际间政治、经济、科学技术和文化交往中一个受到普遍关注的问题。围绕这个问题展开的国际间双边、多边的谈判，特别是世界贸易组织《与贸易有关的知识产权协议》的达成，促使世界范围内对知识产权的保护达到了一个新的水平。

10.5.1　知识产权基本知识

1．知识产权的基本概念

知识产权是关于知识所有的一种财产权，它是从英文 Intellectual Property 翻译而来的。根据国际知识产权保护组织（The World Intellectual Property Organization，WIPO）的定义，知识产权指智力创造、发明；文学和艺术作品；商业中使用的标志、名称、图像以及外观设计。由此可见，它是人们通过智力活动取得的一种权利。

相关法规和国际性、地区性的协定或公约，一般将知识产权分为专利权、商标权、著作权（又称版权）。

2．知识产权的特征

知识产权是一种无形财产，但它与有形财产一样，可以作为资本投资、入股、抵押、转让、赠送等。

知识产权是社会针对个人或组织的创造赋予他们的一种权利，它具有如下特征。

① 专有性，即知识产权的权利主体依法享有独占使用智力成果的权利，他人不得侵犯。

② 地域性，即知识产权只在产生的特定国家或地区的地域范围内有效；要取得别国的保护就必须得到该国的授权（伯尔尼公约成员国间都享有著作权）。

③ 时间性，即依法产生的知识产权一般只在法律规定的期限内有效。

10.5.2 中国知识产权保护状况

我国是世界知识产权组织（WIPO）的成员。该组织现有 180 个成员，超过全世界国家的 90%。WIPO 执行知识产权保护方面的许多任务，诸如管理国际条约，为政府、组织和私营部门提供援助，监督这一领域的发展情况，以及协调和简化相关的规则与做法等。

由于各种原因，中国知识产权制度的建设从 20 世纪 70 年代末才开始起步。

1994 年 6 月，国务院发布了"中国知识产权保护状况白皮书"，内容包括中国保护知识产权的基本立场和态度、保护知识产权的法律制度和保护知识产权的执法体系。

1．中国知识产权保护的发展

知识产权保护制度对于促进科学技术进步、文化繁荣和经济发展具有重要意义和作用，它既是保证社会主义市场经济正常运行的重要制度，又是开展国际间科学技术、经济、文化交流与合作的基本环境和条件之一。

从 1980 年 6 月 3 日起，中国成为 WIPO 的成员。

1982 年 8 月 23 日，第五届全国人民代表大会常务委员会第二十四次会议通过了《中华人民共和国商标法》，并于 1983 年 3 月 1 日起施行。这是中国开始系统建立现代知识产权法律制度的一个重要标志。

1984 年 3 月 12 日，第六届全国人民代表大会常务委员会第四次会议通过了《中华人民共和国专利法》，并于 1985 年 4 月 1 日起施行。

1984 年 12 月 19 日，中国政府向 WIPO 递交了《保护工业产权巴黎公约》（简称巴黎公约）的加入书。从 1985 年 3 月 19 日起、中国成为巴黎公约成员。

1986 年 4 月 12 日，第六届全国人民代表大会常务委员会第四次会议通过了《中华人民共和国民法通则》，并于 1987 年 1 月 1 日起施行。知识产权作为一个整体，首次在中国的民事基本法中被明确，并被确认为公民和法人的民事权利。

1989 年 7 月 4 日，中国政府向 WIPO 递交了《商标国际注册马德里协定》（简称马德里协定）的加入书。从 1989 年 10 月 4 日起，中国成为马德里协定成员。

1990 年 9 月 7 日，第七届全国人民代表大会常务委员会第十五次会议通过了《中华人民共和国著作权法》，并于 1991 年 6 月 1 日起施行。

1992 年 7 月 10 日和 7 月 30 日，中国政府分别向 WIPO 和联合国教育、科学、文化组织递交了《保护文学和艺术作品伯尔尼公约》和《世界版权公约》的加入书。分别从 1992 年 10 月 15 日和 10 月 30 日起，中国成为伯尔尼公约和世界版权公约的成员。

1992 年 9 月 25 日国务院颁布了《实施国际著作权条约的规定》，对保护外国作品著作权人依国际条约享有的权利作出具体规定。

1993 年 1 月 4 日，中国政府向世界知识产权组织递交了《保护录音制品制作者防制未经许可复制其录音制品公约》的加入书。从 1993 年 4 月 30 日起，中国成为录音制品公约的成员。

1993 年 9 月 2 日，第八届全国人民代表大会常务委员会第三次会议通过了《中华人民共和国反不正当竞争法》，该法于 1993 年 12 月 1 日起施行。

1993 年 9 月 15 日，中国政府向世界知识产权组织递交了《专利合作条约》的加入书。从 1994 年 1 月 1 日起，中国成为专利合作条约成员，中国专利局成为专利合作条约的受理局、国际检索单位和国际初步审查单位。

进入 20 世纪 90 年代后，国际经济关系和环境发生了很大的变化。1990 年 11 月，在关税与贸易总协定（乌拉圭回合）多边贸易谈判中，达成了《与贸易有关的知识产权协议》草案，它标志着保护知识产权的新的国际标准的形成。中国政府积极参与了这一谈判进程，并为推动该协定的达成做出了极大的努力。

21 世纪以来，为适应新形势新要求，我国又对《中华人民共和国商标法》、《中华人民共和国专利法》等相关法律做了修订。

2．保护知识产权的法律制度

为了根据国情和国际发展趋势制定和完善各项知识产权法律、法规，我国已形成了有中国特色的社会主义保护知识产权的法律体系，主要为知识产权行政保护和知识产权司法保护，其保护范围和保护水平正在逐步同国际惯例接轨。

（1）商标法

1983 年 3 月 1 日开始施行的《中华人民共和国商标法》（1993 年 2 月和 2001 年 10 月曾进行过两次修订）及其实施细则中，在商标注册程序中的申请、审查和注册等诸多原则，与国际上通行的原则是完全一致的。

（2）专利法

1985 年 4 月 1 日开始施行的《中华人民共和国专利法》（1992 年 9 月、2000 年 8 月和 2008 年 12 月曾进行过三次修订，修订后的专利法将于 2009 年 10 月 1 日实施）及其实施细则，使中国的知识产权保护范围扩大到对发明创造专利权的保护。

（3）著作权法

1991 年 6 月 1 日起施行的《中华人民共和国著作权法》（2001 年 10 月曾进行过一次修订）及其实施条例，明确保护文学、艺术和科学作品作者的著作权以及与其相关的权益。

注意：全国人民代表大会常务委员会制定的《中华人民共和国技术合同法》和《中华人民共和国科学技术进步法》等，以及国务院制定的一系列保护知识产权的行政法规，使中国的知识产权法律制度进一步完善，在总体上与国际保护水平更为接近和协调。

习　题

一、填空题

1．从技术角度来讲，网络信息安全的特征主要表现在系统的_____、可用性、_____、完整性、确认性、_____方面。

2．_____是系统安全的最基本要求之一，是所有网络信息系统建设和运行的基本目标。

3．_____型病毒具有引导区型病毒和文件型病毒两者的特点。

4．网络信息安全与保密的核心和关键是_____技术。

5．通常情况下，_____病毒寄存在 Office 文档上，影响对文档的各种操作，现已成为计算机病毒的主体，是计算机病毒历史上发展最快的病毒。

6．计算机网络安全控制技术中，_____技术通过建立起网络通信监控系统来隔离内部和外部网络，以阻止通过外部网络的入侵。

7．最著名的公钥密码体制，其英文编写是_____算法。

8．防火墙技术可根据防范的方式和侧重点的不同而分为很多种类型，总的来说分类有 3 种：_____、应用代理和状态监视器。

9．知识产权的特征是：_____、_____和时间性。

10．_____年，中国成为 WIPO 的成员国。

二、判断题

1．通常只感染扩展名为".com"、".exe"、".sys"等类型的文件的计算机病毒是引导型病毒。

2．计算机犯罪是指利用计算机实施的犯罪行为。

3．抗击被动攻击的重点在于预防，抗击主动攻击的主要措施是检测。

4．RSA 算法属于分组密码算法。

5．有些计算机病毒变种可以使检测、消除该变种源病毒的反病毒软件失去效能。

6．一种计算机病毒并不能传染所有的计算机系统或程序。

7．由于网络设备使用场地环境恶劣，而威胁到网络信息安全，这属于人为威胁。

8．防火墙是硬件设备。

9．下列有关计算机信息安全的法律法规中，《中华人民共和国计算机信息系统安全保护条例》是我国的计算机安全法规，也是我国计算机安全工作的总纲。

10．中国目前还不是世界知识产权组织的成员。